# Die Unterlederfabrikation

# Die Lederfabrikation

## Praktisches Handbuch für die gesamte Lederindustrie

von

**Joseph Borgman**

weiland Fabrikdirektor und Lehrer an der Deutschen Gerberschule zu Freiburg in Sachsen

und

**Oskar Krahner**

Direktor und Redakteur der Deutschen Gerberzeitung Berlin

---

**Zweite, durchgesehene und neubearbeitete Auflage der „Rotlederfabrikation"**

herausgegeben von

**Professor Dr. Hans Friedenthal**

---

I. Teil: Die Unterlederfabrikation

II. Teil: Die Oberlederfabrikation

BERLIN W

VERLAG von M. KRAYN

1923

# Die Unterlederfabrikation

## Praktisches Handbuch

für die

## Herstellung sämtlicher Unterledersorten


von

**Joseph Borgman** und **Oskar Krahner**


---


**Zweite, durchgesehene und neubearbeitete Auflage**

von



**Professor Dr. Hans Friedenthal**

**Berlin**


Mit 43 Abbildungen


BERLIN W

VERLAG von M. KRAYN

1923

Druck von Rosenthal & Co., Berlin NW 21.

# Vorwort zur 1. Auflage.

Als am 23. November 1903 der vormalige Fabrikdirektor **Josef Borgmann** im 63. Lebensjahre einem langen schweren Leiden erlag, blieb eine große Aufgabe unerfüllt, die der totkranke Mann in seltenem Optimismus sich noch gestellt hatte. In seinem Werke **„Die Feinlederfabrikation“** hatte er wohl seine Erfahrungen auf diesem Gebiete der Ledererzeugung niedergelegt, damit war aber sein reicher Erfahrungsschatz keineswegs erschöpft. Sein vielseitiges Wissen auch auf anderen Fabrikationsgebieten wollte er einem neuen großen Werke zu Grunde legen, und trotz seiner Krankheit ging er daran, das gesamte Gebiet der Lohgerberei zu bearbeiten und in ein Gesamtwerk **„Die Rotgerberei“** zusammenzufassen. Dasselbe sollte in zwei Bänden erscheinen, und zwar Band I die Unterlederfabrikation, Band II die Oberlederfabrikation behandeln. Das neue Werk dachte er sich gewissermaßen als Ergänzung zu seiner „Feinlederfabrikation“, so daß mit diesen 3 Bänden eine die gesamte Fabrikation jeder Art lohgaren Leders vollständig umfassende Bücherserie geschaffen werde.

Hat Borgmann sein so groß angelegtes Werk auch nicht zur Vollendung bringen können, so soll dasselbe doch nach dem von ihm entworfenen Plane zu Ende geführt werden. Als nach seinem Tode der Herr Verleger an mich die Aufforderung richtete, die Sichtung, Zusammenstellung und Vollendung des begonnenen Werkes zu übernehmen, kam ich derselben um so bereitwilliger nach, als der Verstorbene in weitesten Kreisen der Branche als tüchtiger, erfahrener Fachmann bekannt und geschätzt war und ich unter dem Material eine Fülle wichtiger Aufzeichnungen vermuten konnte. Ich hatte mich nicht getäuscht. Vom ersten Band lag bereits eine große Anzahl Bogen fertig gedruckt vor, und wenn sich darin hin und wieder eine stilistische Unebenheit bemerkbar macht. so bitte ich dies dem durch lange schwere Krankheit geschwächten Zustande des Verstorbenen zugute zu rechnen.

Möge das Werk, welches wir nunmehr als Band I der Öffentlichkeit übergeben, das werden, was der Verfasser davon erhofft hat: ein Wegweiser und Ratgeber für jeden praktischen Gerber, der ihm den erbitterten Konkurrenzkampf erleichtert und ihm die klare Anleitung zur rationellsten Einrichtung seines Betriebes gibt.

Berlin-Friedenau, im März 1904.

**Oscar Krahner.**

# Vorwort.

Als im Januar 1922 der Verleger mit der Aufforderung an mich herantrat, die Neuherausgabe des praktischen Handbuches für die gesamte Lederindustrie zu übernehmen, war es mir klar, daß es unmöglich sein würde, sich, wie es in der früheren Auflage geschehen ist, auf die Lohgerberei zu beschränken, welche durch die neueren Kombinationsverfahren und ganz besonders durch die Mineralgerbung ihrer Alleinherrschaft beraubt worden ist. Man kann annehmen, daß jetzt etwa 75 % aller Ledermengen nicht nach dem Lohverfahren hergestellt werden. Es ging daher auch nicht mehr an, das Handbuch unter dem Titel „Die Rotlederfabrikation" erscheinen zu lassen. Bei dem hier vorliegenden 1. Band, welcher die Sohllederfabrikation umfaßt, spielt ja die Rotgerberei der Haut noch eine bedeutende Rolle, doch auch auf diesem Gebiete erobert sich die Mineralgerbung täglich mehr Raum. Immerhin ist für die Herstellung von Sohlleder die genaue Kenntnis der früheren umständlichen aber zu guten Produkten führenden Grubengerberei von solcher Wichtigkeit, daß der Unterzeichnete sich nicht entschließen konnte, in der neuen Auflage bei Beschreibung der Sohllederherstellung die auf langjährigen Erfahrungen begründeten Ausführungen seiner Vorgänger in diesem Buche bis zur Unkenntlichkeit zusammenzustreichen. Noch immer werden erhebliche Mengen von bestem Unterleder nach dem auch in dieser Neuauflage beschriebenen Grubenverfahren hergestellt und verkauft.

Ganz neu hinzukommen mußte allerdings ein Teil, welcher die Fabrikation von Unterleder umfaßt durch Verfahren, welche ohne Lohe arbeiten, besonders die Chrom- und Eisengerbung.

Der Unterzeichnete hofft, bei der Neuherausgabe des für die Praxis gedachten Buches von Borgmann und Krahner, alle in der Neuzeit bewährten Verfahren für Unterlederfabrikation so beschrieben zu haben, daß das Buch seinen Zweck, eine genügende Anleitung zur Herstellung von Unterleder zu liefern, auch wirklich erfüllt. Der Unterzeichnete macht besonders auf diejenigen Verfahren aufmerksam, welche mit einheimischem Material arbeiten, da bei unserem heutigen Valuta-Elend auf diesen Verfahren die Hoffnung der deutschen Gerbeindustrie beruhen muß. Der Herausgeber wird für jeden Ratschlag und Wink aus Kreisen der Praxis dankbar sein, welcher ihm Berichte liefert über ausprobierte Methoden, die geeignet sind, unsere Industrie in Stand zu setzen das Bestmögliche zu liefern.

Charlottenburg, März 1923.

**Hans Friedenthal.**

# Inhalts-Verzeichnis.

# Einleitung.

Während für Tausende von Jahren einige wenige erprobte Verfahren der Lederherstellung unverändert durch mündliche Überlieferung durch die Zeiten weiter gegeben wurden, leben wir heute in einer Zeit, in welcher die Gerberei den wichtigen Schritt vom Handwerk zur Industrie durchzumachen hat. Das Erreichen einer neuen Stufe pflegt niemals ohne größere Erschütterungen vor sich zu gehen. Heute hat in der Gerberei nicht mehr die Erfahrung, sondern die Wissenschaft das erste Wort. Die Wissenschaft lehrt, in wenigen Tagen das zu erreichen, mit einem Bruchteil des früheren Aufwandes und ohne Müheaufwand für den Gerbenden, was früher unausgesetzte Aufmerksamkeit, langjährige Erfahrung und jahrelange Arbeit erforderte. Auch auf dem Gebiete der Unterlederfabrikation kann die Industrie heute in ebensoviel Tagen Lederarten herstellen, welche allen Ansprüchen genügen, wie das frühere Gerberhandwerk in Monaten.

Während früher das Gerberhandwerk an Wasserverhältnisse, an Transportverhältnisse und an Materialbezug gebunden bestimmte Gegenden bevorzugen mußte, kann die heutige Gerber**industrie** mit Fug und Recht von sich sagen: „Mein Feld ist die Welt“. Freilich kann nicht genug darauf hingewiesen werden, daß nicht das Prinzip der Billigkeit verschlechternd auf die Qualität des hergestellten Leders wirken sollte. Nur wenn ein Verfahren billiger und besser als die früheren, sollte es von der Gerberindustrie überhaupt in Betracht gezogen werden.

Die wissenschaftliche Durcharbeitung des Gerbeprozesses setzt aber auch tatsächlich in den Stand, mit einer früher nicht gekannten Elastizität allen Anforderungen uns anzupassen, die die Praxis an die Lederqualitäten stellt. Der Kreis der Substanzen, die für Gerbungen in Betracht kommen, hat sich sehr vermehrt, die Handhabung der gerbenden Materialien außerordentlich vereinfacht. Die wissenschaftliche Durcharbeitung des Gerbeprozesses hat durchaus noch nicht zu einer vollendeten theoretischen Darstellung der dabei in Betracht kommenden Verhältnisse geführt, und trotzdem hat die wissenschaftliche Bearbeitung erst alle neueren praktischen Gerbemethoden ermöglicht.

Die Gerbereiindustrie wird sich stets vor Augen halten müssen, daß der Preis nur einer von vielen Faktoren ist, welche bei der Lederbereitung in Betracht gezogen werden müssen, wenn nicht durch Untergrabung des Rufes ihrer Erzeugnisse einer großen Industrie der Boden abgegraben werden soll.

Wir haben bereits eine ganze Anzahl von Versuchsanstalten, welche staatlich überwacht sind und die Gerbereiindustrie in den Stand setzen, sich zu überzeugen, ob ihre Produkte die in der Praxis benötigten Eigenschaften besitzen oder nicht. Alle Gerbereien sollten von diesen Versuchsanstalten in ausgedehntestem Maße Gebrauch machen, dann werden die geringen Versuchskosten sich durch Ersparung im Gerbeprozeß mehr als bezahlt machen.

Wir wollen in den folgenden Seiten die verschiedenen Operationen in der Praxis der Unterlederfabrikation vorführen. Wir müssen die Rohmaterialien kennenlernen, aus welchen das Fabrikat hergestellt wird, sowie diejenigen, welche zu dem Umwandlungsprozesse benötigt werden. Daher soll zunächst die rohe Haut genau untersucht und beschrieben werden, und dann erst eine Beschreibung der Stoffe folgen, die die Umwandlung in Leder ermöglichen. Zum Schluß können wir dann die Vorgänge, welche für die Umwandlung der Haut zu Leder wesentlich sind, genauer ins Auge fassen und die Vorzüge und Nachteile der neuesten Unterledergerbeverfahren gegeneinander abwägen.

# Die Rohware.

Bei Beschreibung der Rohware im allgemeinen ist es nicht gut angängig, sie zu Unter- oder Oberleder geteilt anzuführen, da dieselben Häutesorten sich durchschnittlich zu beiden Lederarten eignen, wobei nur das Alter meistens den Unterschied macht. Im ersten Teile soll das Kapitel „Rohware" erschöpfend behandelt und im zweiten Teile dann darauf Bezug genommen werden, soweit es sich um Großviehhäute handelt. Kleintierfelle als Rohware der Lederherstellung müssen dagegen im zweiten Teile gebracht werden.

Unsere Rohware klassifiziert sich in **inländische und Wild-Häute.**

Die erstere besteht nicht nur aus einheimischen Häuten, sondern alle von in Europa gezüchteten Tieren abstammenden Häute bezeichnet man kurzweg als inländische oder „Zahmhaut". Die aus nichteuropäischen Ländern stammenden, bei uns eingeführten Häute werden dagegen mit dem allgemeinen Namen „Wildhäute" bezeichnet. Natürlich schließt die Gruppierung nicht die Bezeichnung nach dem Ursprungslande aus, im Gegenteil, im Handel ist sogar eine genaue Bezeichnung nach der Provenienz sowohl bei Zahm- als auch Wildhäuten Gebrauch, da der Wert des Materials gerade von dem Ursprungslande außerordentlich beeinflußt wird, wie wir später sehen werden.

Wir wollen die europäische Haut zuerst kennen lernen und dann die aus den verschiedenen Ländern eingeführten Häute.

Die nachfolgenden allgemeinen Ausführungen haben sowohl für die „inländische" als auch für die „Wildhaut" Geltung, ebenso die späteren Aufzeichnungen über den „anatomischen Bau der Haut".

---

# Die europäische, inländische oder Zahmhaut.

## Die Haut im Allgemeinen.

Der größere oder mindere Wert richtet sich nach den verschiedenen Eigenschaften einer Haut als Grundmaterial der Lederbearbeitung, und zwar gehören hierher zunächst die äußeren Merkmale, wie die „Stellung“, das „Alter“ und das „Geschlecht“. Auf diese Eigenschaften haben wieder die „Ernährung“, „Lebensweise“ und die „Pflege der Tiere“ großen Einfluß, sowie auch das „Klima“ des Herkunftslandes.

---

## Die Stellung.

Unter „Stellung“ versteht man das „Verhältnis der Fläche“ der Haut zu ihrer „Dicke resp. Stärke“ und zwar sowohl im allgemeinen, d. h. bezüglich der ganzen Haut, als auch speziell für die einzelnen Teile derselben. Diese sogenannte Stellung ist auf den Wert der Haut und namentlich auf die Verwendbarkeit zu dem daraus herzustellenden Leder von größtem Einfluß. „Schön geléderte und gut gestellte Rohware“ kann von dem Gerber zu den verschiedensten Ledersorten gebraucht werden, während „nicht gut gestellte“ Ware oder „flache“ oder „leere“ nur zu bestimmten Artikeln passen oder auch noch dazu erst passend gemacht werden müssen.

Eine **„volle, runde“** und damit auch „lederhafte“ Haut ist für den Gerber die beste. Man versteht darunter eine Haut, welche in allen Teilen eine ihrer Ausdehnung entsprechende Dicke aufweist und gegerbt dann ein volles Leder liefert. Dabei kommt es gar nicht auf die absolute Größe an; denn ein kleines Kalbfell z. B. kann ebenso rund, voll und gutgeledert sein, wie eine große Ochsenhaut.

**Flach und gleichmäßig** bezeichnet man die Haut, wenn die Dicke vom Kern nach den Extremitäten und Seiten zwar abnimmt, aber nur unmerklich und allmählich; das Leder aus einer solchen Haut steht zwar dem aus einer vollen und runden in Stärke nach, ist aber immerhin noch ziemlich gleichmäßig stark.

Mit **leer** werden solche Häute bezeichnet, welche in allen Teilen, besonders am Hals und in den Weichen dünn sind und sich lappig anfühlen.

**Abfällig** ist sodann die Haut, welche wohl in den von Natur aus kräftigeren Teilen, wie dem Kern, Rücken, Kopf auch voll sind, aber nach dem Bauche und dem Halse zu schnell abfallen, d. h. dünn und kraftlos werden, so daß das Verhältnis zwischen Kern und den anderen Teilen der Haut ein unrichtiges ist im Gegensatz zur vollen, runden, gutgestellten Haut.

Die schlechteste Stellung für den Gerber ist denn auch diese ungleichmäßige oder abfällige; hier ist der Unterschied in der Dicke, dem Kern- oder den Seitenteilen sehr groß, und zwar zu Gunsten der weniger wertvollen Hals- und Seitenteile.

Der Kern, auch Croupon genannt, hat bei solchen Häuten nur eine sehr geringe Ausdehnung von ungleichmäßiger Dicke. Die Abnahme derselben beginnt schon zum Teil im Kern selbst und verläuft schnell nach den Seitenteilen zu, die schließlich sehr dünn auslaufen. Man sagt kurzweg, die Haut fällt ab. Dieser ungünstige Zustand kommt am häufigsten bei alten Kuhhäuten vor. Das Gegenstück dazu findet man sehr oft bei alten Stieren oder Bullen und abgetriebenen Arbeitsochsen. Der Kern ist dann in großer Ausdehnung dünn, während umgekehrt Hals, Kopf und Seitenteile eine ungewöhnliche Dicke besitzen. Eine derartige ungleichmäßige Stellung ist für den Gerber recht schwierig zu behandeln, namentlich weil die Seiten dann auch noch sehr lose und locker sind und ein schwammiges Leder liefern.

---

## Einfluß von Alter und Geschlecht.

Das Alter und Geschlecht der Tiere ist in mehrfacher Hinsicht von großem Einfluß auf die Beschaffenheit der Haut.

Die Haut der weiblichen Tiere hat im allgemeinen ein feineres, elastischeres und dabei widerstandsfähigeres Fasergewebe, und das daraus hergestellte Leder zeigt eine feinere Narbenbildung und feineren Schnitt.

Die männliche Haut dagegen wird meist schwerer und dicker, das Fasergewebe ist gröber, und dementsprechend sind auch Narben und Schnitt des Leders nicht so fein und zart.

Dieser Geschlechtsunterschied zeigt sich schon in der Jugend. Bei Kalbfellen z. B. sind die weiblichen oder Mutterfelle und die männlichen oder Stierfelle sehr ungleich. Die Mutterfelle sind fester, der Narben fein und zart und setzt sich bis in die Weichteile hin gleichmäßig fort. Die Fleischseite zeigt beim fertigen Leder ein glattes, glänzendes Aussehen.

Die **Stierfelle** sind lockerer, die Narben werden nach den Extremitäten hin grobkörniger, und die Fleischseite ist nach dem Bearbeiten etwas rauher.

Noch stärker als bei jungen Tieren ist der Einfluß des Geschlechtes auf die Haut bei älteren Tieren. Eine junge Kuh, die noch nicht gekalbt hat (Kalbin), gibt ein in allen Teilen festes und kerniges Leder; die Güte der Kuhhaut nimmt aber sehr ab, wenn die

Kuh häufig kalbt; der Bauch dehnt sich mehr und mehr aus, die Bauchteile werden dadurch dünn und schwach, die Haut verliert mehr und mehr an Kern, und die ganze Stellung wird abfälliger und ungleichmäßiger. Die vorhanden gewesene Elastizität geht nach jedem Kalben mehr und mehr verloren. Die Kuhhäute sind daher um so wertvoller, je weniger Kälber die Kuh gehabt hat.

In ähnlicher Weise ist auch die Haut der männlichen Tiere von sehr verschiedenem Wert. Am vorteilhaftesten ist sie in der Jugend. Bei den Ochsen erhält sich die gute Stellung aber bis ins spätere Alter. Die Ochsenhaut ist im Verhältnis zur Dicke sehr gleichmäßig und eignet sich deshalb am besten zu Sohl- und Riemenleder.

Bei den Stieren oder Bullen entwickelt sich die Haut um so ungünstiger, je älter das Tier wird; die Haut wird dünn und schlaff, das Fasergewebe grob, lose und locker, der Kern schwindet mehr und mehr, während Kopf und Bauch dick und aufgetrieben werden, dabei aber locker und schwammig.

Eine Mittelstellung in dieser Beziehung zwischen Ochsen und Bullen nehmen die sogenannten Schnittochsen oder Altschneider ein; derartige Häute haben zwar immer noch eine bullenartige Stellung und sind nicht als Ochsenhäute zu betrachten, liefern aber immerhin ein brauchbareres Leder als die Bullen.

Dagegen sind aber die Häute mit gröberer Struktur und großer Dicke, wie Bullenhäute, für gewisse Spezialzwecke ein recht wertvolles Material, z. B. für die Herstellung von Lackleder.

---

## Einfluß der Ernährung, Lebensweise und Pflege der Tiere auf die Haut.

Der Einfluß der Ernährung auf den Bau der Haut tritt bei ganz jungen Tieren hervor. Nur in der Zeit, wo die Kälber noch von der Muttermilch ernährt werden, haben die Kalbfelle die guten Eigenschaften in vollem Maße. Sobald die Tiere aber anfangen, sich selbst zu ernähren und feste Substanzen zu sich zu nehmen, wie Grasfutter, Heu und Stroh usw., verliert das Fell ganz bedeutend an Wert. Die Feinheit geht verloren, indem das Fasergewebe allmählich gröber wird.

Unter Kalbfell im engeren Sinne versteht man denn auch nur die Felle der jungen Tiere von der Geburt an bis zur Selbsternährung.

Nüchtern nennt man ein Kalbfell, welches von einem gleich oder kurz nach der Geburt getöteten Kalb herrührt.

Von der Zeit der beginnenden Selbsternährung an bis zum Alter von ungefähr 1 Jahre nennt man die jungen Tiere und ebenso die davon herrührenden Felle **Pittlinge, Pinken** oder auch **Fresser.**

Als Unterscheidungsmerkmale zwischen Kalbfellen und Pittlingen oder Pinken können folgende dienen: Kalbfelle haben ein dichtes, gleichmäßiges Haar und einen ganz geradhaarigen Schwanz, Pittlinge zeigen eine ziemlich scharfe Linie vom Schwanz über das Schild den Rücken entlang, die Haare am Ende des Schwanzes werden länger, zum Teil etwas gelockt, und das Ende des Schwanzes bekommt die Form einer Quaste. Die Schwanzwurzel wird dicker, während der Schwanz nach dem Ende zu dünner ausläuft. Unter den Kopfhaaren fühlt man die Erhöhungen, aus denen sich die Hörner bilden.

Bei älteren Tieren gilt im allgemeinen die Regel, daß eine möglichst natürliche Ernährung und natürliche Lebensweise den besten Einfluß auf die Entwicklung der Haut hat. Passendes Futter auf guter Weide und Bewegung in freier Luft begünstigen die Entwicklung der Haut sowohl in der Stellung als in der Struktur des Fasergewebes am meisten. Die Häute von Weidevieh sind daher denjenigen von Stallvieh immer vorzuziehen.

Man findet im allgemeinen in Gebirgsgegenden bessere Häute als in der Ebene, weil es daselbst gewöhnlich mehr und besseres Weideland gibt, während in der Ebene die Stallfütterung vorherrscht.

Die Haut ist bei Stallfütterung um so geringer, je mehr von der natürlichen Ernährung abgewichen wird und je weniger Bewegung die Tiere haben. Wiesengräser, Klee und anderes Grünfutter wirken am günstigsten auf die Hautentwicklung, während zu reichliches Wurzelfutter, Kartoffeln, Rüben usw. die Festigkeit des Hautgewebes beeinträchtigt; ebenso ungünstig wirken, in größerer Menge gefüttert, die Abfälle aus Brennereien, Brauereien, Zuckerfabriken. Ferner ist die Ernährung, welche besonders eine starke Fleischproduktion oder einen starken Fettansatz bezweckt, für die Hautentwicklung meist nachteilig.

Mastvieh, welches bei mangelhafter Bewegung mit Kraftfuttermitteln, Rüben und Branntweinschlempe etc. ernährt wird, liefert daher immer die schlechteste, loseste, aufgeschwemmte Haut.

---

## Einfluß des Klimas und der Herkunft des Tieres auf die Haut.

Ein kühles und feuchtes Klima wirkt auf die Hautentwicklung des Rindes am besten, größere Wärme und Trockenheit dagegen ungünstig, die Haut wird dadurch lockerer, schwächer und die Stellung ungleichmäßiger.

Die südlichen und südöstlichen Teile von Europa liefern im allgemeinen eine nach der Stellung sehr ausgedehnte und lose Haut, so z. B. die Türkei, Rumänien, Italien und manche Teile von Ungarn.

In Spanien finden sich gute Häute in den gebirgigen Gegenden, besonders im Norden; gute, zum Teil sogar vorzügliche Häute liefert der größte Teil von Oesterreich, besonders im böhmischen Gebirge, im Riesengebirge, Tirol, Steiermark, sowie Ober- und Nieder-Oesterreich.

In England ist eine sehr ausgezeichnete Sorte die Haut aus den schottischen Gebirgen. Zu den allerbesten und vorzüglichsten Rinderhäuten in Europa gehören die Schweizerhäute.

Manche Teile von Frankreich und Deutschland liefern die besten, größten und schwersten Häute, wie solche in anderen Teilen Europas nicht vorkommen und wie sie namentlich für Maschinenriemen verlangt werden.

Die vorzüglichsten Häute in Deutschland von sehr guter Stellung und starker, kerniger Beschaffenheit kommen in den Gebirgen von Süd- und Mitteldeutschland vor, besonders in Bayern, ferner auch in Thüringen, Elsaß, im Harz, den meisten Teilen Sachsens und in den schlesischen Gebirgen. In Sachsen ist namentlich das Erzgebirge, Voigtland und die Lausitz zu nennen, während das nördliche Flachland nur geringe Qualitäten aufweist.

Gute Häute liefert auch das Rheinland, namentlich Ochsenhäute. Das nördliche und nordöstliche Deutschland und ebenso Rußland liefern aber mit wenig Ausnahmen nur geringwertige Häute von ungenügender Stellung.

---

## Verwendung der einzelnen Sorten.

Die Kalbfelle eignen sich hauptsächlich zu bestem Oberleder, für manche technische Zwecke, für Luxusartikel, zu verschiedenen Beutler- und Sattlerarbeiten usw. Man macht sie auch weißgar, sämischgar und verarbeitet sie mit den Haaren zu Tornisterfellen.

Bei **Kalbfellen** unterscheidet man gewöhnliche und Mastkalbfelle; in den Handel kommen sie teils grün, teils gesalzen oder trocken. Am häufigsten kommen die Gewichte von 3½—6 kg vor, Grüngewichte von mehr als 6 kg sind als schwer zu bezeichnen, und von 2—3½ kg als leicht.

Die bestgestellten Kalbfelle werden zu braunem Oberleder, die anderen zu schwarzen Ledersorten genommen.

Mastkalbfelle können zuweilen ein Grüngewicht bis zu 15 kg erreichen. Das Durchschnittsgewicht ist 6—10 kg. Diese werden hauptsächlich zu braunem und schwarzem Wichsleder gebraucht.

Grüne, d. h. frische Kalbfelle verlieren beim Trocknen ca. 62—68% an Gewicht, so daß von 100 Teilen Grüngewicht nur ca. 35 Teile trockene Haut zurückbleiben. Man kann aus dem Trockengewicht annähernd das Grüngewicht berechnen und umgekehrt.

Das Trocknen der Kalbfelle geschieht durch Aufhängen, Aufspannen und Aufspeilen; in letzterem Zustande kommen dieselben sehr viel von Dänemark, Schweden und Norwegen aus in den Handel.

Trockene Kalbfelle werden sowohl nach Gewicht, als auch nach Stück gehandelt.

Die **Kalbinhaut,** so lange sie nicht zu kurz und gedrungen ist, eignet sich zu Oberleder, ist sie schon stärker, zu gutem Geschirrleder, ist sie aber kurz und gedrungen, so paßt sie im Grüngewicht von 25—30 kg aufwärts auch zu Sohlleder.

**Rindshäute** sind ein Gemenge von Kuhhäuten, Kalbinen und leichteren Stieren. Man unterscheidet nach dem Gewichte leichte und schwere Rindshäute, wobei als Grenze 20—25 kg Grüngewicht angenommen wird.

Die leichte, dünne, flache und nicht zu sehr ausgedehnte Kuhhaut verwendet man zu Oberleder, ausgedehnter und kräftiger in der Stellung mehr zu Zeug-, Sattler- und Vacheleder. Sehr kräftige und gleichmäßige Kuhhäute passen auch zu Sohlleder, stärkerem Vacheleder, Riemenleder, sowie für Leder zu militärischen und industriellen Zwecken. Die ungleichmäßige Kuhhaut kann noch eine vorteilhafte Verbesserung ihrer Stellung durch die Spaltmaschine erfahren.

Das Kernstück gibt nach dem Krouponieren je nach der Stärke Ober- oder leichtes Vacheleder. Die Seiten und Hälse können zu Schuh- und Sattlerzwecken zugerichtet werden, wie Kappen, Besätze, Riemchen, Plaidriemen usw.

Schlecht gestellte und sehr fehlerhafte Kuhhäute verwendet man zu geringem Brandsohlleder, auf welches man in Gerbung und Arbeit wenig Kosten verwendet.

**Ochsenhäute** von guter Stellung sind in Dicke und Stärke am gleichmäßigsten, zuweilen neigen sie zum Stärkerwerden in den Extremitäten, und zwar manchmal so weit, daß die Stellung eine bullenartige wird; letzteres kommt namentlich bei sogenannten Altschneiderhäuten vor. Derartige Häute sind nur als Stierhäute zu bewerten. Wegen ihrer Stärke und gleichmäßigen Stellung paßt die Ochsenhaut besonders zu Sohlleder und, wenn sie die nötige Ausdehnung hat, zu Riemenleder.

Jüngere, leichtere Ochsenhäute verwendet man wie schwere Rindshäute, dünne, lappige Ochsenhäute benutzt man zu Lackvachetten, Spaltleder und Brandsohlleder. Das mittlere Grüngewicht der Ochsenhaut ist 35—45 kg, die Gewichte von 45—65 kg bezeichnet man als schwere. Sie erreichen auch Grüngewichte von 70—80 kg und noch darüber.

Die **Bullen-** oder **Stierhaut** ist wegen ihrer Stellung und ihres lockeren Gefüges am wenigsten wert, höchstens jüngere Bullenhäute verwendet man noch zu Sohl- und Riemenleder. Uebrigens sind auch hier Alter und Stellung von Einfluß, und eine junge Bullenhaut ist einer alten leeren Ochsenhaut gewöhnlich noch vorzuziehen.

Dünne ausgedehnte Stierhäute geben billiges Brandsohlleder, kräftige, nicht allzu schlecht gestellte geringwertiges Sohl- und Riemenleder. Zu Sohlleder passen sie insofern noch eher, als dem lockeren Gefüge durch die saure Gerbung eine gewisse Starrheit und Festigkeit verliehen wird.

Wegen ihres lockeren Gefüges lassen sie sich leicht in Formen pressen, man verwendet sie daher zu Helmen, Säbelscheiden, welche fast ausschließlich daraus gemacht werden. Wegen ihrer Größe und Weichheit eignen sie sich gut zu Wagenverdeckleder; in gespaltenem Zustande finden sie mancherlei Verwendung zu verschiedenen Luxusledern; zuweilen verwendet man flache Stierhäute zu Oberleder, die kräftigeren zu Geschirrleder.

**Die Bullenhaut** hat im jüngeren Zustande ein Grüngewicht bis zu 35—40 kg und in diesem Stadium einen höheren Wert als die älteren Häute. Das Grüngewicht der Stierhäute geht bis zu 60 kg und darüber, seltener bis zu 85 kg und nur ausnahmsweise bis auf 100 kg grün.

Während früher die Preise für Häute mit dem Gewicht höher wurden, d. h. die schweren Gewichtsklassen höhere Preise bedangen als die leichteren, hat sich diese Regel nicht aufrecht erhalten lassen. Heute ist einzig allein die Nachfrage und das Angebot maßgebend. Schwere Häute sind sogar meist billiger als leichte.

---

# Die Wildhäute.

Mit dem Namen Wildhäute bezeichnet man im Gegensatz zu europäischen oder Zahmhäuten solche Häute, welche aus außereuropäischen Ländern bei uns eingeführt werden.

Europa liefert bei weitem nicht die für die Lederindustrie erforderliche Menge von Rohhäuten, und daher spielt die Einfuhr und der Handel mit überseeischen Häuten eine sehr wichtige Rolle.

Während des Weltkrieges hat es sich gezeigt, welch gewaltige Bedeutung das ausländische, insbesondere das überseeische Häutematerial für die Versorgung Deutschlands mit Leder hat. Nur den verzweifelten Anstrengungen und der rationellen Verteilung des inländischen Gefälles ist es zu danken, daß eine Katastrophe in der Versorgung der Armee mit Leder vermieden wurde.

Obgleich aus allen Teilen der Welt Wildhäute zu uns kommen, so kann man nach ihrer Bedeutung für die Lederindustrie und nach ihrer Herkunft oder Provenienz hauptsächlich 2 Gruppen hervorheben, welche in erster Linie wichtig sind. Die eine Gruppe wird gebildet von den Wildhäuten aus Süd-Amerika, namentlich den La Plata-Staaten und den angrenzenden Teilen Brasiliens. Die zweite Gruppe bilden die asiatischen Häute aus den ostindischen Besitzungen der Engländer und Holländer.

Die südamerikanischen Häute sind besonders schwere Häute, die sich für alle Sorten Unterleder eignen, und die wichtigsten Einfuhrhäfen sind Antwerpen, Hamburg und Havre.

Die asiatischen Häute sind hauptsächlich leichtere Sorten, mehr geeignet zu Oberleder und anderen leichteren Lederarten. Die wichtigsten Einfuhrhäfen sind: London, Liverpool, Hamburg, Amsterdam, Rotterdam.

Der Weltkrieg hat in Bezug auf die Verschiffungsverhältnisse außerordentliche Verschiebung zur Folge gehabt. Hamburg war seiner Verkehrsmittel beraubt, es muß sich erst allmählich wieder auf die führende Stellung hinaufarbeiten, die es vor dem Kriege in gewissen Häutegattungen errungen hatte. Die holländischen Häfen Amsterdam und Rotterdam haben große Bedeutung erlangt. Für die Zukunft eröffnen sich große Chancen für Danzig und auch die Häfen des Mittelmeers.

Die Wildhäute kommen nach Europa stets in gesalzenem oder trockenem Zustande und, weil Schlachtung und Konservierung zuweilen zu wünschen übrig lassen, sind sie in ihrer Qualität viel schwieriger zu beurteilen, als die inländischen Häute.

Eine genaue, für die praktischen Bedürfnisse ausreichende Kenntnis kann nur durch eigene Erfahrung gewonnen werden, welche durch mehrjährige Beschäftigung damit erreicht werden muß.

---

## a) Die amerikanischen Häute.

Die wichtigsten südamerikanischen Häute kommen aus den Gebieten von Argentinien, Paraguay und Uruguay. Die Häute sind zugleich in ihrer Stellung, Textur und Gewicht die besten und beliebtesten. Daran schließen sich die brasilianischen Häute aus der Provinz Rio Grande do Sul, welche ziemlich denselben Wert haben.

Das Ursprungsland für die besten südamerikanischen Rindhäute ist demnach das Stromgebiet der beiden Flüsse Parana und Uruguay, welche sich zum La-Plata-Fluß vereinigen. Die Häute aus diesen Gegenden werden in verschiedener Weise klassifiziert, und zwar nach dem speziellen Ursprungsland und Ort, dann nach den Ausfuhrhäfen und nach der Art der Schlachtung und Konservierung.

Je nach der Sorgfalt bei der Schlachtung sind die Wildhäute oft mehr oder weniger durch Schnitte entwertet. Einen großen Einfluß hat auch die Sorgfalt beim Salzen und Trocknen. Am meisten aber sind die Brandzeichen oder Brandmale zu fürchten. Jeder Herdenbesitzer in den La Plata-Staaten und in Brasilien kennzeichnet sein freiherumlaufendes Eigentum dadurch, daß er mittelst eines glühenden Eisens den Tieren sein Zeichen in das Fell brennt. Da diese Brandzeichen ziemlich groß und auch an wertvollen Teilen der

Haut angebracht sind, so wird die Haut dadurch stets mehr oder weniger entwertet. Man hat sich vielfach bemüht, eine andere Art, die Tiere zu zeichnen, einzuführen, aber mit geringem Erfolg. Wechseln die Tiere nun den Besitzer, so kommt zu dem vorhandenen Brandzeichen noch das des neuen Besitzers, und so kann es vorkommen, daß in einer Haut sich 5—6 Brandzeichen befinden und diese dadurch fast entwertet ist.

Bei Kühen sind die mehrbrandigen Häute häufiger als bei Ochsen. Häute mit zwei oder mehr Brandzeichen gelten stets als geringere Qualität und werden entsprechend niedriger bezahlt.

Die wichtigsten La Plata-Häute sind die Mataderos, Saladeros und Campos.

Die **Mataderos** sind die Häute von solchen Tieren, welche in den größeren Städten während des ganzen Jahres regelrecht in den Schlachthäusern geschlachtet werden; sie kommen zum größeren Teil in gesalzenem Zustande in den Handel, fast gar nicht in getrocknetem. Die Qualität dieser Häute und die Schlachtung ließen früher sehr viel zu wünschen übrig, die Haut war häufig flach und schnittig; in den letzten Jahren hat sich dieses aber wesentlich gebessert, und es kommen solche teilweise den besten Saladeros gleich.

Salzen und Trocknen geschieht mit großer Sorgfalt, und Häute, welche wegen mangelhafter Konservierung verdorben sind, kommen weniger vor. Am meisten hat man hier auf die Brandzeichen zu achten.

Beim Trocknen werden die Häute gut ausgespannt und die Trocknung sorgfältig bis zu Ende geführt, so daß sogenannte sonnenbrandige Häute bei den Mataderos weniger vorkommen. Das Trocknen der Mataderoshäute geschieht hauptsächlich in den Wintermonaten, aber auch dies war in den letzten Jahren sehr unbedeutend. Die größte Anzahl wird gesalzen.

Beim Salzen werden die Mataderos zuvor gereinigt, dann auf kurze Zeit in eine Salzlake gebracht, herausgenommen, in Haufen gelegt und dabei stark mit Salz bestreut. Nach dieser Behandlung bleiben sie längere Zeit liegen, um dann verpackt und versandt zu werden.

**Saladeros** sind Häute von Tieren, welche in den Saladeros-Etablissements, welche teils Fleischextrakt fabrizieren, teils getrocknetes Fleisch, das sogenannte „Tassajo“, einen Hauptkonsumartikel der Negerbevölkerung in Brasilien und auf Cuba, bereiten, geschlachtet werden.

Die Haupt-Saladeros sind in Fraybentos am linken Ufer des Uruguay und in Santa Elena und San Javier.

Die Saladeros kommen nur in gesalzenem Zustand in den Handel; es wird bei allen Saladeros mit großer Sorgfalt gearbeitet. die Häute werden vorzüglich abgezogen und rein und ordentlich gesalzen.

Die Saladeros arbeiten nur einen Teil des Jahres und brauchen für ihre Zwecke gutes, fettes Vieh, welches ein genügendes Quantum Fleisch und Talg liefert. Sie beginnen deshalb gewöhnlich erst im Dezember zu schlachten, manchmal ausnahmsweise, wenn hohe Fleischpreise locken, oder wenn das Vieh schon frühzeitig in schlachtfähigem Zustande ist, auch schon im Oktober-November, aber auch nur ausnahmsweise, und im Juni sind die Schlachtungen beendet.

Da unsere Sommermonate dort die Wintermonate sind und die im Sommer geschlachteten Häute trockner von Beschaffenheit, kurzhaariger und schöner von Stellung sind, so ist die Konkurrenz um den Erwerb dieser Häute sehr groß, zumal die Sommersaison nur die Zeit von Dezember bis Mitte März umfaßt.

Außer den Saladeros kommen die Häute aus den Gefrier-Etablissements, **Frigorificos,** in Betracht. Dieselben behandeln die Häute ebenfalls sehr sorgsam und arbeiten das ganze Jahr hindurch, bei einer stetig steigenden Produktion.

**Camposhäute,** deren Produktion ganz enorm ist, kommen aus dem Innern des Landes sowohl von geschlachtetem als gefallenem, sonst aber minderwertigem Vieh. Das Abziehen der Haut wird dabei häufig mit wenig Geschick und Sorgfalt vorgenommen, so daß Schnitte bei den Campos häufiger sind. Die Camposhäute kommen nur in getrocknetem Zustand in den Handel. Und das Trocknen geschieht auch häufig in mangelhafter Weise, indem die Häute über der Erde mit Pflöcken ausgespannt im Freien getrocknet werden und dabei dem Wechsel der Witterung ausgesetzt bleiben. Auf diese Weise entstehen mancherlei Fehler, und sonnenbrandige oder durch Fäulnis verdorbene Stellen kommen häufig vor. Von der trockenen Mataderoshaut unterscheiden sich die Camposhäute durch eine regelmäßige Form und durch das helle, gesunde Aussehen der Fleischseite der ersteren.

**Flußhäute** sind solche, welche in den Gebieten der großen Flüsse zusammengebracht und dann auf dem Wasserwege nach den großen Häfen verschifft werden.

**Roßhäute** liefert Süd-Amerika in sehr guter Qualität; sie werden hauptsächlich über Buenos-Ayres zu uns eingeführt und auch nach diesem Hafen benannt. Diese Häute sind im allgemeinen nicht groß und der Spiegel sehr wenig ausgiebig, aber der Hals gibt ein sehr gutes Leder von geschlossenem Gefüge und sehr feinem, festem Narben.

## b) Brasilianische Häute.

Nächst den La Plata-Staaten ist Brasilien für die Häute-Ausfuhr nach Europa von sehr großer Wichtigkeit.

Eine sehr gute Sohllederhaut ist die Rio Grande Saladeros. Auch die trockne Rio Grande-Haut ist für Brandsohlenleder sehr beliebt.

Wenn wir sonst von den Häuten aus der Provinz Rio grande do Sul absehen, so sind die brasilianischen Häute im allgemeinen minderwertiger als die La Plata-Häute. Während letztere kurz und gedrungen, kräftig, ziemlich voll auslaufend und dabei am Hals und Kopf nur mäßig dick sind, sind die brasilianischen Häute groß und flach, abfäliiger, am Halse dünn, am Kopfe dicker und häufig verschnitten. Dieselben kommen in getrocknetem wie in gesalzenem Zustande in den Handel. Große Mengen liefern die Provenienzen Parana, Sao Paolo, Minas-Geraes, Para, Ceara, Pernambuco, Bahia und Santa Catharina, außerdem noch Santos, Parahyba usw. Die Häute werden teils nach diesen Provenienzen, teils nach den Ausfuhrhäfen bezeichnet.

Von den geringeren Sorten ist die Rio Janeiro-Haut zu nennen. Diese ist zum Teil kräftig gestellt, aber sehr stierig und schnittig, überhaupt unregelmäßig und im Ausfall sehr unzuverlässig. Dieses erklärt sich dadurch, daß trotz der bestimmten Bezeichnung nach einem Hafen die Häute bald aus dieser, bald aus jener Gegend zusammengebracht worden sind. Sie stehen daher im Preise auch billiger, und beim Einkauf ist große Vorsicht erforderlich, was übrigens auch von den übrigen brasilianischen Häuten gilt. Die Bezeichnungen sind ziemlich unsicher und bieten wenig Garantie für gleichbleibende Qualität.

## c) Häute von der Westküste von Südamerika.

Die Westküste von Süd-Amerika, wie Chile, Peru, Bolivia liefert zwar auch Häute, diese stehen aber an Menge und Güte den vorgenannten nach. Die wichtigsten Ausfuhrhäfen hierfür sind: Valparaiso und Lima. Die Häute werden nach diesen Provenienzen auch benannt.

## d) Häute aus Zentral-Amerika.

Die Republiken Zentral-Amerikas, Guatemala, Honduras, Costarica, Nicaragua und Salvador liefern ziemlich gute Häute, besonders ist die Guatemala eine hervorragend schöne trockne Haut zu nennen.

---

## e) Aus den nördlichen Staaten.

Aus den nördlichen Staaten von Süd-Amerika und aus Mexiko werden ziemlich viel Häute zu uns eingeführt, aber stets nur geringe Sorten zu Halb- und Brandsohlleder.

---

Die Wildhäute werden nun in den großen europäischen Hafenplätzen sortiert und von den größeren Firmen gedruckte Beschreibungen über die zum Verkauf angebotenen Partien zur Orientierung des Käufers ausgegeben. In diesen Beschreibungen sind die Art der Häute, die Konservierungsweise, das Gewichtssortiment, die Stückzahl der einzelnen Partien, die spezielle Herkunft (Provenienz), der geforderte Preis und die Verkaufsbedingungen angegeben.

In diesen Zirkularofferten werden zuweilen auch Qualitätsbeschreibungen gegeben, wobei die allgemeine Beschaffenheit, das Haar, das Fleisch usw. in bestimmter Weise klassifiziert werden.

Beim Haar unterscheidet man

1. Sommer- oder kurzes Haar,
2. kleines, halblanges Haar,
3. Winter- oder langes Haar.

Beim Fleisch wird angegeben, ob viel oder wenig vorhanden ist, ob dasselbe gesund und trocken, oder ob es feucht ist und namentlich, ob es schon Zersetzungserscheinungen zeigt (rotes Fleisch).

Bezüglich der Gesamtqualität unterscheidet man:

1. Starke, kräftige, kernige Häute,
2. Mittelstarke aber noch volle Häute und
3. Leichte, schwache und abfällige Häute.

---

## f) Asiatische Häute.

### Englisch-Indien.

Unter den asiatischen Häuten spielen die ostindischen Kipse die Hauptrolle. Dieselben stammen von der kleinen ostindischen Rindviehrasse, dem Zebu; sie werden hauptsächlich zu Ober-, Vache- und auch Blankleder verarbeitet.

Der wichtigste Handelsplatz für die Ausfuhr in Indien ist Calcutta, und der wichtigste Einfuhrhafen in Europa war bis zum Ausbruch des Weltkrieges Hamburg, welches reichlich die Hälfte sämtlicher exportierten Kipse aufnahm, wogegen London in den übrigen Artikeln den Hauptstapelplatz bildet. Man unterscheidet 3 Sorten von Kipsen nach ihrer verschiedenen Behandlung, nämlich:

1. Arsenikkipse,
2. Belegte Kipse und
3. Trockne, unpräparierte Kipse.

Die Arsenikkipse, welche im allgemeinen wertvoller sind, als die belegten, werden zum Teil abgefleischt, getrocknet und zur besseren Konservierung mit einer Arseniklösung bestrichen. Diese Arsenikkipse liefern ein sehr hohes Blößenrendement.

Die belegten Kipse werden getrocknet und dann auf der Fleischseite mit einem Anstrich versehen, der nach seiner Hauptmasse aus kalkhaltiger Erde des Heimatlandes, oft aber auch zu einem hohen Prozentsatz aus ausgesprochenen Beschwerungsmitteln besteht.

Dieser Kalkbelag ist bei den feineren Sorten nur gering, bei den geringeren Sorten aber zuweilen sehr bedeutend und ins Gewicht fallend, bis zu 30—40, auch bis zu 50 pCt. und noch darüber. Der wechselnde Kalkbelag erhöht das Gewicht der Häute in sehr ungleicher Weise und bewirkt, daß das Blößenrendement dieser Sorten ein sehr schwankendes ist.

Der Kalkbelag verdeckt ferner die Fehler der Häute, erschwert die Beurteilung bezüglich ihrer Qualität ungemein, und beim Einkauf von belegten Kipsen ist daher größte Vorsicht zu empfehlen.

Das Gewicht der Kipse schwankt zwischen 1½—7 kg durchschnittlich; schwerere sind selten; am beliebtesten für Oberleder sind die Gewichte von 1½—4 kg; schwerere Sorten werden zwar auch zu Oberleder genommen, aber auch zu Zeug-, Sattel-, Vache-, Brandsohlleder u. dergl.

Wenn die ostindische Kipshaut unverdorben und gut konserviert ist, so hat sie ein sehr feines, geschlossenes Fasergewebe und einen zarten, elastischen Narben und übertrifft in dieser Beziehung die Kalbfelle geringerer Qualität. Wie bei Kalbfellen, so werden auch bei Kipsen die leichteren Häute höher bezahlt als die schwereren.

Im Handel bezeichnet man die Kipse auch nach ihrer Provenienz resp. Herkunft und nach ihrer Gewinnungsart. Bezüglich der letzteren unterscheidet man hauptsächlich die Häute von geschlachteten und gefallenen Tieren. Die geschlachteten bezeichnet man mit „Slaughtered", die von gefallenen Tieren mit „Dead". Innerhalb dieser Hauptgruppen kommen aber auch Mischungen beider unter der Handelsbezeichnung „Cined" vor. Ferner werden die geringsten Häute aussortiert und unter dem Sortimentsnamen „Rejections" in den Handel gebracht.

„Kommissariathäute" heißen die Häute von Tieren, welche in Schlachthäusern geschlachtet sind. Diese bilden die besten Sorten von allen Kipsen überhaupt, sie werden deshalb auch Ia. oder Patent slaughtered genannt.

Die geringste und schlechteste Sorte sind die Ausschußhäute oder Rejections. In dieses Sortiment kommen die schlechten, fehlerhaften Häute und die ganz geringen Provenienzen.

Die Kipse kommen meist in Calcutta im Bazar von den Eingeborenen unsortiert, nur nach Provenienz und Schlachtart sortiert in den Handel. Sie werden dann von den Exportfirmen sortiert; da nun aber diese Sortierung bald gewissenhaft, bald aber auch weniger sorgfältig geschieht, so ist es nicht gleichgültig, von welchem Handelshause die Häute bezogen werden. Es kommen innerhalb derselben Gewichtsklassen und Provenienzen oft ganz gewaltige Unterschiede vor, je nach Gewissenhaftigkeit des Abladers, d. h. des Handelshauses, das den Vermittler zwischen dem Erzeuger in Indien und dem Käufer bezw. Verarbeiter in Europa etc. bildet.

Jeder Ablader bezeichnet die Ballen mit den Anfangsbuchstaben der Firma und diese Marken bieten schon einigen Anhalt zur Beurteilung, ob der Ballen gut oder mangelhaft sortiert ist. Bei größerem Bedarf von Kipsen muß man sich eine gute Kenntnis dieser Marken aneignen, und es ist im allgemeinen noch vorteilhafter, gute Marken von Kipsen in Originalballen zu kaufen, als in Europa nochmals umsortierte Kipse.

Die Kipse bis zu 5 kg werden zu 150 Stück in einen Ballen verpackt und in 6 Deckhäute eingeschlagen, welch letztere nur einen ganz geringen Wert haben und Wrappers genannt werden. Bei schwereren Kipsen enthalten die Ballen entsprechend weniger Häute, bis zu 60 Stück abwärts.

Die wichtigsten bei den Arsenikkipsen vorkommenden Provenienzen sind die folgenden: Durbangha, Agra, Patra, Lucknow und Northwestern.

Die Kommissariat-Northwestern, ebenso Durbangha sind als Ia oder Patent zu den besten Sorten zu rechnen, und bei sonst gleicher Qualität wird die Durbangha-Provenienz noch vorgezogen.

Unter den belegten Kipsen ist die Dacca-Provenienz (im Nordosten von Calcutta) am bekanntesten. Die besten Marken unter den Daccas heißen Chittagongs. In der Regel haben Daccakipse nur einen geringen Kalkanstrich. Andere gute Sorten mit gleichfalls schwachem Belag sind die Hoogly und Mehypoore-Kipse. Eine geringe Haut mit starkem Kalkbelag ist die Kuttack-Provenienz, sowie auch ein Teil Durbangha.

In den letzten Jahren hat sich aber manches in der Gewinnung und im Handel dieser wertvollen ostindischen Häute verschoben. Angeregt durch die Erfahrungen des Praktikers ist die Konservierung entschieden besser und zuverlässiger geworden, auch die Sortimente erfolgen mehr nach den Bedürfnissen der Praxis, und der Hauptverdienst an diesen Fortschritten gebührt entschieden den Deutschen, die — mit fachmännischen Kenntnissen ausgestattet — nach Indien gingen und sich dem Handel dieses wertvollen Häutematerials widmeten. Es sind denn auch in den Sortierungen, Handelsbezeichnungen etc. durch das deutsche Element mannigfache Verbesserungen durchgeführt worden.

## Holländisch-Indien.

Nächst den Häuten aus Vorder-Indien sind unter den asiatischen Häuten diejenigen von den Sunda-Inseln von Bedeutung. Am wichtigsten darunter sind die Häute von Java, mit den Ausfuhrhäfen Batavia, Soerabaya und Samarang. Die Haupteinfuhrhäfen in Europa sind Amsterdam und Rotterdam.

Diese Häute werden in ähnlicher Weise verpackt wie die ostindischen Kipse, auf den Ballen sind in Buchstaben die Zeichen angebracht, woran man Provenienz und Firma erkennen kann. Die Java-Haut ist im allgemeinen von feiner und guter innerer Beschaffenheit und von guter Stellung. Die Konservierung der Javahaut ist im allgemeinen befriedigend und zuverlässig. Die

Häute sind meistens getrocknet, zuweilen auch mit Arsenik behandelt, haben aber niemals Kalkbelag. Schnitte und Brandstellen sind wenig vorhanden und dann auch nur leicht und unbedeutend. Trockengewichte von 1½—4 kg werden zu Oberleder, schwerere meistens zu Zeugleder oder leichtem Vache verarbeitet; zuweilen kommen aber auch Gewichte vor, welche zu Sohl- resp. Riemenleder passen.

Trockne Häute von Sumatra oder Celebes werden im Handel manchmal fälschlich als Javahäute bezeichnet. Celebeshäute gehen in London auch vielfach als Singapore-Häute in den Handel. Die Häute von der Insel Sumatra führen nach dem Ausfuhrhafen auch den Namen Padanghäute.

Aus Vorder- und Hinterindien, sowie aus Holländisch-Indien kommen in London und den holländischen Häfen auch trockne Büffelhäute an den Markt. Ein Teil dieser Büffelhäute hat zuweilen faule Stellen, welche infolge einer inneren Zersetzung der Hautsubstanz beim Trocknen entstanden sind. Im trocknen Zustande sind solche Stellen schwer zu erkennen, beim Einweichen treten sie aber hervor, indem die äußeren Schichten der Haut sich abheben, oder ganze Teile der Haut herausfallen und Löcher entstehen.

Besser konserviert sind die Arsenikbüffel, welche in ähnlicher Weise wie die Arsenik-Kipse hergestellt werden. Um bei diesen das Trocknen sicherer auszuführen und die Bildung fauler Stellen beim schnellen Antrocknen an der Sonne zu vermeiden, werden die besseren Sorten vor dem Trocknen ausgefleischt oder geschoren. Die getrocknete Haut ist infolgedessen dann etwas durchscheinend. Man nennt diese Sorte deswegen auch Transparentbüffel.

Gute Büffelhäute aus Vorderindien sind die Nordwestern und, aus Holländisch-Indien, die von Batavia, Sumatra und Samarang. Untergeordnete sind die Singapore- und Penangbüffel.

Die Büffelhaut hat ein sehr lockeres Gefüge, einen groben, spärlichen Haarwuchs und starke Poren auf der Narbenseite; an den Extremitäten gewöhnlich sehr dick, finden die Büffelhäute bei uns namentlich seit Einführung der Extraktgerbung Verwendung.

Das Gewicht der Büffelhaut ist sehr verschieden, leichte Häute im Gewicht von 2—8 kg Trockengew. sind im allgemeinen mehr geschätzt als die schwereren, welche bis zu 20 kg und darüber wiegen. Die Büffelhaut ist stets geringwertiger als die Rindshaut, sie wird je nach dem Gewicht zu allen Sorten Ober- und Unterleder verwendet.

Unter den Häute liefernden Ländern Asiens sind noch China und Japan zu nennen, namentlich ist die Bedeutung Chinas in der letzten Zeit größer geworden, und es sind insbesondere deutsche Firmen, welche den Export betreiben. Die chinesischen Häute sind meist ungenügend konserviert, teils getrocknet, teils gesalzen; sie sind im Kern gewöhnlich etwas stärker, übrigens aber lederhaft mit vollem, zarten Narben. Leider ist die sonst entschieden wertvolle Haut vielfach mit Narbenschaden behaftet als Folge schlechter Lebensbedingungen des Viehes und unsachgemäßer Behandlung der Haut. Ihre Konservierung ist mangelhaft. Sie geschieht in der primitivsten Weise, erst in den letzten Jahren haben Deutsche an Ort und Stelle wesentliche Verbesserungen durchgeführt. Die Chinahaut wird sicher zu noch viel größerer Bedeutung gelangen. Die leichteren Sorten werden zu Ober-, die schwereren zu Vacheleder gearbeitet.

---

## g) Afrikanische Häute.

Afrika liefert ziemlich bedeutende Mengen von Häuten, welche hauptsächlich nach London verschifft werden. Die afrikanischen Häute sind in ihrer Qualität sehr ungleich; die besten sind die aus dem Kapland, welche trocken und gesalzen in den Handel kommen. Die Stellung ist eine verhältnismäßig gute. Sie finden meist zu Vache- und Brandsohlleder Verwendung.

Die übrigen Teile Afrikas liefern in Bezug auf Schlachtung und Konservierung eine sehr mangelhafte Haut. Schnitte, Faul- und Brandstellen sind sehr häufig, oft ist ein großer Prozentsatz ganz verdorben.

Verhältnismäßig noch am besten ist die Zanzibarhaut.

Das Gewicht der afrikanischen Häute schwankt in sehr weiten Grenzen; die gesalzenen von etwa 3—32 kg., die getrockneten Häute von 1½—17 kg. Die Zanzibarhaut speziell gehört zu den kleinen und leichteren im Gewichte von 1½—8 kg; verwendet werden diese Häute meist zu billigen Ober- und Unterledersorten. Zu erwähnen ist noch die „Sierra-Leonehaut“ und aus Madagaskar die „Tamatavehaut“.

---

### h) Australische Häute.

Australien liefert für Europa, hauptsächlich über London, teils leichte, hauptsächlich aber schwere Häute, welche größtenteils auch in England verbraucht werden. Die australischen Rindhäute nähern sich in ihrer Stellung, wie auch in ihrer ganzen Qualität sehr den südamerikanischen Häuten; sie erreichen auch nahezu dieselben Gewichte und finden infolgedessen auch entsprechende Verwendung zu Unterleder etc. Die Konservierung ist meistens eine gute und sorgfältige, sie kommen nur in gesalzenem Zustande in den Handel.

Schwere Häute wiegen 25—32 kg, die leichteren bis etwa 15 kg; letztere pflegt man auch als Kipse zu bezeichnen.

* * *

Es würde natürlich zu weit führen, an dieser Stelle die außerordentlich zahlreichen Provenienzen aller bekannten Wildhäute näher zu behandeln. Wir müssen uns vielmehr auf die Hauptangabe beschränken und diejenigen, welche die „Wildhaut" aus der Literatur kennen lernen wollen, auf das vortreffliche Werkchen gleichen Namens von Kaul verweisen. Der beste Lehrmeister ist natürlich die Erfahrung. Dies gilt besonders auch bei der Wildhaut, die in Bezug auf Ausfall in der Gerberei enorme Verschiedenheiten aufweist, und zwar ist dieser Ausfall nicht allein von der Provenienz abhängig, sondern auch von den Witterungs- etc. Verhältnissen. Es kommt vor, daß in der einen Saison eine bestimmte Marke und Provenienz ganz vorzüglich, in der darauffolgenden aber sehr schlecht ausfällt. Der Fachmann muß deshalb zu Beginn der Saison auch recht vorsichtig disponieren, ehe er größere Engagements eingeht.

---

## Der anatomische Bau der Haut.

Die Haut der Säugetiere überzieht den Körper als ununterbrochene äußere Hülle und dient ihm als Schutz gegen äußere Einwirkungen.

Die Dicke der Haut ist außerordentlich wechselnd, je nach der Körperstelle, nach der Art des Tieres, nach dem Alter, Geschlecht, Ernährungszustand, der Rasse usw. Ferner ist die Oberfläche der Haut bald glatt, bald mehr oder weniger mit Runzeln oder Furchen, mit Einstülpungen und Ausstülpungen verschiedener Art und mit größeren oder kleineren Falten versehen. An den verschiedenen Stellen ist die Haut in stärkerem oder schwächerem Grade elastisch, dehnbar und läßt sich auf ihrer Unterlage mehr oder weniger verschieben.

In ihrer Aufgabe als äußere Körperbedeckung die darunter liegenden Organe des Körpers vor äußeren schädlichen Einflüssen zu schützen, wird sie unterstützt durch mancherlei Organe, die sich aus ihr selbst heraus erst entwickeln. Die Gefühlsempfindungen werden vermittelt durch besondere Gefühlsnerven, welche in der Haut endigen, und je nach der Menge dieser Nervenendigungen auf einem bestimmten Flächenstück der Haut ist die Feinheit des Gefühls an einzelnen Körperstellen sehr wechselnd. Schließlich ist die Haut auch dazu bestimmt, verschiedene gasförmige und flüssige Stoffe aus dem Körper auszuscheiden, und zu diesem Zweck ist sie noch mit besonderen Organen versehen.

Wenn man die Haut senkrecht durchschneidet, so kann man meistens schon bei schwacher Vergrößerung drei verschiedene Schichten unterscheiden. Dieselben sind von außen nach innen, resp. von oben nach unten:

a) die Oberhaut oder Epidermis,
b) die Lederhaut oder Corium, resp. Cutis,
c) das Unterhautbindegewebe oder Subcutis.

Die Reihenfolge dieser drei Schichten ist stets dieselbe, ihre Dicke aber ist sowohl im Verhältnis der Schichten untereinander, als auch mit absolutem Maß gemessen, außerordentlichen Schwankungen unterworfen, je nach der Körperstelle und nach der Art des Tieres, von dem die Haut stammt.

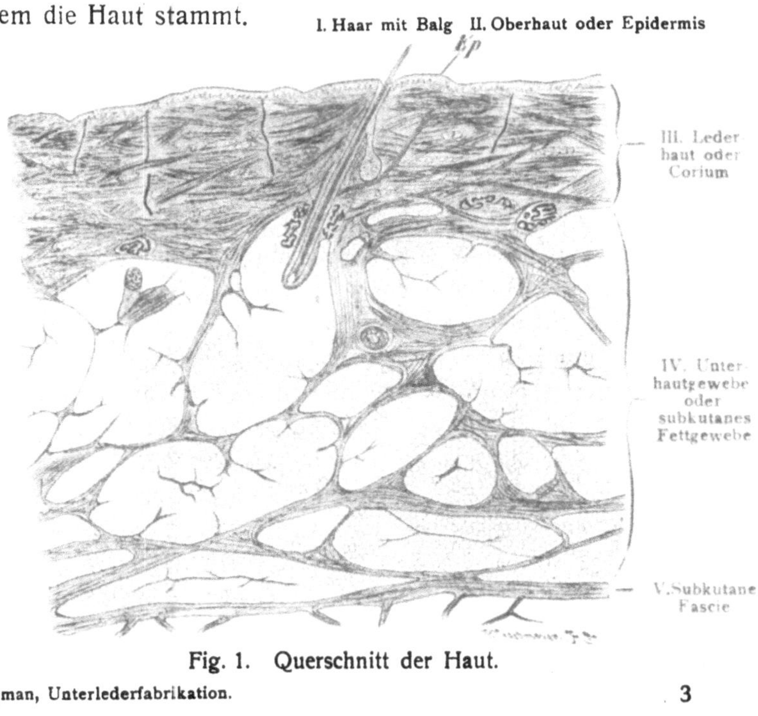


Fig. 1. Querschnitt der Haut.

I. Haar mit Balg.
II. Oberhaut oder Epidermis.
III. Lederhaut oder corium.
IV. Subkutanes Bindegewebe oder Fettgewebe.
V. Subkutane Fascie.

Letztere Schicht steht durch loses Bindegewebe mit den tieferen Teilen, namentlich den Muskelfascien in laxer Verbindung.

Die genannten Abteilungen ad III IV V sind nirgends scharf gegen einander abgegrenzt, vielmehr lösen sich aus der tiefsten Lage des sehr dichten Coriumgewebes zahlreiche Bälkchen ab, welche in das subkutane Fettgewebe eindringen.

Während nun die Epidermis und das Corium nirgends fehlen und auch überall im wesentlichen denselben Bau haben, sind die beiden tieferen Schichten, ebenso wie das Verhältnis der tiefsten und damit der ganzen Haut zu den tieferen Teilen, namentlich den Muskelfascien, verschiedenen Aenderungen unterworfen.

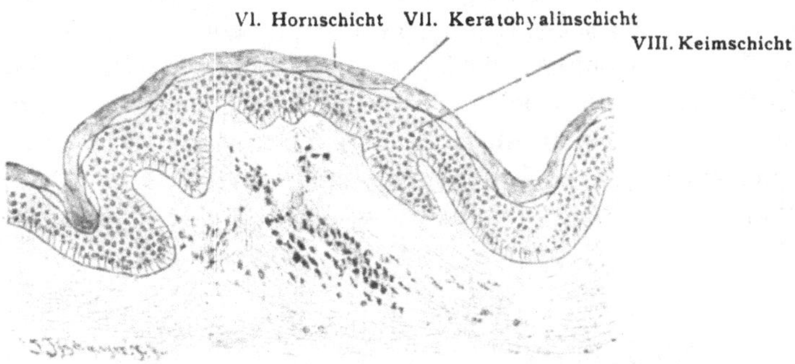


**Fig. 2. Senkrechter Schnitt durch die Epidermis.**

Die Epidermis ist ein mächtiges geschichtetes Plattenepithel mit der Eigentümlichkeit, daß die oberflächlichen Zellenlagen verhornt sind. Letzterer Umstand ist es, der eine eigenartige Komplikation des ganzen Baues dieser Schicht bewirkt.

Zunächst der Lederhaut liegt eine vielfache Schicht granulierter Zellen, die Keimschicht, auch Rete Malpighii genannt, weil ihre Flächenansicht an den meisten Stellen der Haut netzförmig erscheint. Darüber liegt die Schicht der verhornten Zellen, die Hornschicht.

Die Grenze der beiden genannten Lager wird durch eine Schicht eigentümlich stark gekörnter Zellen, der Keratohyalinzellen dargestellt.

An den sämtlichen natürlichen Körperöffnungen geht die Haut allmählich über in ein Gebilde von ganz anderer Beschaffenheit, nämlich in die Schleimhaut, welche die inneren Höhlen des Körpers auskleidet.

Betrachtet man einen Querschnitt durch die Haut unter dem Mikroskop, so bemerkt man leicht, daß jede der obengenannten drei Hauptschichten nicht eine überall gleichartige oder homogene Masse darstellt, sondern daß jede Schicht wieder zusammengesetzt ist aus einer großen Anzahl von verschiedenartigen Gebilden, und zwar sind es hauptsächlich teils Zellen und teils Fasern.

Die Zellen sind überhaupt das Grund- und Elementarorgan, woraus alle organischen Wesen, Tiere sowohl wie Pflanzen, zusammengesetzt sind.

Unter dem Mikroskop bemerkt man aber bald, daß in Bezug auf die Größe, die Gestalt und die gegenseitige Anordnung der Zellen eine große Verschiedenheit herrscht. Trotzdem kann man aber an einer lebenden Zelle in der Regel zwei Teile unterschieden, nämlich die Zellhaut und den Zellinhalt.

Die Zellhaut besteht bei den Pflanzenzellen aus Zellstoff oder Cellulose, bei den tierischen Zellen aus unlöslich gewordenen, umgewandelten Eiweißstoffen.

Der Zelleninhalt, gewöhnlich Protoplasma genannt, oder „Sarkode" ist von wässeriger, schleimiger bis körniger Beschaffenheit und stellt in der Hauptsache ein Gemenge verschiedener Eiweißsubstanzen dar, zwischen welchen häufig noch Inhaltsstoffe anderer Art eingelagert sind, wie Fettröpfchen, Farbstoffkörnchen, wässerige Lösungen von Salzen usw. In dem Protoplasma kann man gewöhnlich eine dichtere, scharf begrenzte Stelle unterscheiden, den sogenannten Zellkern, in welchem häufig noch ein Zellkörperchen zu sehen ist.

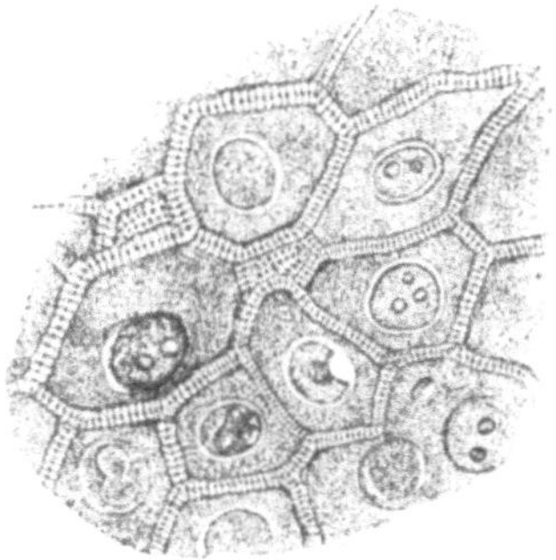

**Fig. 3. Senkrechter Schnitt zur Oberfläche der Epidermis.**

Fig. 3 zeigt einige Zellen der mittleren Partie der Keimschicht. Die Zellen sind durch zarte Fäden, Intercellularbrücken, miteinander verbunden, in der Mitte eines jeden Fädchens eine knopfförmige Verdickung.

Die Seitenflächen der Zylinderzellen sind untereinander und ihre oberen, kuppenartig abgerundeten Enden mit den Zellen der nächsten Schicht durch die Intercellularbrücken verbunden, wie solche auch zwischen den polyedrischen Zellen regelmäßig anzutreffen sind.

Zwischen diesen Gebilden bleiben dann feine, spaltförmige Räume, die Intercellularlücken, übrig, in denen lymphoide Flüssigkeit sich befindet, in denen auch Nervenfasern verlaufen.

Das Protoplasma sämtlicher Zellen der Keimschicht enthält sehr deutliche Fibrillen, welche in den zylindrischen Zellen der Achse parallel verlaufen, in den polyedrischen dagegen radiär gegen den Kern hin angeordnet sind und welche sowohl in die basalen Fortsätze der Zylinderzellen, wie auch die Intercellularbrücken direkt übergehen.

Die Keratohyalinschicht besteht fast überall aus einer einzigen Zellenlage, welche sogar an vielen Stellen mit dünner Epidermis, nicht einmal in geschlossener Phalanx liegen, sondern nur in größeren Abständen, mitunter so großen, daß zwischen je zweien dieser Zellen 4—6 andere Platz finden könnten.

In ihnen fallen — und eben dadurch werden sie charakterisiert — kleinere und größere stark glänzende Körper auf, welche sich in den verschiedensten Farbflüssigkeiten färben und mit großer Zähigkeit die Farbe festhalten. Diese Substanz bezeichnet man mit dem Namen Keratohyalin. Außer diesen sind in den Zellen auch die Kerne deutlich wahrnehmbar, wenn auch ihre Form sich häufig ändert.

Wir wissen, daß die Zellen der Keimschicht in diejenigen der Hornschicht sich verwandeln und daß die keratohyalinhaltigen Zellen ein Uebergangsstadium der protoplasmatischen in die verhornten Zellen darstellen.

Das Keratohyalin selbst muß gewiß als eine Zwischenstufe auf dem Wege der Verhornung aufgefaßt werden, welche in Körnerform auftritt und bei dem Uebergange in Hornsubstanz sich wieder löst und so den Zellenkörper imprägniert.

---

Professor H. R. Procter schreibt:

„Die Zellschichten, aus welchen die Oberhaut gebildet ist, bestehen aus geronnenem, koaguliertem Eiweiß, wie solches am reinsten in dem Eiweiß eines hartgesottenen Eies sich befindet. Diese, die Oberhaut zusammensetzenden Eiweißstoffe, werden Keratine genannt. Sie schwellen im kalten Wasser nicht auf und sind in warmem Wasser nicht löslich; durch höhere Temperatur bei Druck gehen sie in eine viskose, klebrige Flüssigkeit über, welche aber nicht wieder erstarrt und keine Gallerte bildet.

Sie sind in Säuren nicht löslich, dagegen ziemlich leicht in Alkalien, obwohl in dieser Hinsicht große Unterschiede zwischen den saftigen Schleimschichten der Oberhaut und der härteren Hornschicht, ebenso dem Haar, Hörnern und Hufen bestehen, welche ebenfalls aus Keratinen gebildet sind. Die Schleimschicht, aus welcher sich die Hornschicht stetig erneuert, besteht aus weichen, rundlichen und lebendigen Zellen, welche sich durch Vermittelung von den in der darunterliegenden Lederschicht befindlichen Blutgefäßen ernähren.

Die Oberhaut kann sich also nicht selbstständig ernähren, sondern ist in dieser Beziehung auf die unteren lebendigen Schichten angewiesen.

Die alkalischen Sulfide, wie Schwefelnatrium, Schwefelammonium und Schwefelcalcium wirken auf die Keratine mit bedeutender Kraft lösend ein, während dieselben auf die Lederschicht eine verhältnismäßig nur ganz geringe Wirkung ausüben.

Diese Eigenschaft der Alkalisulfide hat beim Enthaaren der Häute mit diesen Chemikalien eine große technische Bedeutung.

Was die wirkliche chemische Konstitution der Keratine anbetrifft, so ist darüber, ebenso wie über die Eiweißstoffe überhaupt, nur wenig bekannt; sie bestehen aus Kohlen-, Wasser-, Sauer- und Stickstoff mit Spuren von Schwefel und Asche."

## Die Oberhaut.

Die Oberhaut oder Epidermis ist sowohl nach der Art des Tieres als auch nach der Körpergegend sehr verschieden stark entwickelt. In letzterer Beziehung gilt jedoch mit wenigen Ausnahmen die Regel, „daß die Dicke der Oberhaut im umgekehrten Verhältnis steht zur Dichtigkeit des Haarwuchses".

Je dichter und enger die Haare stehen, um so dünner ist an diesen Stellen die Epidermis entwickelt; sie wird dagegen am dichtesten an den gänzlich haarfreien Stellen, z. B. den Lippen, Nase, auf den Sohlen, auf der inneren Handfläche, sie kann daselbst oft eine Dicke von mehreren Millimetern erreichen.

Die Oberhaut besteht aus glatten, sehr dicht, in verschiedener Stärke aufeinandergehäuften Zellenelementen, deren älteste absterben und sich als tote Masse, fast getrocknet, auf der äußeren Schicht festsetzen und bei der späteren Verarbeitung zu Leder entfernt werden müssen. Die Oberhaut ist gefäß- und nervenlos und ganz unempfindlich.

An der Außenfläche bildet die Oberhaut vielfach Falten und Runzeln und wird von größeren und kleineren, oft netzartig verlaufenden Furchen durchzogen, wodurch sie dann das bekannte gefältelte Aussehen bekommt. An manchen Stellen ist sie auch unterbrochen durch feine, dem bloßen Auge aber schon sichtbare Oeffnungen, welche die Ausmündungen von Drüsen oder von Haarbälgen sind.

Unter dem Mikroskop kann man in der Oberhaut überall und selbst an den stark behaarten Stellen, wo sie nur wenig entwickelt sind, noch zwei Schichten unterscheiden, nämlich: eine oberflächliche, trockne, die Hornschicht, und eine tiefere, an die Lederhaut grenzende, saftige, die Schleimschicht, welch letztere an solchen Stellen, wo sie stark entwickelt ist, oft zwei getrennte Lagen erkennen läßt.

Die „Schleimschicht“ ist eine von den Blutgefäßen der Lederhaut abgeschiedene Flüssigkeit, welche kleine Bläschen (Epidermiszellen) darstellt. Diese Zellen schieben sich und drücken sich nach der oberen Schicht zusammen, werden eckig und platt, hart und hornartig.

Mehrere dieser Plättchen zusammen bilden schließlich die Hornschicht, deren oberste ältere Plättchen sich wieder abstoßen und den nachfolgenden Platz machen.

Die Hautbildung beruht also ebenfalls auf einem ewigen Wechsel des Stoffes. Mit der Hautbildung geht die Farbenbildung Hand in Hand. Sie entsteht ebenfalls mittels Farbzellen, welche in der Schleimhaut der Oberhaut ihren Sitz haben. Sind dieselben äußerst zahlreich und gehaltvoll, so sind sie durch die Haut sichtbar.

Die **Hornschicht,** welche die eigentlich schützende Decke der Haut ist, besteht aus geschichteten, verhornten, flachen, schuppenartigen Zellen. Die am tiefsten liegenden Zellen lassen zuweilen noch einen Zellenkern erkennen, welcher aber samt dem übrigen Zelleninhalt bald vertrocknet. Die oberflächlichsten Zellen der Hornschicht gehen unter dem Einfluß äußerer mechanischer und atmosphärischer Einwirkung fortwährend zu grunde und blättern ab. Aus den angrenzenden Zellen der Schleimhaut werden dagegen die Zellen der Hornschicht in demselben Maße wieder ersetzt und ergänzt.

Nach unten oder nach innen folgt dann die Schleimschicht, welche, wo sie gut entwickelt ist, aus einer mehrfachen Lage von Zellen besteht.

Die oberen Zellen der Schleimschicht bezeichnet man auch als Körnerschicht, weil die gewöhnlich stark abgeflachten Zellen mit kleinen rundlichen Körnern mehr oder weniger erfüllt sind. Diese Körner bestehen aus einer Substanz, welche wahrscheinlich mit dem Verhornungsprozeß im Zusammenhang steht.

Die tiefste Lage der Schleimhaut und mithin der ganzen Epidermis besteht an den haarfreien Stellen aus spindelförmigen oder kurz zylindrischen Zellen, den sogenannten „Stachelzellen". Diese sind es, welche sich durch Teilung parallel der Oberfläche vermehren und somit das Material für den Aufbau der ganzen Oberhaut liefern; man nennt sie deshalb auch die Keimschicht; ihre Zellen enthalten stets einen deutlichen Zellenkern.

Die ganze Schleimschicht ist nach unten gegen die dann folgende Lederhaut nicht eben und glatt begrenzt, sondern mit mehrfachen Vertiefungen versehen, in welche kurze, kegelförmige Erhebungen der Lederhaut hineinragen.

Im Querschnitt der ganzen Haut gesehen ist daher die Begrenzungslinie nach unten mehr oder weniger wellig gebogen und die ganze Schleimhaut ist an den einzelnen Stellen abwechselnd dicker und dünner.

Von der Fläche aus gesehen oder parallel der Oberfläche an dieser Stelle durchschnitten kommt dadurch ein annähernd netzförmiges Aussehen zu stande, und man nennt deshalb auch die Schleimschicht nach ihrem Entdecker das „Malpighii'sche Schleimnetz".

Bei unseren Haussäugetieren, deren Haut zur Lederfabrikation gebraucht wird, ist die Haut gewöhnlich nicht rein weiß, sondern manchmal in größerer oder geringerer Ausdehnung oder auch nur an einzelnen Stellen heller oder dunkler, grau oder braun bis ganz schwarz gefärbt. Diese Färbung geht aber nicht durch die ganze Haut hindurch, sondern wird dadurch bewirkt, daß besondere braune oder schwarze Farbstoffkörnchen teils in den Zellen enthalten, teils zwischen denselben eingestreut sind. Diese Farbstoffkörnchen sind nur in geringer Menge in der Lederhaut vorhanden, wo sie sich nach dem Enthaaren noch als dunklere Flecken von ihrer Umgebung abheben. In größter Menge kommen sie vor in den tiefsten Lagen der Schleimhaut und nehmen von da aus nach der Oberfläche zu immer mehr ab, und die äußersten Schichten der Hornhaut sind dann in der Regel frei von Farbstoff.

Durch die in der Gerberei gebräuchlichen Enthaarungsmittel wird der Zusammenhang zwischen den tiefsten Zellenschichten der Oberhaut und der angrenzenden Lederhaut gelockert, und beim Enthaaren wird deshalb zugleich auch die gesamte Epidermis mit weggenommen. Die Trennung der Epidermis von der Lederhaut kann übrigens auch noch auf andere Weise geschehen, z. B. durch blasenziehende Mittel, durch Verbrennung und anderes.

---

## Die Lederhaut.

Die Lederhaut oder Bindegewebehaut, Corium oder Cutis oder Blöße liefert das eigentliche Material zur Herstellung des Leders.

Der Masse nach bildet die Lederhaut in der Regel den weit überwiegenden Bestandteil der gesamten Haut, dabei ist aber ihre absolute Dicke, je nach der Art des Tieres, nach der Körperstelle, dem Ernährungszustande, dem Alter und Geschlecht, großen Schwankungen unterworfen. Unter den Haussäugetieren hat das Rind die dickste, das Schaf die dünnste Lederhaut. Bei einem und demselben Tiere ist sie mit wenig Ausnahmen im allgemeinen in der Nähe des Rückens am dicksten und wird nach den Seiten, dem Bauche und dem Halse zu allmählich dünner. Die Lederhaut ist sehr blut- und nervenreich, rot und leicht wund.

Unter dem Mikroskop zeigt die Lederhaut bei allen Haussäugetieren wesentlich denselben Bau. Sie ist zwar ursprünglich aus Zellen hervorgegangen, im ausgebildeten Zustande jedoch läßt sie nirgends mehr eine zellige Beschaffenheit erkennen. Hohlraum und Inhalt der Zellen sind verschwunden, und an ihrer Stelle bemerkt man feine, in die Länge gestreckte Fäserchen oder Fibrillen, welche zu verschieden dicken Bündeln vereinigt sind. In ihrem Verlaufe vereinigen sich oft mehrere dünne Bündel zu dickeren, oder es trennen sich umgekehrt die dickeren und lösen sich in einzelne dünnere auf.

Im Querschnitt gesehen sind die einzelnen Faserbündel, sowie auch die einzelnen Fasern selbst meistens nicht ganz rund, sondern häufig durch gegenseitigen Druck mehr oder weniger vieleckig und etwas flach gedrückt.

Man kann in der Lederhaut wieder drei Lagen unterscheiden, zwischen denen jedoch keine bestimmte Grenze zu ziehen ist.

1. Die oberste Lage, welche im fertigen Leder den Narben bildet, schmiegt sich überall dicht an die Schleimschicht der Epidermis an. Die Faserbündel sind hier ganz dünn, meistens sogar in die einzelnen Fasern selbst aufgelöst, aber sehr dicht untereinander verflochten. In ihrem Verlaufe sind sie an der Grenze der Oberhaut im allgemeinen der Oberfläche parallel, aber immer etwas wellig gebogen, sie lassen keine freien Enden erkennen, sondern kehren am Narben selbst schleifenartig um und gehen nach unten ohne Unterbrechung in die tieferen Lagen über.

An solchen Stellen, wo sich die Lederhaut mit kurzen kegelförmigen Erhebungen oder Papillen in die Schleimschicht erhebt, erfährt die Richtung der Fasern eine Veränderung insofern, als dieselben dort senkrecht aufsteigen, oben umbiegen und wieder senkrecht zurückkehren; sie bilden so Schlingen und Schleifen, welche ihrerseits wieder untereinander verflochten und verfilzt sind.

Solche papillenartigen Erhebungen sind an den haarfreien Stellen der Haut häufig, an den behaarten Stellen aber meist ganz fehlend.

Die Bildung der Narbenseite des Leders, wozu ja haarfreie Teile der Haut nicht benutzt werden, kommt demnach in der Hauptsache nicht zu Stande durch stellenweise Erhebungen der Lederhaut nach außen, sondern vielmehr durch die Vertiefungen, welche durch die Einsenkung der Haare entstehen.

2. In der mittleren Lage oder Zwischenschicht sind die Fasern zu dickeren Bündeln vereinigt; ihr Verlauf ist unregelmäßig nach allen Richtungen und wird noch dadurch gestört, daß die Haare und Drüsen bis in diese Lage hineinragen. Die Verflechtung ist weniger dicht wie am Narben, so daß in nicht gequollenem Zustande kleinere oder größere Zwischenräume zwischen den Bündeln übrig bleiben.

3. In der tiefsten und netzförmigen Lage wird die Richtung der Fasern wieder mehr oder weniger der Oberfläche parallel. Die einzelnen Bündel sind ziemlich dick und ungefähr nach Art einer Stroh-

matte mit einander verflochten, jedoch sehr locker, weite Maschen zwischen sich lassend.

Die Lederhaut oder Blöße ist ein elastisches Gewebe, welches aus Bindegewebsfasern, Schweiß- und Talgdrüsen, Haarbälgen mit ihren Zwiebeln, der Masse der Bindegewebesubstanz, der Arterien mit ihren Venen und Muskeln und dem Maschennetz besteht, aus welchen durch Verdichtung allmählich jene kompakten, widerstandsfähigen Gebilde sich formen, welche wir Lederhaut oder Blöße nennen.

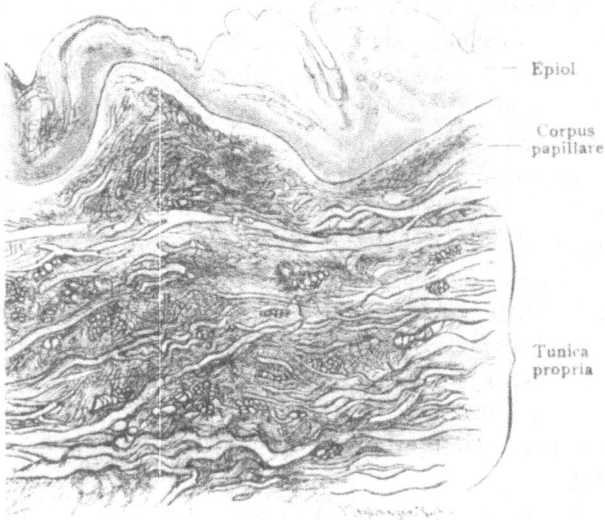


**Fig. 4. Senkrechter Schnitt durch die Haut des Scrotum. (Dieser Teil der Haut geht beim Schwellen am meisten auf.)**

Die Lederhaut besteht aus fibrillärem Bindegewebe, welches mit sehr zahlreichen, elastischen Fasern durchsetzt ist. Die Bindegewebsbündel bilden ein Netzwerk, welches namentlich in den tiefen Teilen der Haut außerordentlich dicht ist und fest, in so hohem Grade, daß ein Durchschnitt der Haut als glatte Fläche erscheint, während in der oberen, die Papillen tragenden Abteilung und den Papillen selbst das Gewebe ein weit weniger dichtes ist.

Zwei wesentlich verschiedene Richtungen von Bindegewebsbündeln lassen sich nun unterscheiden; solche, welche senkrecht und solche, welche im großen und ganzen parallel zur Hautoberfläche verlaufen.

Die Lederhaut selbst ist von unzähligen kleinen Kanälchen in allen Richtungen durchkreuzt, welche von verschiedener Breite sind und mit der erwähnten Bindegewebesubstanz, welche an den verschiedenen Stellen auch eine ungleiche Konsistenz besitzt, teilweise angefüllt ist, von denen ein Teil beim Aeschern gelöst und fortgeführt wird.

Die in der tierischen Haut vorkommenden Muskeln sind aus Primitivbündeln zusammengesetzt, welche aus einer Menge Längsfibrillen bestehen, welche entsprechend der Lage feiner Querstreifen, kleine Kerne enthalten, Zellen, welche bei mit Säure behandelten Blößen deutlich hervortreten, indem die Muskeln aufschwellen und die einzelnen Gebilde der Zellen deutlich sichtbar machen.

Die zwischen den Zellen liegenden Fasermassen enthalten die leimgebenden Substanzen, die Zelle selber ist nie leimgebend. Innerhalb der Zelle befindet sich ein Teil des Eiweißes, wie auch in dem Zwischengewebe neben der leimgebenden Substanz Eiweiß enthalten ist. Das Eiweiß findet sich im tierischen Organismus überall, und die eiweißhaltigen Körper sind die Mutterkörper einer Reihe von stickstoffhaltigen Stoffen, aus welchen die Gewebe der Haut zusammengesetzt sind.

Die für den Gerber zumeist interessanten Gewebe sind:

1. **Die hornartigen Substanzen.**
2. **Die Substanzen des elastischen Gewebes.**
3. **Die leimgebende Substanz.**

Diese beiden letzteren sind für den Gerber nächst den Eiweißkörpern die wichtigsten Gewebe.

1. Den eiweißartigen Mutterkörpern schließen sich zunächst die **hornartigen Gewebe** an, welche sich als tote Masse auf der Oberhaut ablagern und vor dem Gerben unbedingt entfernt werden müssen. Es bedürfen diese eiweißartigen Körper nur unbedeutender Veränderungen in ihrer Zusammensetzung, um unter den vielen Hautgebilden auch die äußerste Schicht der Tierhaut zu schaffen.

2. Das **elastische Gewebe** ist den eiweißartigen Körpern wenig ähnlich, es fehlt vor allem der Schwefelgehalt. Auch hinsichtlich ihrer Eigenschaften weichen diese elastischen Gewebe von den übrigen, in der tierischen Haut vorkommenden Körpern ab, indem sie sehr schwer löslich sind und den heftigsten Angriffen von Alkalien sowie Säuren längere Zeit widerstehen, jedoch durch übermäßig mechanisches Bearbeiten können dieselben sehr leicht in ihrer Elastizität zerstört werden.

Vom Gerbeprozeß bleiben die elastischen Gewebe als indifferente Masse völlig unberührt.

3. Die **leimgebende Substanz** steht dem Eiweiß nahe, sie liefert beim Kochen den Leim, welcher als solcher in der tierischen Haut nicht enthalten ist, und nach Knapp soll die Umwandlung des leimgebenden Gewebes eine ähnliche Umänderung sein, wie die Verwandlung der Stärke in Zucker.

Das leimgebende Gewebe, wie solches in der tierischen Haut enthalten, ist als leimhaltig in kaltem Wasser unlöslich, wohl aber kann die Lösung des Leimes durch Kochen oder durch Säuren erzielt werden. Nach Knapp ist eine Umwandlung der leimgebenden Substanz in angesäuertem Wasser leicht und rasch zu bewerkstelligen, am schnellsten jedoch in konzentrierter Essigsäure.

Es finden sich weder der Leim noch die gelöste leimgebende Substanz als solche in der tierischen Haut vor, sondern nur die zwischen den Zellen liegende Fasermasse, das Bindegewebe, aus welchem dieselben hervorgehen.

Der durch Kochen gewonnene Leim ist in Alkohol, Aether, Fetten und ätherischen Oelen nicht löslich, wogegen konzentrierte Mineralsäuren den Leim auflösen, denselben aber auch sofort wieder zersetzen; so löst nach Knapp konzentrierte Essigsäure die Gallerte auf, welche dann noch Klebekraft besitzt, aber nicht mehr gelatiniert. Ein gleiches ist mit Salzsäure der Fall, während konzentrierte Schwefel- oder Salpetersäure die Gallerte völlig zersetzen.

Wenn nun auch in den verschiedenen Gebilden der tierischen Haut das Eiweiß neben der leimgebenden Substanz vorkommt, so sind diese Körper in chemischer Beziehung doch sehr verschieden.

---

## Das Unterhautbindegewebe oder Subcutis.

Zwischen diesem und der Lederhaut ist keine scharfe Grenze vorhanden, sondern beide gehen allmählich ineinander über, und zwar in der Weise, daß sich die Fasern der Lederhaut nach unten in ganz lockere Faserzüge auflösen, welche die Befestigung der Haut an die darunter liegenden Körperteile übernehmen, besonders an die Sehnen und Bänder.

Die Faserbündel, welche sich hier gleichfalls nach verschiedenen Richtungen kreuzen, bilden kleinere oder größere Maschenräume, zwischen denen Blutgefäße und Nerven verlaufen, und welche an manchen Körperstellen (bei einzelnen Tieren verschieden) reichliche Mengen von Fett in sich einschließen. Die Fettzellen, ursprünglich aus Bindegewebszellen hervorgegangen, sind oft zu größeren Ballen oder zu traubenförmigen Massen vereinigt und bilden zuweilen ein ausgedehntes zusammenhängendes Fettpolster, welches als Schutz gegen mechanische Verletzungen und gegen Kälte dient.

Durch die Lockerheit der Faserbündel im Unterhautgewebe, sowie durch ihre Länge und Dehnbarkeit wird die Haut befähigt, sich am Körper verschieben zu lassen und Falten zu bilden.

Das Unterhautgewebe bildet die Aasseite der abgezogenen Haut, und wird bei den verschiedenen Reinigungsarbeiten mehr oder weniger entfernt.

Die *innere Unterhaut*, bestehend aus Fett und dem Unterlagsgewebe, hat für das Leder keinen Wert. Dieses und die Oberhaut sind nur der lebenden Haut zum Schutz gegeben und müssen entfernt werden, soll das fertige Produkt allen Anforderungen genügen.

Zwischen der inneren Unterhaut und der Lederhaut liegt das Adernetz, welches genau die Stelle angibt, bis wohin das Fett- und Unterlagsgewebe von der Lederhaut zu trennen ist.

Anders ist es mit den Fettdrüsen, welche am Grunde der Haare sitzen und den Haaren, namentlich der Wolle die notwendigen Fettsubstanzen zuführen und zur Erzeugung der sogenannten Hautschmiere notwendig sind. Diese Fettdrüsen können so gewaltige Fettmassen hervorbringen, daß solche dem gegerbten Leder unbequem sind, wie bei specknackigen Schaffellen, einzelnen Bockfellen und bei den Roßkämmen.

Bei Rindshäuten, Kalb- und Ziegenfellen wird durch die Prozedur des Kälkens in Form des fettsauren Kalkes das Fett gelöst, welches dann durch Wässern, Schaben, Glätten und Ausstreichen leicht entfernt wird, während bei Schaffellen und Roßhäuten besondere Mittel angewendet werden müssen.

Eine merkwürdige Abweichung von dem regelmäßigen Bau zeigt der Roßspiegel in folgender Weise: Etwas unter der Region der Haarwurzeln wird das Gewebe sehr locker, indem einzelne aber ziemlich gleichdicke Bündel senkrecht oder fast senkrecht nach unten verlaufen, und zwischen diesen sind in horizontaler oder etwas geneigter Richtung andere, lockere Fasern und dünne Bündel, welche die ersteren umschlingen. Die gummiartige Schicht, welche sich unten anschließt, besteht aus ziemlich gleichmäßigen dicken Faserbündeln, welche durch die ganze Schicht in derselben Richtung verlaufen, und zwar im senkrechten Durchschnitt gesehen ziemlich steil und schief, gegen die Hautfläche sich kreuzend, aber sehr dicht durcheinander geflochten. Im Flächenschnitt gesehen durchkreuzen sich diese Faserbündel ziemlich rechtwinklig und machen den Eindruck eines Korbgeflechtes oder einer geflochtenen Matte.

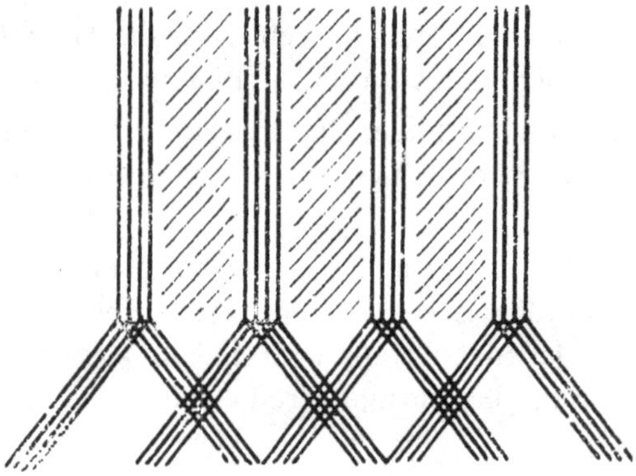

Fig. 5. Der Bau des Roßschildes.

Unter den verschiedenen Anhangsgebilden der Haut, welche durch entsprechende Umwandlung erst aus ihr hervorgegangen sind (Hufe, Klauen, Krallen, Nägel, Hörner, Haare bei den Säugetieren, Federn bei den Vögeln, Schuppen bei den Fischen, Reptilien usw.) sind für den Gerber die Haare am wichtigsten. In der Haut der Säugetiere sind sie mit Ausnahme weniger Stellen fast überall vorhanden, bald dichter stehend, bald mehr zerstreut. Die Haare sind faden- oder röhrenförmige Erzeugnisse der Epidermis, welche meist einzeln stehen, seltener auch zu mehreren in Vertiefungen der Lederhaut eingesenkt sind. Diese Vertiefungen bezeichnet man als H a a r - t a s c h e oder H a a r b a l g.

Die Zellen der Epidermis senken sich in die Haartasche hinein und kleiden sie als ein tapetenartiger Ueberzug aus. Die Epidermis in der Haartasche besteht aber nur aus zartwandigen, weichen Zellen, und die Hornschicht fehlt ganz. Am Grunde der Haartasche befindet sich eine kurze, kegelförmige Erhebung der Lederhaut, die Haarpapille genannt, auf welcher das Haar selbst aufsitzt und durch welche die Ernährung des Haares besorgt wird. An dem Haare selbst unterscheidet man die Haarwurzel, das ist der in die Haut eingesenkte Teil, und den Haarschaft, d. i. der über die Haut hervorragende Teil des Haares; die Haarwurzel ist an ihrem Grunde meist etwas knopfartig oder zwiebelförmig verdickt, weshalb man diesen Teil auch häufig Haarzwiebel oder Haarknopf nennt.

Die Haarzwiebel besitzt an ihrem untersten Teile, ähnlich wie eine Weinflasche eine trichterförmige Einstülpung, mit welcher das Haar auf der Papille aufsitzt. An dieser Stelle findet beim Enthaaren durch Schwitzen oder Aeschern, sowie auch beim gewaltsamen Herausziehen die Trennung des Haares von der Haut statt. Der Haarschaft endigt, wenn das Haar unverletzt ist, in einer feinen geschlossenen Spitze. Im Querschnitt gesehen, unterscheidet man einen inneren Teil, das „Haarmark", und einen das letztere umgebenden Teil, die „Haarrinde", welche noch von einem zarten, besonderen Oberhäutchen bedeckt ist. Soweit das Haar in der Haartasche steckt, kommt dazu noch ein besonders zartes, sackartiges Gebilde, die sogenannte Haarwurzelscheide, welche den unteren Teil des Haares als ein Cylinder umkleidet.

Das „Haarmark" bildet entweder eine oder auch mehrere Reihen von Zellen. Dieselben sind in der Nähe der Wurzel stets mit Protoplasma und Zellsaft gefüllt. Im Haarschaft dagegen enthalten die Markzellen mehr oder weniger Luft, welche durch feine Spalten der Rinde eintritt, wenn die in den Markzellen enthaltene Flüssigkeit austrocknet.

Die „Haarrinde" besteht aus starken, in die Länge gestreckten, annähernd cylindrischen Zellen, deren Substanz gänzlich verhornt ist. Von dem Verhältnis zwischen Rinden- und Mark-Substanz der Haare hängt ihre Widerstandsfähigkeit, ihre Dehnbarkeit und ihre Biegsamkeit ab. Diese Eigenschaften sind um so stärker entwickelt, je mehr die Rindensubstanz vorwiegt, z. B. das Pferdehaar. Das Haar ist dagegen um so mehr spröde und brüchig, je mehr die Rindensubstanz zurücktritt und je stärker das Mark entwickelt ist, z. B. Reh-, Hirsch-, Gemshaare usw.

In und zwischen den Zellen der Rinde befindet sich teils gelöst, teils in Form von kleinen Körnchen, ein brauner bis schwarzer Farbstoff, von dessen Menge und Verteilung die hellere oder dunklere Farbe der Haare abhängt. Nur ganz weiße Haare sind völlig frei von Farbstoff.

Das „Oberhäutchen" wird gebildet aus flachen, schuppenartigen Zellen, die sich dachziegelartig decken, mit nach außen gerichtetem freien Rande. Der Rand des Haares erscheint infolgedessen bei starker Vergrößerung nicht glatt, sondern schwach gezähnt. Diese schuppenartige Ausbildung der Zellen des Oberhäutchens ist bei den Haaren des Rindes nur unbedeutend, sehr deutlich aber z. B. bei der Schafwolle. Die Ernährung des Haares geschieht von der Hauptpapille her, und das Wachstum des Haares geschieht ausschließlich durch Vermehrung und Streckung der Zellen im unteren Teil der Haarwurzel; die Richtung der Haare gegen die Oberfläche der Haut ist nur selten ganz senkrecht, sondern meist eine mehr oder weniger schiefe.

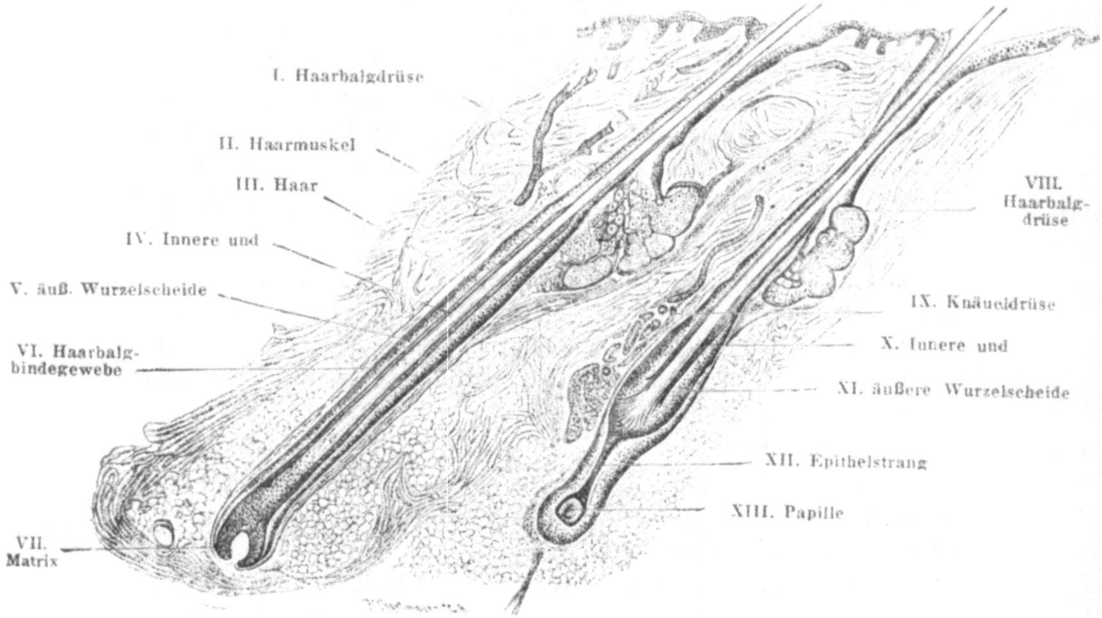


**Fig. 6. Senkrechter Schnitt der Haut, links ein wachsendes, rechts ein ausgewachsenes Haar.**

Die Haarwurzeln stecken schräg in der Haut und je nach der Dicke derselben bald nur bis in die tieferen Coriumschichten, bald bis in das subkutane Binde- resp. Fettgewebe hineinreichend.

Die Haarwurzel schwillt am unteren Ende zu einer rundlichen Verdickung der Haarzwiebel an, welche von unten her ausgehöhlt ist und die ungefähr knospenförmige Haarpapille enthält.

Die gesamte Wurzel steckt in einer die Fortsetzung der Lederhaut und Oberhaut darstellenden Hülse, dem Haarbalge. Dieser setzt sich aus einem äußeren bindegewebigen und einem inneren, epitheliden Teile zusammen.

Ersterer beginnt dort, wo die Lederhaut in das Unterhautfettgewebe übergeht, bekleidet also bei stärkeren Haaren den unteren größeren Teil der Wurzel.

In die Haut eingesenkt finden sich noch zwei verschiedene Arten von Drüsen, nämlich die „Talgdrüsen" und die tiefer gelegenen „Knäueldrüsen".

Die „Talgdrüsen" liegen in der Mitte der Lederhaut, sie stehen immer zu zweien oder mehreren in der Umgebung eines Haares und münden mit einem Kanal in den Haarbalg selbst ein; sie heißen deshalb auch „Haarbalgdrüsen". Das fettige Ausscheidungsprodukt der Talgdrüsen ist bei Körpertemperatur flüssig, gelangt auf diesem Wege an die Haarwurzel und ölt das Haar ein. Der Körper der Haarbalgdrüsen stellt in der Hauptsache einen Beutel dar, welcher an mehreren Stellen ausgebuchtet ist und dadurch ein mehr oder weniger lappiges Aussehen erhält.

Die Form dieser Drüsen im ganzen und ihre Lage steht im engen Zusammenhang mit dem Haarwuchs. Je dichter die Haare stehen, um so länger und schmaler sind die Drüsen, und um so spitzer ist der Winkel, unter welchem die Ausführungsgänge in den Haarbalg einmünden, je dünner aber der Haarbestand, um so mehr rundet sich der Drüsenkörper ab und um so stumpfer wird der Ausmündungswinkel.

Die „Knäueldrüsen" oder schlauchförmigen Drüsen liegen in der Haut entweder in der Region der Haarzwiebeln, oder auch noch tiefer eingesenkt in das Unterhautgewebe, sie münden zum Teil gleichfalls in die Haarbälge, zum Teil aber haben sie auch selbstständige Mündungen an der Oberflächenhaut. Dieselben sind allgemein unter dem Namen der Poren bekannt. An jeder Knäueldrüse ist zu unterscheiden der äußere Teil oder Ausführungskanal, welcher häufig korkzieherartig oder schraubenförmig gewunden ist, und der innere knäuelförmig aufgewickelte Teil, welcher das Secret oder Abscheidungsprodukt der Drüsen liefert.

Die besondere Form und Größe des Drüsenknäuels ist sowohl nach der Tierart, als nach der Körperstelle sehr verschieden. Das Ausscheidungsprodukt der Knäueldrüsen ist entweder flüssig (Schweiß), oder auch fest und fettig, und dient in letzterem Falle zur Einfettung der Haut an solchen Stellen, wo keine Talgdrüsen vorhanden sind.

Von anderen untergeordneten Bestandteilen der Haut sind noch zu erwähnen:

a) „Muskeln" verschiedener Art; sie sind reichlich vorhanden in der Umgebung der natürlichen Körperöffnungen, wo die äußere Haut in die Schleimhaut übergeht. Sie stehen daselbst in Verbindung mit den tiefer gelegenen Muskeln und bedingen die leichte Beweglichkeit dieser Körperteile, z. B. der Lippen. Manche Muskeln stehen zu den Drüsen, deren Secretentleerung sie befördern, in Beziehung.

Besonders erwähnenswert sind aber noch die in Beziehung zu den Haaren stehenden Muskeln, die sogenannten Aufrichter, welche bei starken Nervenreizen (Schrecken, Wut, Angst) sich zusammenziehen und dadurch das Aufrichten oder Sträuben dieser Haare bewirken.

b) „Nerven". Diese sind teils Bewegungsnerven, welche das Zusammenziehen der Muskeln veranlassen, teils Empfindungsnerven, welch letztere die Endorgane des Gefühlssinnes darstellen.

---

## Blutgefäße oder Adern.

Dieselben sind in der Haut ebenso wie in den übrigen Körperteilen von zweierlei Art, nämlich die „Arterien oder Schlagadern", welche das Blut vom Herzen und den Lungen bringen und hellrotes Blut enthalten. Zweitens die Venen oder Blutadern, in denen dunkelrotes Blut nach dem Herzen zurückströmt. Die Blutgefäße verzweigen sich in der Lederhaut zu außerordentlich zarten Kanälchen, den sogenannten Kapillaren.

Lymphgefäße sind Organe, welche mit den Blutgefäßen in einem gewissen Zusammenhang stehen, und namentlich den Stoffwechsel besorgen.

Die elastischen Fasern sind außerordentlich zarte, vielfach verästelte lange Fasern, welche meistens sehr dünn, an der Oberfläche ganz glatt und an ihren Enden häufig eingebogen oder auch spiralförmig gekrümmt sind. Sie sind zwischen die Bindegewebsbündel der Lederhaut und um dieselben herumgelagert, sehr elastisch und widerstandsfähig gegen chemische Mittel, namentlich werden sie von 40 prozentiger Kalilauge nicht angegriffen. Sie können daher durch Auflösung des Bindegewebes in Kalilauge sichtbar gemacht werden.

Die Muskeln, Nerven, Blutgefäße, Lymphgefäße und elastischen Fasern treten nicht in die Epidermis über, sondern sind nur in der Lederhaut vorhanden.

---

Nach Moleschott gehören die eiweißhaltigen Körper zu den Primitivgebilden des tierischen Organismus, aus denen sich die anderen später entwickeln. So entwickeln sich in der tierischen Haut aus den weichen, eiweißartigen Körpern die vorkommenden Gebilde zu festeren Sustanzen, wie dieses deutlich an der feinen

Textur eines Kalbfelles gegenüber der ausgebildeten Haut zu erkennen ist.

Wie hier das Eiweiß als Mutterkörper unentbehrlich ist, muß dasselbe zur Erzielung eines guten Fabrikates auch der Haut, wie der Blöße weitmöglichst erhalten bleiben, und alle Operationen, welche ein Entfernen des Eiweißes bewirken könnten, sind zu unterlassen oder auf das Mindestmaß zu beschränken. So löst Eiweiß sich in Salzlösung in ziemlichen Mengen, besonders auch in kohlensauren Alkalien. Daher werden durch längeres Lagern in Kalkmilch die in den Bindegewebsmassen eingelagerten Eiweißkörper unter starkem Aufquellen allmählich gelöst und der Haut entzogen. Es kann durch fortgesetztes Behandeln mit Kalkmilch der Haut alles Eiweiß entzogen werden, wobei die leimgebende Substanz unverändert erhalten bleibt, wie solches an Leimleder zu erkennen ist, welches über ein Jahr in der Kalkmilch gelegen hat, ohne an seiner Güte zu verlieren, während das Eiweiß vollständig zerstört ist.

Durch die meisten Säuren wird Eiweiß unlöslich gemacht, während es sich mit Alkalien verbindet. Es löst sich also das Bindungsmittel der einzelnen Bindegewebsfasern durch Kalkmilch auf, die Bindegewebsfaser nicht.

Diese Unterschiede zwischen Eiweißkörper und der leimgebenden Substanz haben für den Gerber das größte Interesse, denn durch deren verschiedene Behandlung werden die mannigfaltigsten Effekte in der Lederfabrikation erzielt.

Die sehr stark vertretenen Hautmuskeln der Oberhaut, welche vom Grund des Haarsitzes bis gegen die äußere Haarschicht laufen, markieren sich im gegerbten Leder als die festen Unterlagspartien für den natürlichen Narben gut gearbeiteter Leder, oder sie treten in der unregelmäßigen, groben Narbenbildung schlecht gearbeiteter Oberleder hervor.

Die Oberseite der Lederhaut, später die Narbenseite des fertigen Leders, besteht aus feinen, vielfach gewundenen und durchflochtenen Bindegewebsbündeln, welche im allgemeinen mit der Oberfläche der Lederschicht parallel verlaufen und nur in allmählicher Steigung gegen dieselbe aufsteigen, wobei sich aber die faserigen Elemente jener Bündel auseinanderlegen, untereinander durchflochten und so die eigentümliche glatte, geschlossene Beschaffenheit der Ledernarbe zustande bringen.

Die oberste Schicht dieser Lederhaut bildet eine fast ideale, äußerst feine hyaline Schicht, welche den natürlichen Glanz der Narbe am fertigen Leder verursacht und leicht durch irgend einen stärkeren Eingriff beschädigt werden kann, wodurch auch selbstverständlich der Narbenglanz selbst Schaden leidet.

Bei der Bearbeitung von Leder muß es die Hauptaufgabe des Gerbers sein, die tierische Haut, soweit möglich, in ihrer natürlichen Lage zu erhalten und nur diejenigen Teile zu entfernen, welche dem Produkt hinderlich sind. Jedes Zuviel oder Zuwenig ist vom Uebel, wie wir bei den späteren Operationen ersehen werden.

Alle Veränderungen, welche mit der tierischen Haut zum Zwecke des Umformens in Leder vor sich gehen, fußen in dem verschiedenen Verhalten ihrer Eiweißkörper, ihrer leimgebenden Substanzen und ihres groben Fasernetzes indifferenter Gewebe während der Operationen.

Dr. Th. Körner, früher Chemiker an der Deutschen Gerberschule zu Freiberg in Sachsen, schreibt über die chemische Zusammensetzung der tierischen Haut:

„Die Bindegewebsfasern oder primären Fibrillen der Lederhaut bilden die Grundsubstanz derselben, indem sie ungefähr 95 % deren ganzer Masse ausmachen; mit diesen innig verbunden, aber der Menge nach fast verschwindend, befinden sich darin noch die sogenannten elastischen Fasern.

Beide Gewebsteile haben eine etwas verschiedene chemische Zusammensetzung, und zwar besteht das Fibrillengewebe aus Glutin, das elastische aus Elastin, welche durch Behandlung mit künstlichem Magensafte voneinander getrennt werden können. Daneben finden sich noch Nerven, Muskelfasern, eigentliche Eiweißkörper, Fett, Mineralstoffe u. a. m., welche Bestandteile bei der Lederbildung keine wesentliche Rolle spielen, hier kommt nur das Fibrillengewebe in Betracht.

Nach Muspratt-Stohmann soll die eigentliche Bindegewebssubstanz aus Fibroin bestehen und mittels einer Zwischengewebssubstanz, dem Coriin, untereinander verbunden sein.

Coriin und Fibroin sollen also zwei chemisch verschiedene Substanzen darstellen, welche sich unter anderem auch dadurch unterscheiden, daß das Fibroin in Kalkwasser unlöslich ist, während sich das Coriin darin leicht auflöst.

Dagegen soll sich das Fibroin in Essigsäure, Salzsäure und anderen Säuren auflösen, sich aber bei Neutralisation wieder daraus ausscheiden, während das Coriin in Essigsäure sich nur teilweise auflösen sollte."

Prof. Dr. F. L. Knapp schreibt in seinen Bemerkungen über das Verhalten der tierischen Haut:

„Die Haut als Bedeckung und Abschluß des tierischen Körpers nach außen ist ein aus mehreren Gliedern zusammengesetztes Organ. Das Substrat der Gerberei, dessen Umwandlung in Leder sie zur Aufgabe hat, ist nicht die Haut im vollen Umfange des Begriffes, sondern nur das vornehmste Glied derselben, nach seiner Anwendung Lederhaut genannt, das Corium der Anatomen."

---

Die der eigentlichen Gerbung vorausgehenden Arbeiten des Gerbers dienen nur der Beseitigung der Nebengebilde (Haare, Epidermis, Zellengewebe), sind gleichsam ein gewerbliches Präparieren vom Corium.

Durch die in Anwendung bei der Ausübung kommenden mechanischen und chemischen Mittel gelingt es, das Präparat der vollen Reinheit sehr nahe zu bringen und dieses heißt in der Kunstsprache die Blöße. Die in mehr als einer Beziehung eigentümlichen Eigenschaften dieses Gewebes sind für die Lederbereitung, welcher Art sie auch sein mag, in erster Linie maßgebend.

Das Fasergewebe des Coriums gehört zu denjenigen Gebilden im Leibe der Pflanzen und Tiere, welche im Wasser, wie man zu sagen pflegt, quellen: d. h. eine große, aber auch ganz bestimmt begrenzte Menge davon in sich aufnehmen, ohne sich aufzulösen. Diese Aufnahme beträgt bei dem Corium das doppelte bis das dreifache Gewicht der Faser.

Enthält das Wasser freie Säuren, so steigt die Aufnahme beträchtlich, die Fasern nehmen zu an Durchmesser unter Verkürzung der Länge, sie verlieren an Geschmeidigkeit, legen sich dichter zusammen, das Gewebe schwindet nach der Fläche, verdickt sich zusehends und wird durchscheinend, die Blöße ist geschwellt. Sie enthält dann zwischen dem Viereinhalb- bis Fünffachen ihres Trockengewichts an Wasser.

So gestaltet sich die Sache im allgemeinen in sauren Flüssigkeiten, z. B. in den sauren Farben der Gerber. Aber das Hautgewebe ist ein feines Reagens, und was für Pflanzenfarben sauer reagiert, reagiert darum noch lange nicht sauer auf die Blöße. Nur das Vorhandensein von freier Säure bewirkt die Schwellung der Blöße.

Von der doch scharf ausgesprochenen Reaktion der basischen Ferridsalze, des Alauns z. B., nimmt sie keinerlei Notiz, sie zeigt nicht die mindeste Schwellung darin.

---

# Das Konservieren der Haut.

## a) Die trockene Haut.

Die Haut, wie solche dem Körper des Tieres entnommen ist, gelangt selten direkt in die Hände des Gerbers zur sofortigen weiteren Bearbeitung, sondern die „grüne", d. h. frisch abgezogene Schlachthaut wird gewöhnlich gesammelt, bis eine gewisse Anzahl zusammen ist, um dann verkauft zu werden. Oder die Häute werden „grün" vom Gerber übernommen und dann gesammelt.

Häute, welche nicht gleich eingearbeitet werden, müssen auf irgend eine Art vor dem Verderben geschützt werden, denn ein Körper wie die Haut, so reich an Zersetzungskörpern, wie Blut, Eiweiß und damit verwandten Körpern, ist schon sehr bald dem Fäulnisprozeß verfallen.

Wir wissen, daß die Fäulnis die Folge eines bestimmten allgemeinen chemischen Prozesses der Gärung darstellt und nur als Vorbedingung das Vorhandensein von Wasser und einer Temperatur von einigen Graden über dem Gefrierpunkt notwendig ist.

Um dieses Eintreten des Fäulnisprozesses zu verhindern, brauchte man nur die Ursache zu entfernen, das Wasser, und die Haut würde sich dann aufbewahren lassen, wenn nicht immer aus der umgebenden Atmosphäre wieder Feuchtigkeit resp. Wasser hinzuträte.

Um nun die rohe Haut, nachdem dieselbe vom Tiere abgezogen worden ist, vor dem Verderben zu schützen, trocknet man sie entweder sofort, oder aber behandelt sie mit irgend einem Wasserentziehungsmittel, welches zu gleicher Zeit konservierende oder antiseptische Eigenschaften besitzt.

Aber um eine gesunde, trockene Haut zu erhalten, sind verschiedenerlei Umstände zu beachten.

Große Witterungs- bezw. Temperaturschwankungen können beim Trocknen der Haut leicht Schaden bringen, wie wir als Folgen einer mangelhaften Auftrocknung die „verstunkenen" und „angefaulten" Hautstellen nur zu gut kennen.

Die zu trocknende Haut soll an einem luftigen Orte, vor direkten Sonnenstrahlen geschützt, auf kräftige Stangen glatt aufgehängt werden. Vor dem Aufhängen sollen die dicken aufliegenden Fett-

und Fleischklumpen entfernt werden, ebenso Flechsen, der Schwanz, die Schnauze, Ohrstücken und, wenn noch vorhanden, auch die Hörner.

Die glatt hängende Haut wird überall, wo sie sich zusammenzurollen oder zusammenzukleben droht, mittels Stöckchen auseinandergespreizt, namentlich an den Quasten, den Klauen, Hals, Kopf und teilweise an den Seiten, damit dauernd an allen Stellen Luftwechsel stattfinden kann. Ist die zu trocknende Haut so behandelt, dann werden keine verstunkenen Stellen an der trockenen Haut bemerkt werden.

Die verstunkenen Stellen entstehen, wenn das Eiweiß durch zu langes Feuchtbleiben dem Zersetzungsprozeß zugeführt worden ist, wobei die betreffenden Partien der Haut zerstört werden.

Einen weiteren größeren Uebelstand bilden oft bei den getrockneten Häuten, namentlich welche in der freien Luft getrocknet wurden, die „verbrannten Stellen". Dieser Uebelstand kommt bei unseren Häuten nicht oft vor; dagegen bei den Wildhäuten häufiger. Ihr Vorhandensein ist für den Gerber eine sehr unangenehme und kostspielige Ueberraschung, denn an der rohen Haut sind diese Stellen schwer zu erkennen.

Ein großer Teil der Wildhäute wird im frischen Zustande zum Trocknen an Pflöcken befestigt, auf der Erde resp. Wiese ausgespannt und den glühenden Sonnenstrahlen ausgesetzt. Da, wo nun Fetteile an den Unterlagsgeweben der Haut haften und von den scharfen Sonnenstrahlen längere Zeit getroffen werden, fängt das Fett an zu braten; dabei gerinnt durch die außerordentliche Hitze nicht nur das Eiweiß an diesen Stellen, sondern die Fettsubstanz dringt in die Haut ein und verdrängt das dort befindliche Wasser.

Hierdurch tritt aber ein doppelter Uebelstand ein; erstens ist aus dem im Wasser löslichen Eiweiß unlösliches geworden, und zweitens hat das eingedrungene heiße Fett die Elastizität, welche die Haut im gesunden Zustande besaß, durch Zusammenschrumpfen und Festbacken der Bindegewebe zerstört.

Aus diesen Gründen ist man bereits seit längerer Zeit, wo es angängig ist, mehr und mehr von dieser Art des Trocknens bei den Wildhäuten abgekommen, man trocknet diese in ähnlicher Art wie die zahmen Häute oder auch der Länge nach aufgehängt und, wo irgend möglich, unter Schutz gegen die brennenden Sonnenstrahlen.

Dann haben wir bei trockenen Häuten noch einen dritten Uebelstand zu befürchten, welcher dem Gerber große Nachteile bringen kann, den Uebelstand des „Verhitzens".

„Verhitzen" tritt ein, wenn Häute bei nicht ganz vollendeter Trocknung oder wenn ganz trockene Häute durch Feuchtwerden in einen Zustand gelangen, durch welchen im Innern der Haut innerhalb der einzelnen Zellenwandungen eine innere Gärung vor sich geht. Ein solcher Fall tritt leicht ein beim Lagern derartiger Häute in größeren Partien aufeinandergehäuft. Eine notwendige Folge ist hierbei, daß sich in solchen Hautstößen allmählich eine sehr hohe Temperatur entwickelt, wodurch die eiweißhaltigen Körper sich zu einer unlöslichen Masse umformen.

Werden derartige Stapel nicht sehr häufig durchgesehen, vielmehr eine längere Zeit liegen gelassen, so kann es dem Gerber passieren, daß in der Mitte des Stapels die Häute vollständig verbrannt sind und nur noch als Stücke aus dem Stapel herauskommen. Wir fanden diesen Fehler früher häufig bei trockenen Häuten, welche auf einer langen Seereise feucht geworden waren. Eine solche Haut erweicht sehr schwer oder gar nicht, und der Gerber nennt sie „blechig".

---

## b) Die gesalzene Haut.

Während die grüne Haut wegen ihrer großen Neigung zur Zersetzung sich zu Transaktionen als Handelsgut nicht eignet und die getrocknete Haut allerlei Untugenden hat, wie wir gesehen haben, so ist die gesalzene Haut besonders in der neueren Zeit demgegenüber vorteilhaft in den Vordergrund getreten.

Die Konservierung der Haut vermittels des Salzens führt sich zum Vorteile des Gerbers immer mehr ein, und der Süden Amerikas liefert uns seine vorzüglichen Häute in dieser Form.

Die gesalzene inländische Haut kann zu allen Zwecken, wozu ihre Stellung sie geeignet macht, und sofern sie nicht durch Schnitte oder Engerlinge oder andere Fehler beschädigt ist, gebraucht werden. Es können aber trotzdem Zersetzungen eintreten, wenn nicht vorsichtig gesalzen wird. „Salzstippe" oder „Salzpickel" oder die „Salzflecken" sind gefürchtete Salzfehler. Letztere zeigen sich beinahe ausnahmslos bei altgesalzener Ware und machen, wie auch die Salzstippen, die davon betroffene Haut durchaus untauglich zur Herstellung von farbigem und naturellem Leder.

Die „Salzstippe" besteht in einer Anzahl von kleinen stecknadelknopfähnlichen Löchern, die tief in die Narbe eindringen und sich auch häufig zu größeren Flecken vereinigen; sie verdankt ihr

Entstehen dem Umstande, daß die Haut schon, bevor sie gesalzen wurde, anfing in Zersetzung überzugehen. Das Salz setzte dieser Zersetzung ein Ziel, wirkte aber bis zu einem gewissen Grade lösend auf die durch die Fäulnis angegriffenen Eiweißkörper, wodurch die Stippe nach der Erweichung erst recht durch die damit verbundene Ausspülung jener gelösten Eiweißkörper zum Ausdruck kommt.

Die „Salzflecken" rühren direkt von den der Haut anhängenden Unreinlichkeiten, wie Schweiß, Jauche, Blut, Kot, Staub usw. her; auch entstehen dieselben, indem die gesalzene Haut mit Eisenteilen, Kohlen usw. während des Transportes und beim Ausladen in Berührung kommen, oder auch, indem die Haut an gewissen Stellen durch den Luftzug oder die Sonne vertrocknet. Zur Fleckenbildung können auch die Mittel, welche zum Denaturieren des Salzes benutzt wurden, beitragen; dazu gehören Rötel, Teer, Tran, Tabakstaub usw.

Das reine Salz selbst kann keine Flecken erzeugen. Es wirkt aber einerseits erweichend auf die besonders an der Narbenseite reichlicher vertretenen Eiweißstoffe und macht sie allmählich aufnahmefähig für Farbstoffe. Andererseits wirkt es lösend auf die Farbstoffe selbst und befähigt dieselben, leichter in die Haut einzudringen.

Der Zusatz von Soda oder Seifenpulver zum Denaturieren ist aus ähnlichen Gründen durchaus verwerflich, indem diese Substanzen noch energischer auf die Eiweißsubstanzen einwirken und vermittels ihrer alkalischen Eigenschaften den Farbstoffen der anhängenden Unreinlichkeiten einen tieferen Farbenton verleihen. Die Intensität dieser Flecken wird noch durch Austrocknen der Haut erhöht.

Als die am besten bewährten Denaturierungsmittel empfehlen wir flüchtige Mineralöle, und unter diesen besonders das Petroleum und Naphtalin. Dieselben üben nicht den geringsten schädlichen Einfluß auf die Haut aus und lassen wegen der geringen Menge, in der sie angewandt werden (¼ %) und wegen ihrer Flüchtigkeit auch kaum einen Geruch zurück.

Sehr häufig sieht man auf einer Haut verstreut sich vorfindende und ziemlich scharf abgegrenzte dunkle, kleine Flecke, die man auf den ersten Blick für durch irgend einen Farbstoff hervorgerufene Farbflecken halten könnte. Sieht man aber näher hin, so findet man, daß diesen Fleckchen der Glanz und die Frische, welche der sonstigen Hautoberfläche eigen ist, vollständig fehlen, und daß sich diese Stellen als ganz matte, trübe Inselchen hervorheben. Bei Untersuchung solcher Stellen mit einem scharfen Instrument findet man, daß die Haut sich viel leichter eindrücken, schneiden usw. läßt, als die normalen Nachbarpartien. Diese Flecken haften der Haut durch die ganze Gerbung hindurch an, und wir finden sie beim fertigen Leder wieder, wo sie natürlich äußerst störend wirken. Sie sind geeignet, dem Gerber großen Schaden zuzufügen.

Ihre Entstehung ist auf Unreinheiten des Salzes zurückzuführen.

Es kommt nämlich vor, daß im Salz mehr oder weniger große Steinchen enthalten sind, welche nicht die konservierende Eigenschaft des Salzes haben. Wird nun die Haut mit einem derartigen Salz bestreut, so kommen auch die nicht konservierenden Steinchen mit auf die Haut, und während die Teile derselben, wo reines Salz hingekommen ist, konservieren, fängt dort, wo die Steinchen liegen, die Haut an, in Fäulnis überzugehen. Die letztere kann jedoch nicht weit fortschreiten, sie wird bald durch die Salzlauge, die sich in der Nachbarschaft inzwischen gebildet hat, aufgehalten, und es markieren sich infolgedessen diese Stellen nur durch eine dunkle Färbung der Oberfläche, während die tiefer sitzenden Teile der Haut vollkommen intakt geblieben sind.

Diese Stellen machen sich aber um so deutlicher bemerkbar, je weniger Salz beim Salzen verwendet wurde. Ist nämlich eine Haut nur ungenügend mit Salz bedeckt, so kann die Fäulnis an den Stellen, wo die Steinchen liegen, leichter fortschreiten, weil durch die länger dauernde Entstehung der Salzlauge erst eine späte Konservierung eintreten kann.

Aber nicht allein äußeren Einflüssen haben die Salzflecke ihre Entstehung zu verdanken, sondern auch solchen, die aus dem Innern der Haut selbst in Wirkung treten. Dies erkennt man an den Säften, welche wir während der Reinmacharbeiten in allen Farbenabstufungen, vom hellsten Gelb bis zu blau-schwarzem Tone aus der Haut heraustreten sehen und die wir häufig mit dem unrichtigen Ausdrucke „Natur der Haut“ bezeichnen hören. Dieses Moment des Austretens der Säfte kann aber bei der gesalzenen Haut nur unter einem auf dieselbe ausgeübten Druck eintreten, d. h. dadurch, daß die gesalzene Ware in zu hohen Stößen aufgestapelt wird.

Das auf die Fleischseite gestreute Salz dringt durch die ganze Dicke der Haut nur allmählich nach der Narbenseite vor, wobei sich eine Fleckenbildung in höherem Grade erst nach einiger Zeit geltend machen kann. Dieses Durchdringen kann 15—30 Tage in Anspruch nehmen, so daß frisch gesalzene Ware nur geringe Spuren von Salzflecken zeigen wird.

Wird dagegen das Salz direkt auf die Haarseite gestreut, so ist dessen Wirkung eine pünktlichere und eine Fleckenbildung in kurzer Zeit unvermeidlich.

Es ist deshalb wenig ratsam, die Häute so zu salzen, daß die Haarseite mit Salz in großer Menge in Berührung kommt, wie solches häufig geschieht, indem wir die Haut ohne vorherige Reinigung in ausgebreiteter Form in Haufen setzen.

Der Häutehändler bedient sich gern dieses Mittels. Er legt, indem er die Extremitäten einschlägt, den runden Stoß so an, daß sich in der Mitte eine Mulde bildet, welche die Salzlauge auffängt, so daß nichts davon verloren geht, sondern allmählich wieder von der Haut aufgesaugt wird.

Also behandelte Häute zeigen beim Verkauf nur geringe Gewichtsunterschiede gegenüber dem Grüngewichte, was dem Häutehändler sehr das Geschäft erleichtert. Aber gerade diese Haufen sind die wahren Brutstätten für Salzflecken.

Nach dem Gesagten sind die Mittel zur Verhinderung der Salzflecken folgende:

1. Möglichste Reinhaltung resp. Reinigung der Haut vor dem Salzen von allen Fäkalstoffen und solchen Substanzen, die zur Fleckenbildung beitragen könnten.
2. Sofortiges genügendes Salzen nach dem Empfange, besonders während der wärmeren Jahreszeit.
3. Verhinderung der häufig vorkommenden Tatsache, daß die Haarseite in direkte Berührung mit dem Salze kommt, und daß die Häute einem starken Drucke in unmäßig hohen Haufen ausgesetzt werden.
4. Ausschluß von allen Denaturierungsmitteln, die von schädlicher Wirkung sein könnten, und ausnahmslose Anwendung des Petroleums als solches.
5. Schutz der gesalzenen Haut vor dem Antrocknen und möglichst saubere Unterbringung und Behandlung derselben während der Aufbewahrung.
6. Für Zeuglederfabrikanten wird es sich empfehlen, sich des Ankaufs altgesalzener Ware oder solcher, welche ein färbende Eigenschaften zeigendes Denaturierungsmittel erkennen lassen, zu enthalten.

Um eine Entstehung von Salzflecken zu vermeiden und die Haut kunstgerecht aufzubewahren, sollte in folgender Art verfahren werden:

Die frische Haut wird sofort behufs gründlicher Reinigung dem Wasser übergeben, bei fließendem auf 1 Stunde, bei stehendem auf 2 bis 3 Stunden. Dann erst wird abgemistet. Es ist ratsam, diese Operation erst nach dem Wässern vorzunehmen, da in dem Zustande, in welchem die Haut uns zugeführt wird, die Mistplatten so fest angetrocknet sind, daß beim Abmisten leicht Teile der Haut mitgerissen werden, d. h. starke Narbenbeschädigungen entstehen können.

Dann wird die Haut nochmals gespült, und zwar durch recht kräftige kurze Bewegungen im Wasser, so daß Haar- und Aasseite der auf den Bock gebrachten Haut durchaus jaucherein und weiß erscheint. Ohne gründliche Ausführung dieser Arbeiten bleiben Schlamm und Jauche zwischen den Haaren sitzen, haften sehr fest der Haut an und gehen womöglich noch mit einem Teile des Salzes in den Aescher oder in die Schwitze, und nachher wollen wir uns wundern, wenn die Ware eine rauhe, fleckige Narbenseite zeigt, oder wenn man gar sogenannte Versteinerungen vorfindet. Solche Fehler werden gewöhnlich dann auf Rechnung des Salzes oder des Denaturierungsmittels gesetzt.

Die in beschriebener Weise gereinigte Haut ist frei von allem, was zu einer Fleckenbildung beitragen kann.

Nachdem dieselbe nun gut abgetropft ist, breitet man dieselbe auf dem ebenso sauberen Fußboden aus und beachtet, daß beim Bestreuen mit Salz besonders die stärkeren Teile berücksichtigt werden. Die Menge des zu verbrauchenden Salzes ist 8—10 % des Hautgewichts.

Die gesalzene Haut wird in Packen kunstgerecht zusammengefaltet und in ein Gefäß gebracht; am besten eignet sich dazu ein einfach gemauertes oder ein gut gefügtes hölzernes Gefäß. Zementierte oder auch solche Behälter, welche früher zur Aufnahme von Gerbbrühen gedient haben, sind zu verwerfen. Jede Berührung der gesalzenen Haut mit den Wänden derselben hinterläßt einen Fleck.

Das Gefäß wird bis zu einer Höhe von 10 cm mit einer Salzlösung, die auf 100 Liter Wasser 15 kg Salz enthält, angefüllt (15 % Lösung). Die gesalzenen Häute werden in Packen hineingebracht und Schicht auf Schicht aufeinandergesetzt. Die Salzlake fließt so reichlich aus denselben heraus, daß gewöhnlich die Häute davon bedeckt sind; findet dies nicht statt, so fügt man Salzlösung in erwähnter Konzentration hinzu.

Wenn auch bei diesem Verfahren die Salzlösung in direkte Berührung mit der Haarseite kommt, so findet sie an der gereinigten

Haut keine fleckenerzeugenden Substanzen mehr vor, während der Druck, der die Säfte zu einem Heraustreten aus dem Hautinnern veranlassen könnte, durch das Schwimmen der Haut in der schweren Salzlösung ganz aufgehoben wird.

Nach 5—7 Wochen wird die Haut dem Gefäße entnommen, ablaufen gelassen und, wenn nicht sofort eingearbeitet wird, auf der Haarseite leicht nachgesalzen, in Packen gelegt, worauf sie dann in mäßig hohen Haufen in kühlem Raume aufgestapelt wird.

Eine andere empfehlenswerte Methode besteht darin, daß wir ein entsprechend großes Gefäß mit Salzlösung 20%ig = 20 kg Salz auf 100 l Wasser zur Hälfte füllen und die „gereinigte" frische Haut ohne weiteres dieser Lösung übergeben; nach zwei Tagen ist dann die Haut von ihr durchdrungen; mit dem Nachsalzen wird verfahren, wie oben beschrieben.

Da die Salzlake nach jeder Beschickung an Menge und Gehalt verliert, so müssen Wasser und Salz ersetzt werden. Die Dichtigkeit muß 20° betragen.

Bei diesem Verfahren ist genau zu beobachten, daß, sobald die Salzlake Zeichen des Verderbens gibt, sie sofort entfernt und durch neue ersetzt werden muß.

Dem Siedesalz ist der Vorzug vor dem Steinsalz zu geben, obgleich ersteres erheblich teurer sein kann als letzteres. Dagegen ist auch gegen die Anwendung des Steinsalzes nichts einzuwenden, wenn der Salzgehalt mit 98 % garantiert wird. Das gemahlene Steinsalz löst sich besser resp. schneller und dringt dementsprechend auch schneller in die Haut ein, wirkt also rascher.

Als Ersatz für Kochsalz zwecks Konservierung der Haut sind schon verschiedene andere Mittel empfohlen und angewendet worden, jedoch ohne den gewünschten Erfolg; so Kieselguhr oder Infusorienerde, auch calziniertes Glaubersalz. Beide haben sich nicht bewährt.

Außer den angeführten Salzstippen und Salzflecken kommen nur dann noch Beschädigungen an Salzhäuten vor, wenn die Haut in sehr nassem Zustande gesalzen wurde, oder wenn später durch irgend einen Umstand, sei es durch Regen oder auf dem Transport zu Schiff durch eingedrungenes Wasser den Salzhäuten Wasser zugeführt wurde. Es neigen die langhaarigen Häute in diesem Falle am leichtesten zur Beschädigung.

Das überschüssige oder zugeführte Wasser wirkt verdünnend auf das gelöste Salz. Die verdünnte Lösung erweicht die Eiweißstoffe so, daß dieselben beim späteren Wässern sofort der Haut entführt werden, wodurch schwere Verluste an Hautsubstanz entstehen.

Solche Blößen gehen in den Farben wenig auf und geben als Leder ein ungenügendes Gewichtsrendement. Dieselben sind häufig schon stellenweise haarlässig, fühlen sich schleimig und schlüpfrig an, haben eine hellrot scheinende Fleischseite; es ist solcher Ware gegenüber die größte Vorsicht beim Einkaufe geboten.

## c) Rationelles Salzen der Haut.

Die jetzt meistens im gesalzenen Zustande in den Handel kommenden Häute bedürfen bei Empfang seitens des Gerbers der sorgfältigsten Untersuchung auf ihren Gesundheitszustand, und muß dieselbe mit großer Aufmerksamkeit ausgeführt werden, denn der Zustand der rohen Haut übt einen entscheidenden Einfluß auf die Qualität des fertigen Leders aus.

Es muß darauf geachtet werden, ob die Haut nicht zu lange vor dem Salzen gelegen hat, ob dieselbe hinreichend und, wenn möglich, mit welchem Salz gesalzen wurde und womit das Salz denaturiert worden ist.

Ob die Häute gesalzen in der eigenen Lake gelegen haben oder getrennt auf Haufen, damit die Blutlake richtig ablaufen konnte, ob auch lange genug und hinreichend gesalzen wurde, bevor die Häute in Packen geschnürt, oder zu zeitig verpackt wurden, ob nur frisches Salz hineingestreut und ein Teil der Blutlake mit darin gelassen worden ist, etc.

Dies sind lauter sehr wichtige Momente, welche von dem Gerber wohl berücksichtigt werden müssen, soll es mit der Kalkulation stimmen und will derselbe ein schönes, gut verkäufliches Leder mit genügendem Rendement herstellen.

Das Salzen der grünen Haut muß rasch vorgenommen werden und derart geschehen, daß das Salz als trockenes körniges nicht mehliges die Haut umgibt und nicht als Salzlake, denn nur als trockenes Salz schützt dasselbe die Haut, ohne derselben Eiweißkörper zu lösen und später zu entziehen; es entzieht der Haut das gefährliche Wasser.

Je nach der Dauer dieser Salzungsart sind die Eiweißkörper der Haut übermäßig erweicht, werden derselben beim Wässern später entzogen, anstatt daß dieselben durch richtiges Salzen der Haut erhalten geblieben, und loses, plattes, hungriges Leder mit schlechtem

Gewichtsrendement ist das Resultat, wenn nicht der Narben bereits gelitten hat.

Wird die Haut zu spät oder nicht genügend gesalzen, so können leicht haarlose Stellen entstehen, welche beim fertigen Leder sich scharf abzeichnen.

Das Denaturieren des Salzes muß mit Stoffen geschehen, welche dem Gerbeprozeß nicht hinderlich sind, und dürfen keine färbende, gerbende, noch beschmutzende Wirkung ausüben.

Die rasch zum Salzen gelangende grüne Haut ist vor dem Salzen von dem gröbsten Schmutz, namentlich dem anhaftenden Stalldung, zu befreien; Schwanzknochen, Ohrenfleisch und Schnauze sind zu entfernen, und das Bestreuen ist auf trockenem, glattem Boden, mit einer leichten Erhöhung in der Mitte der Haut, vom Schwanz zum Kopf auszuführen, damit die beim ersten Salzen entstehende Lake gut ablaufen kann. Die Haut ist flach auszubreiten, mit der Aasseite nach oben.

Das Salzen geschieht mit körnigem Salz, welches der Haut in hinreichendem Maße gegeben werden muß. Es darf dabei nicht gespart werden. Auch darf man dazu kein Abfallsalz verwenden, sondern bestes Salz in möglichst reinem Zustande. Die Salzräume müssen so eingerichtet sein, daß die Blutsalzlake leicht fortlaufen kann, und sollen die gesalzenen Häutehaufen derart liegen, daß die Lake von einem Haufen nicht gestaut zu werden braucht, bevor solche weiterlaufen kann, denn hierdurch würden die untersten Häute trotz des glatten Bodens doch stets in der Lake liegen.

In dem ersten Salz bleiben die Häute so lange liegen, als noch körniges Salz vorhanden ist, dann muß umgesalzen werden, und soll man sich nicht, wie vielfach geschieht, nach dem vorhandenen Platze richten. Es ist gut, die Häute aus dem ersten Salz einige Zeit zum Abtropfen auf den Bock zu hängen und dann unter denselben Vorschriften das zweite Salzen vorzunehmen, wobei die oberste Haut jetzt unten zu liegen kommt und so der ganze Stoß in umgekehrter Reihenfolge.

Bei dem zweiten Salzen wird nicht soviel Salz gegeben wie beim erstenmal, aber gespart darf auch hier nicht werden. Nach 6—8 Tagen werden die Häute mit der Haarseite nach innen verpackt unter Zugabe von frischem Salz. Die verpackten Häute werden an einem vor Luftzug und Sonne bewahrten Orte, wo kein Regen, Schnee etc. hineingelangen können, gelagert. Ist hinreichend Platz vorhanden, so können die Häute auch, bei nicht zu langer Zeitdauer, im zweiten Salz flach ausgebreitet liegen bleiben.

Daß die dicken Häute stärker gesalzen werden müssen wie die dünneren, und daß bei Bullenhäuten Nacken, Kopf und Seiten sehr zu berücksichtigen sind, wird jedem Salzer bekannt sein.

---

# Das Aufbewahren der konservierten Häute und Felle.

Nachdem in den vorhergehenden Kapiteln ausgeführt worden ist, auf welche Art und Weise die Häute und Felle vor dem Verderben zu schützen sind, wollen wir versuchen, in nachstehendem die beste Art des Aufbewahrens zu schildern.

Wasser resp. Feuchtigkeit sind Vorbedingungen für jede Fäulnis oder Verwesung, es trägt die Wärme hier am meisten zur rascheren Zersetzung bei, weshalb in der warmen Jahreszeit die Gefahr des Verwesens viel größer ist als in den kühleren Monaten, zumal bei Häuten und Fellen, welche in sich selbst so viele Keime zur Fäulnis besitzen.

Wenn auch fortwährend die größte Vorsicht beim Aufbewahren sowohl der trockenen als auch der gesalzenen Häute und Felle am Platze ist, so soll dieselbe in den heißen Monaten besonders angewendet werden, will man jeder Beschädigung mit Erfolg vorbeugen, denn der Sommer bringt für unsere Rohwaren sehr viele Gefahren mit sich und leider nur zu häufig auch sehr große Verluste.

Wie wir wissen, ist darauf zu achten, daß die frischgeschlachteten Häute sofort in die Salzerei gebracht und sachgemäß eingesalzen werden, und dieses ist um so peinlicher zu befolgen, je wärmer die Temperatur ist.

In den Wintermonaten ist die Gefahr der Verwesung eine geringe, es können die Häute mehrere Tage lang im kalten Raume liegen bleiben, ohne daß sich ein Verderben bemerkbar macht, aber auf der anderen Seite ist das Gefrieren bis zu einem gewissen Grade schädlich, so daß auch im Winter ein möglichst rasches Einsalzen oder sonstiges Konservieren sich unbedingt empfiehlt.

Es kam früher sehr oft und kommt auch noch heute teilweise vor, daß während der Wintermonate Häute und Felle ohne jede Konservierung zum Versand gelangen und daß eine nachteilige Wirkung anscheinend an der Ware nicht erkenntlich ist.

Es haben genaue Beobachtungen ergeben, daß bei einer Temperatur unter 7° R. sich eine grüne Haut bis zu vier Tagen halten kann, ohne in Verwesung überzugehen, wenn die Häute gleich nach dem Abziehen von allem anhängenden Blut, Schmutz usw. vorher gereinigt worden waren.

Aber diesen Häuten und Fellen erwachsen aus dem Gefrieren, welches sie doch nur vor dem Verderben schützt, andere Gefahren, und namentlich, wenn der Gerber die Veränderungen, welche der Frost an dem Rohmaterial innerlich und äußerlich hervorbringt, nicht eingehend berücksichtigt, können sehr große Nachteile mit dem Gefrieren verknüpft sein.

Gefroren ankommende Häute können infolge ihres steifen Zustandes nicht sofort gründlich untersucht werden und führen oft zu Täuschungen in bezug auf Qualität und Beschaffenheit.

Gefrorene Häute haben, da das Wasser in und auf denselben zu Eis verwandelt ist, nicht allein ein trockenes Aussehen, sondern sie scheinen auch dicker und kräftiger, als sie in Wirklichkeit sind, einesteils, weil der Frost das Wasser und damit auch die Fasern der Haut ausdehnt, anderenteils, weil dieselben infolge ihres steifen Zustandes nicht zusammenfallen, sondern volle Falten mit größeren Hohlräumen bilden.

Um solche Häute richtig beurteilen zu können, müssen dieselben erst aufgetaut werden. Auch hier ist eine besondere Sorgfalt nötig.

Ein Auftauen, indem man die Rohware in gefrorenem Zustande ins Wasser bringt, hat den Nachteil, daß dasselbe die Beurteilung der Häute auf ihren Gehalt an Feuchtigkeit, Schmutz etc. für den Augenblick ausschließt und infolge des Aufquellens der Häute im Wasser auch auf Dicke und Stellung einen sicheren Schluß nicht zuläßt.

Die gefrorenen Häute der Wärme auszusetzen, ist ebenfalls mit mancherlei Nachteilen verbunden. Erstens trocknen die Häute in starker Wärme in ihrem Äußern leicht an, so daß die Beurteilung derselben auf ihren ursprünglichen Feuchtigkeitsgehalt auch hier schwierig wird, und zweitens wird durch starkes Gefrieren und rasches Auftauen die Qualität der Rohware mehr oder minder verringert; die Häute werden leicht welk und schlaff und verlieren ihr festes Gefüge und ihren festen Zusammenhalt.

Der Frost dehnt, wie schon bemerkt, die Fasern über Gebühr aus und liegt darin ein weiterer Übelstand des Gefrierens der Häute.

Gefrorene Häute müssen langsam aufgetaut werden, und sollte man solche Häute nie anders als unter Garantie für gute Beschaffenheit und des richtigen Weißgewichtsrendements kaufen. Noch besser wäre es, wenn das Gefrieren durch geeignete Maßregeln ganz verhindert werden könnte.

Im Sommer dagegen, meist schon von Ende März ab, ist ein Liegenlassen ohne Salz sehr gefährlich; in den sogen. Hundstagen genügt ein einziger Tag, manchmal noch weniger, um an haarlässigen und sonstigen schlüpfrigen Stellen den Beginn der Fäulnis konstatieren zu können. Der Übelstand ist dann um so gefährlicher, als die Verwesung im Sommer stets sehr energisch auftritt, sofort sich weiter ausdehnt und Stippen erzeugt, welche die ganze Haut mehr oder weniger minderwertig machen.

Die in der heißen Jahreszeit fallenden Häute müssen also sofort nach dem Schlachten und Erkalten von anhängenden Schmutz- und Blutteilen befreit und in den kühlen Salzraum gebracht werden. Beim Salzen selbst ist ebenfalls genaues Augenmerk darauf zu richten, daß jeder einzelne Teil der Haut mit einer genügenden Menge Salz bestreut wird, so daß eine möglichst vollkommene Konservierung gewährleistet ist.

In Zeiten, wo die Gefahr der Verwesung nicht so groß ist wie im Sommer, kann man im Salzverbrauch schon eher etwas sparsamer sein, die entstehende Salzlauge dringt allmählich überall hin und konserviert auch die Teile, welche nicht direkt mit Salz bestreut worden waren.

Im Sommer liegt in einer solchen Sparsamkeit aber die große Gefahr, daß bereits eine Verwesung eingetreten ist, ehe die Salzlauge die nicht bestreuten Klauen und Zipfel erreicht. Ist nun der Schaden — wenn diese Teile der Haut wirklich mal verstunken herauskommen — auch nicht so groß, wie wenn innen liegende Teile einer Haut davon befallen wurden, so kann es doch vorkommen, daß die Käufer solcher Häute dadurch mißtrauisch gemacht werden und schließlich die Tatsache als Grund zu Beanstandungen benutzen, wodurch nur unangenehme Weiterungen entstehen.

Es ist also beständig bezüglich des Einsalzens größte Genauigkeit und Exaktheit unerläßlich, und zwar bezieht sich dies nicht nur auf das Salzen frischer, sondern auch auf das „Umsalzen“ alter, längere Zeit lagernder Ware.

In den heißen Sommermonaten sollen in rationell geleiteten Salzereien und Häutelägern Häute und Felle früher umgesalzen werden als im Winter, die Ware soll während dieser Zeit höchstens 3 bis 4 Wochen im ersten Salz liegen.

Betreffs der Aufbewahrung von Salzhäuten wäre nun nur noch die Sorge für genügenden Schutz gegen Antrocknen zu erwähnen.

In der heißesten Jahreszeit trocknet naturgemäß alles viel schneller als in der kühleren, und da durch Vertrocknen von einzelnen Hautstellen dort Salzflecken, salzharte, hornartige Veränderungen entstehen und solche Stellen weder durch mechanische Barbeitung, noch durch chemische Hilfsmittel während des Gerbeprozesses in ihren früheren Zustand zurückzuführen sind, so ist mehr denn je gerade jetzt durch ein Zudecken mit womöglich angefeuchteten, alten, aber reinen Säcken usw. das Häutelager vor Antrocknen zu schützen und am besten die Tür der Lager möglichst geschlossen zu halten.

Aber nicht nur für unsere grünen bezw. gesalzenen Häute und Felle bringt der Sommer mancherlei Gefahren mit sich, sondern auch für unsere trockenen.

Es versteht sich von selbst, daß das frisch gefallene Material sofort nach der Reinigung und dem Verwiegen zum Trocknen aufgehängt werden muß. Fast ausschließlich handelt es sich bei der Konservierung durch Trocknen um Kalbfelle, da Rindhäute nur noch in einzelnen Provinzen im Osten des Reichs in größeren Mengen für den Handel getrocknet werden.

Das zarte Kalbfell ist nun noch weit eher der Verwesung unterworfen als die schwere kräftige Rindhaut, es ist also hier doppelte Vorsicht und prompteste Erledigung aller Vorbereitungen für das Trocknen geboten.

Auch das Trocknen selbst bedarf einer gewissen Aufsicht bezw. Wartung insofern, als in erster Linie für genügenden Luftwechsel im Trockenraum zu sorgen ist. Besonders bei anhaltenden, von Gewitter- in Landregen übergegangenen Niederschlägen ist für steten Luftab- oder Zuzug zu sorgen. Da dabei die Luft an und für sich schon stark feuchtigkeitshaltig ist, geht in solchen Fällen die Trocknung naturgemäß langsamer vonstatten.

Werden nun noch — wie man dies leider so oft beobachten kann — alle Fenster- und Abzugsöffnungen zum Trockenraume verschlossen, so wird die Trocknung fast gänzlich unterbrochen. Man erreicht dann das genaue Gegenteil von einer sachgemäßen Konservierung, indem in der schwülen Temperatur eher die Fäulnis, als die Trocknung gefördert wird. So haben wir öfter beobachten können, wie frisch aufgehängte Ware bei einer derartigen Behandlung bald schmierig und schlüpfrig wurde, ein Beweis, daß eine leichte Verwesung eingesetzt hatte.

In solchen Fällen müssen gerade alle Öffnungen aufgerissen werden, welche frische Luft zuführen und benutzte ablassen können. Anders verhält es sich natürlich bei ganz trockenen, zum Abnehmen fertigen oder bereits aufgestapelten Fellposten, die man vor Anziehung von Feuchtigkeit schützen will.

Am vorteilhaftesten ist eine ganz allmähliche Trocknung. Direkte Sonnenstrahlen sind überhaupt zu verwerfen, auch große Hitze ist den Fellen oft schädlich. Die Kanten, Klauen der letzteren rollen sich dabei zusammen. Gibt man beim Aufstapeln auf dem Lager nicht gut acht, daß auch das Innere der zusammengezogenen Teile vollständig trocken ist, so findet dort während des Lagerns noch eine Zersetzung statt, die man sich hinterher oft gar nicht erklären kann.

Um in dieser Beziehung ganz sicher zu gehen und um auch dem Fell seine Stellung und Ausdehnung zu erhalten, setzt man zwischen die Teile, welche zum Rollen bezw. Zusammenziehen neigen, kleine Stäbe, sogenannte Speiler ein. Eine Beschädigung der Felle durch Fäulnis während des Trocknens und späteren Lagerns ist dann so gut wie ausgeschlossen.

Enormer Schaden kann ferner bei ungenügender Aufmerksamkeit auf dem Lager durch Mottenfraß resp. Schabenfraß entstehen. Diese Insekten setzen sich mit großer Vorliebe in den Haaren der Felle fest, sie finden dort reichlich Nahrung für sich und ihre Maden, und welche Verwüstungen diese so kleinen Tiere dort anrichten können, weiß eben nur der zu beurteilen, der durch Schaden klug geworden ist.

Es gibt nun eine ganze Reihe sehr guter Schutzmittel, und hier gilt wirklich das alte Sprichwort: Viel hilft viel! Man darf in der Tat in dieser Beziehung nicht sparsam sein, sondern eher ein bißchen zu reichlich geben.

Um zu verhüten, daß sich die Motte schon in die Felle setzt, wenn diese noch auf der Stange hängen, streicht man die Stangen mit roher Karbolsäure an und streut zwischen die Haare tüchtig Naphthalin, da die Motten gerade in den Haaren sich festsetzen.

Die trockenen Felle werden mit N a p h t h a l i n in der gleichen Weise und mit großem Erfolg bestreut. Mit einmaligem Einstreuen ist nun die Sache aber noch nicht abgetan, bei längerem Lagern der Felle muß vielmehr die Ware umgestapelt werden, indem man jedes einzelne Felle ausklopft, von neuem e i n m o t t e t und wieder aufstapelt. Was beim Ausklopfen herausfällt, ob Motte resp. Schabe, Made, Ei oder Schmutz, muß sofort sorgfältig zusammengefegt und am besten gleich unter dem Kessel verbrannt werden, denn dieses Zeug ist sonst kaum zu vernichten.

Nach dem zweiten Einstreuen können die Felle dann längere Zeit liegen, ohne daß die gefährlichen Insekten sich daran vergreifen werden.

Wir haben aus vorstehendem ersehen, daß es auch auf dem Lager so mancherlei zu beachten gibt, wenn uns darum zu tun ist, nur völlig einwandfreies prima Häute- und Fellmaterial zu erhalten. Versäume also niemand, während der heißeren Jahreszeit seine Lagerräume auf die oben angegebenen Gesichtspunkte hin genau zu untersuchen und sich so rechtzeitig vor sicheren Verlusten zu schützen.

* * *

In Deutschland hat die Behandlung der Haut in den letzten Jahren riesige Fortschritte gemacht. Es ist das unbestrittene Verdienst der Häuteverwertungsgenossenschaften, hier vorbildlich gewirkt zu haben, nicht nur in bezug auf Schlachtung, sondern auch auf Behandlung und Konservierung. Der Vorsprung dieser „Auktionshäute" gegenüber den „Händlerhäuten" hat bewirkt, daß auch der Häutehandel auf Landschlächter und Sammler erzieherisch wirkte, um auch hier eine bessere Abschlachtung und Behandlung zu erzielen. Es ist Tatsache, daß die deutsche Haut heute das idealste Rohprodukt für die Lederbereitung darstellt. Auch in Bezug auf die Gewichtsermittlung und Festsetzung haben die fortgesetzten Verhandlungen der Organisationen der Käufer und Verkäufer recht bezeichnenswerte Erfolge gebracht. Man ist zu festen Abmachungen gekommen, die in dem nachstehenden Vertrage zum Ausdruck kommen, der zwischen dem Verband der Interessenten am Häuteeinkauf und dem Interessenverband Deutscher Häuteverwertungen abgeschlossen wurde. Dieser Vertrag lautet:

Von dem Interessenverband deutscher Häuteverwertungen in Berlin, der die Vereinigung nachstehender Gesellschaften darstellt: Allgemeiner Häuteverwertungs-Verband G. m. b. H. in Berlin, Norddeutsche Häuteverwertungs-Gesellschaft m. b. H. in Hamburg, Schutzverband der Häuteverwertungen Mitteldeutschlands G. m. b. H. in Kassel, Westdeutscher Häuteverwertungs-Verband G. m. b. H. in Aachen, Süddeutsche Häuteverwertung G. m. b. H. in Stuttgart

einerseits

und dem Verband der Interessenten am Häuteeinkauf E. V. in Berlin

andererseits

ist folgendes Abkommen getroffen:

1. Die Versteigerung von Häuten und Fellen durch die obenbezeichneten zum Interessenverband deutscher Häuteverwertungen

gehörigen Gesellschaften, die Behandlung der durch sie versteigerten Häute und Felle, ihre Bezahlung und die Vergütung von Schäden bei ihnen soll gemäß den anliegenden Versteigerungsbedingungen und unter Zugrundelegung dieser Bedingungen erfolgen.

2. Die obenbezeichneten, zum Interessenverband deutscher Häuteverwertungen gehörigen Gesellschaften werden mit den ihnen zu Gebote stehenden Mitteln auf ihre Mitglieder dahin einwirken, daß sie die bei ihnen anfallenden Häute und Felle gemäß den in den anliegenden Versteigerungsbedingungen enthaltenen Bestimmungen behandeln und zur Versteigerung abliefern. Der Verband der Interessenten am Häuteeinkauf wird seinen ganzen Einfluß auf die ihm angeschlossenen Verbände, Vereine und seine sonstigen Mitglieder dahin ausüben, daß sie auch außerhalb der Versteigerungen bei freihändigen Einkäufen die in den anliegenden Versteigerungsbedingungen festgesetzten Schädenvergütungen und Preisbemessungen innehalten, ferner nur solches Gefälle ankaufen, welches gemäß den in den anliegenden Versteigerungsbedingungen enthaltenen Bestimmungen abgeschlachtet und behandelt ist, abweichend geschlachtetes oder behandeltes Gefälle aber wenigstens um 25 Prozent gegenüber den Preisen der letzten Versteigerung niedriger bezahlen, ferner an solche Innungen, die nicht beim Interessenverband deutscher Häuteverwertungen angeschlossen sind, keinen Spesenzuschlag entrichten.

3. Großviehhäute sollen sortiert werden bis 29 Pfund inkl., 30 bis 49 Pfund inkl., 50—59 Pfund inkl., 60—79 Pfund inkl., 80 Pfund und mehr. Das Gefälle ist grundsätzlich nach Kühen, Ochsen, Rindern und Bullen zu trennen.

4. Roßhäute sollen sortiert werden in Roßhäute bis 199 cm, von 200—219 cm, von 220 cm und mehr, Maulesel und Esel, Fohlenfelle in bis 150 cm; über 150 cm. Ausnahmen sind bei Fohlenfellen, wenn es sich um kleine Quantitäten handelt, zulässig. Schuß- und Brackfelle werden getrennt versteigert.

5. Schaffelle sollen sortiert werden in gute Felle, beschädigte und Schußfelle. Räudige Felle gelten als Schuß.

6. Lammfelle und Schmaschen sind unter Angabe der Fehler, jedoch ohne Vergütung derselben für sich zu versteigern. Außerdem steht es den Innungen frei, beschädigte Schaffelle gesondert zu verkaufen.

7. Von Ziegen darf nur Innungsware versteigert werden. Das Gesamtgewicht der einzelnen Lose ist anzugeben. Sammler- und Händlergefälle von Ziegen kommt nicht zum Verkauf auf Auktionen.

8. Im übrigen ist das zur Versteigerung gebrachte Gefälle zu scheiden in:

a) Schlachthausgefälle und solches Gefälle, das in frischem Zustande und unter gleichen Bedingungen wie das Schlachthausgefälle abgenommen ist (was der Handel als eigentliche Innungsware bezeichnet);

b) Gefälle, das von den Beauftragten der Verwertungsvereinigungen in gesalzenem Zustande unter Ausschluß des unter c genannten Gefälles übernommen ist;

c) Sammler- und Händlerware. Der Name und Sitz des Händlers und die Provenienz des Gefälles ist dabei anzugeben.

9. Alle zur Versteigerung gelangenden Häute und Felle, vornehmlich Roßhäute, sind mit sauberem, ungebrauchten Salz zu salzen.

10. Wandlung und Schadenersatz sind in allen Fällen ausgeschlossen, doch bleiben dem Käufer die ihm nach den gesetzlichen Bestimmungen über wissentliche Irreführung zustehenden Rechte vorbehalten.

11. Die einzelnen zur Versteigerung zu bringenden Lose haben auf jeder Auktion Häute und Felle der gleichen Ursprungsorte zu enthalten, falls diese Ursprungsorte einliefern, unter namentlicher Aufführung der Ursprungsorte.

12. Häute und Felle mit Kopf und ohne Kopf sind grundsätzlich in den Versteigerungslisten getrennt aufzuführen und getrennt zu versteigern.

13. Lose früherer Auktionen, die aus irgendeinem Grunde nicht zur Versteigerung gebracht oder nicht abgenommen sind, müssen, falls sie versteigert werden, in der Auktionsliste besonders gekennzeichnet sein unter Angabe des Einlieferungsmonats.

14. Sind Häute und Felle 14 Tage nach ihrer Bezahlung und nach erfolgter Verfügung nicht zum Versand gebracht, so sind dem Käufer nach Ablauf der 14 Tage Zinsen in Höhe des Reichsbank-Lombardzinssatzes zu vergüten. Höhere Gewalt ist ausgeschlossen.

15. Sämtliche Käufer sind ohne Unterschied nach den Vertragsbestimmungen gleichmäßig zu behandeln.

16. Macht der Käufer oder dessen Bevollmächtigter von dem ihm zustehenden Recht der Besichtigung der Ware am Lagerort Gebrauch, so ist die Innung zur kostenlosen Gestellung der erforderlichen Arbeitskräfte, um Stichproben im angemessenen Umfange vorzunehmen, verpflichtet.

17. Bezüglich der gleichmäßigen Durchführung der Vertragsbestimmungen steht beiden Parteien das Nachprüfungsrecht zu.

18. In Fällen, wo ein Ersteigerer Rechte aus seinem Kaufvertrag an einen Dritten abtritt, haftet der Ersteigerer trotzdem für die gesamte Kaufsumme seiner Ersteigerung.

19. Dieses Abkommen tritt mit dem 1. September 1920 in Kraft. Es wird auf unbestimmte Zeit geschlossen, wenn es nicht 6 Wochen vor Kalender-Quartalsablauf (31. März, 30. Juni, 30. September und 31. Dezember) durch eingeschriebenen Brief seitens einer der Parteien gekündigt wird. Eine Kündigung der zum Interessenverband deutscher Häuteverwertungen zusammengeschlossenen obenbezeichneten Gesellschaften ist rechtswirksam, wenn sie von dem jeweiligen Vorsitzenden des Interessenverbandes deutscher Häuteverwertungen unterschrieben ist.

---

Von den **Versteigerungsbedingungen** beschäftigen sich einige auch mit den Vergütungen, die den Käufern für fehlerhafte Beschaffenheit der Häute gewährt werden müssen. Dort heißt es:

„Beschädigungen werden folgendermaßen vergütet:

bei Großviehhäuten:

| | | |
|---|---|---|
| Fehler im Abfall (A) . . . . . . . . . . . . . . . | 1 | Prozent |
| Fehler im Kern (K) . . . . . . . . . . . . . . . . | 2 | „ |
| im Abfall und Kern (AK) . . . . . . . . . . . . . | 3 | „ |
| bis 8 offene Engerlinge (E) . . . . . . . . . . . | 4 | „ |

bei E gleichzeitig mit A, K oder AK ist nur E zu vergüten.

Schächtschnitt gilt als Fehler im Abfall.

bei Kalb- und Fresserfellen:

| | | |
|---|---|---|
| Fehler im Abfall (A) . . . . . . . . . . . . . . . | 5 | Prozent |
| Fehler im Kern (K) . . . . . . . . . . . . . . . . | 10 | „ |
| im Abfall und Kern (AK) . . . . . . . . . . . . . | 10 | „ |
| für E (bis 5 offene Engerlinge) . . . . . . . . . | 20 | „ |

bei Schaffellen für das Stück:

| | auf A-Fehler | K- u. AK-Fehler |
|---|---|---|
| bei einem Preise bis 3 M. p. Pfd. | 1 M. | 2 M. |
| bei einem Preise über 3 M. p. Pfd. | 2 M. | 4 M. |

Andere Schäden außer den vorstehend benannten werden nicht vergütet.

Bei Roßhäuten, Fohlen-, Esel- und Maultierfellen sowie Abdeckereifellen werden Beschädigungen angegeben, aber nicht vergütet. Wenn angegebene Fehler von Erheblichkeit festgestellt werden, kann hinsichtlich dieser auf Preisminderung reklamiert werden.

---

# Beschädigte Häute und Felle.

Nur von einem gesunden Stück Vieh können wir auch eine gesunde Haut erwarten. Der Wert derselben wird durch den allgemeinen Gesundheitszustand des Tieres bedingt, nicht allein durch die vorteilhafte Ernährung, sachgemäße Aufzucht usw. Eine wirklich gesunde, kräftige und für ein haltbares Leder unbedingt erforderliche Rohhaut kann eben nur ein ebenso gesundes Tier liefern, denn Krankheiten äußern in den meisten Fällen auch ihren Einfluß auf die Beschaffenheit der Haut.

Oft sieht man allerdings der frischgeschlachteten, von einem erkrankten Tiere stammenden Haut äußerlich nichts an; die damit vorgegangene Änderung äußert sich vielmehr meist erst während der Bearbeitung in der Gerberei. Das Fasergewebe ist nicht — wie bei der gesunden Haut — elastisch, es verhält sich den verschiedenen Schwellmitteln gegenüber indifferent anstatt aufzuquellen und kennzeichnet sich in der Regel durch sein mattes, lebloses Aussehen.

Während der Schnitt eines von einer gesunden Haut stammenden Leders glänzend, kernig und voll aussieht, ist er bei einer kranken Haut matt, glanzlos und ohne jedes „Leben“, wie der Fachmann sagt. Solche kranken Häute liefern deshalb auch meist ein leeres, schwammiges und gewichtloses und in Bezug auf Festigkeit und Elastizität ungenügendes Leder.

Selbstverständlich kommt es ganz darauf an, in welchem Zustand ein erkranktes Tier geschlachtet wurde; so wird niemand behaupten können, daß ein nach einem Unfall, Beinbruch etc. abgeschlachtetes Tier eine minderwertige Haut liefert, vorausgesetzt, daß die letztere sofort korrekt gesalzen und behandelt wird; dagegen sind Häute von Tieren, die erst nicht fressen, körperlich immer mehr heruntergekommen sind und schließlich doch noch geschlachtet werden müssen, ohne daß eine Seuche konstatiert wurde, die eine gänzliche Vernichtung des Tieres erforderlich macht, minderwertig. Solche Häute erkennt man auch an ihrem äußeren Aussehen, indem die Fleischseite mehr oder weniger schlüpfrige Schleimdrüsen aufweist und auch sonst verfallen und schlapp erscheint.

Deutliche Kennzeichen sind bei krepiertem Vieh an der abgezogenen Haut vorhanden. Meist sehen solche ganz blau aus, da die die Innenfläche derselben durchziehenden Äderchen noch blutgefüllt sind im Gegensatz zu der von einem auf gewöhnlichem Wege getöteten Tier stammenden Haut, welche vollständig blutleer ist und deshalb auch blütenweiß aussieht. In den Städten kommen derartige Häute nur selten vor, höchstens auf dem Lande, wo die Kontrolle seitens der Sanitätspolizei nicht so streng ist als auf den Schlachthöfen der größeren Städte; dort verfällt ein nicht ganz einwandfreies Tier ohne weiteres der Vernichtung.

Weit häufiger sind Beschädigungen der Häute und Felle durch äußere Einflüsse, ohne daß dabei der allgemeine Gesundheitszustand des Tieres irgendwie in Mitleidenschaft gezogen wird. Wir meinen hier Beschädigungen, die sich die Tiere auf der Weide, im Stalle etc. zuziehen oder die man ihnen zum Zwecke der Kennzeichnung auch absichtlich beibringt.

Ist bei einer derartigen Verletzung nicht nur die Oberhaut getroffen, sondern auch die Mittel- oder gar Unterhaut, so daß auch der Haarwuchs an der betreffenden Stelle gestört ist, so bleibt die Narbe dort noch sehr lange sichtbar, und es kommt oft vor, daß solche Stellen überhaupt haarlos bleiben und gar nicht wieder verheilen. Solche Beschädigungen wirken später bei der Verarbeitung der Haut zu bestimmten Ledersorten, besonders zu solchen, bei denen es auf die Narbenseite ankommt, außerordentlich störend, ja zu gewissen Ledergattungen, z. B. allen farbigen, sind solche Häute gar nicht brauchbar, obgleich sie vielleicht nach ihrer sonstigen Beschaffenheit sich vorzüglich dazu eignen würden.

Ist z. B. im Stalle an irgend einer Stelle ein Nagel nicht vollständig eingeschlagen oder infolge Baufälligkeit ein Haken, Nagel oder sonstiger scharfer Gegenstand herausgetreten, so reibt sich das Tier mit Vorliebe daran und zwar kann dies soweit gehen, daß die Haut an den betreffenden Stellen vollständig verletzt wird. Es sollte deshalb den Wärtern oder Viehtreibern immer wieder eingeschärft werden, genau darauf zu achten, daß die Stallungen für das Vieh stets im besten Zustande sind und alle scharfen, aus der Mauer herausragenden scharfen Gegenstände, die zu einer Gefährdung oben beschriebener Art führen könnten, sofort entfernt werden.

Eine weitere Art ganz ähnlicher Verletzungen ist der Dornriß. Das Weidevieh durchstöbert oft dichte Hecken oder niedrige Waldbestände; dabei kommt es mit allerhand scharfem Gestrüpp in Konflikt, Dornen setzen sich im Haar fest und beim gewaltsamen Losreißen ritzt sich die Haut auf. Es entstehen dadurch die sogenannten Dornrisse. Diese sind um so schädlicher, je tiefer sie eingedrungen sind. Bei Zahmhäuten kommen solche ja seltener vor als bei Wildhäuten, welche oft förmlich zerschnitten sind. Auch hier wird die Qualität der betreffenden Häute dadurch natürlich arg beeinträchtigt, oft sind es die sonst schönsten, üppigsten Häute, welche auf diese Weise beschädigt sind.

W a l d r i s s e entstehen auf ganz ähnliche Weise. In manchen Gegenden weidet das Vieh auch in Wäldern. Hier sind nun oft an dürren Bäumen von abgebrochenen Ästen noch Zweigspitzen vorhanden, an denen sich die Tiere beim Vorbeiziehen leicht verletzen können. Vielfach aber verursachen dieselben die Verletzung selbst, indem sie sich an solchen scharfen Spitzen reiben. Sobald die Verletzung tiefer geht, ruft sie bei den Tieren einen gewissen Juckreiz hervor und die Folge davon ist, daß es sich erst recht daran reibt. Man kann denn auch bei solchem Weidevieh oft tiefe blutige Beulen beobachten, die lediglich auf diese Weise entstanden sind; dadurch wird die Haut stark beschädigt, abgesehen davon, daß auch für den allgemeinen Gesundheitszustand dieser Tiere solche Wunden gefährlich werden können, da sich — besonders im Sommer — bald alle möglichen Insekten an die blutigen Stellen setzen.

Nicht selten entstehen ferner Hautverletzungen bei den Kämpfen der Tiere unter sich. Mit den Hörnern bringen sich dieselben oft Risse, sogenannte H o r n r i s s e bei, die mitunter recht tief in die Haut eindringen und nur langsam verheilen. Diese Art der Beschädigung kommt jedoch weniger häufig vor, da die Hörner von Natur aus rund und glatt sind und erst dann gefährlich werden können, wenn das Tier an einem harten Gegenstand das Horn beschädigen konnte. Auf der Weide hat es dazu nur wenig Gelegenheit und im Stalle werden derartigen Ringkämpfen von dem Wärter bald ein Ende gemacht.

Recht gefährlich werden sowohl dem Tier als der Haut aber die E n g e r l i n g e. Diese entstehen bekanntlich durch die Larven der Dasselfliege. Die letztere setzt sich in den Sommermonaten, während das Vieh sich auf der Weide befindet, auf dessen Rücken und legt seine Eier in die Haut, nachdem sie sich durch einen Stich eingegraben hat. Trotz der Bemühungen des gequälten Tieres setzt sich die Fliege fest, es mag sich an den Bäumen reiben, am Boden wälzen oder mit dem Schwanze schlagen, es gelingt ihm nicht, die Fliege zu treffen. Aus dem in die Haut gelegten Ei entwickelt sich später die Larve und diese frißt sich durch die Haut ein Loch, um als Fliege an die Oberfläche zu gelangen. Es sind nun zahlreiche Mittel empfohlen worden, um den Engerlingsschäden vorzubeugen, doch würde es hier zu weit führen, darauf näher einzugehen.

Der Schaden, den diese Engerlinge anrichten, ist ganz enorm. Erfahrungsgemäß die besten, kräftigsten Tiere sucht sich die Dasselfliege als Brutstätte für ihre Larven aus, und nach Millionen zählen die Summen, um welche die engerlingbehaftete Ware geringer ist als gesunde. Zu einzelnen Ledergattungen sind Engerlingshäute überhaupt nicht zu verwenden, zu anderen liefern sie nur ein minderwertiges Leder. In der Regel verwachsen nun die Engerlingslöcher wieder, wodurch der Schaden zum Teil aufgehoben, aber trotzdem nicht vollständig beseitigt wird. —

Die Gefahr der Dasselfliege ist eine alljährlich wiederkehrende und verfehlen wir deshalb nicht, alle Beteiligten zur sorgsamsten und energischsten Bekämpfung dieses gefährlichen Insekts aufzufordern.

Zur Bekämpfung der so schädlichen Dasselfliege hat sich unter Führung der deutschen Lederindustrie und unter Beteiligung der Metzger und Landwirte ein Ausschuß gebildet, auf dessen Veranlassung mehrere interessante Schriften herausgegeben wurden. Es hat sich herausgestellt, daß die Unschädlichmachung dieses Insektes durchaus nicht so einfach ist und daß umfangreiche Studien und Untersuchungen notwendig sind, um die Entstehung dieses Insektes zu erforschen. Man hat festgestellt, daß die Eier nicht durch den Stich der Fliege in den Körper des Tieres gelangen, sondern auf anderem Wege, durch die Freßwerkzeuge, durch Belecken etc. Jedenfalls sind durch diese Forschungen frühere Auffassungen widerlegt, aber bis heute ist der Entwicklungsgang doch noch nicht vollkommen klargelegt.

Wir kommen nun zu der Beschädigung der Haut eines Tieres zum Zwecke der Kennzeichnung, der sogen. Brände. Um die einzelnen Tiere größerer Herden kenntlich zu machen und sie voneinander unterscheiden zu können, werden sie mit einem heißen Instrument gestempelt. Die Brandmarke verheilt dann allmählich wieder, läßt aber eine unverheilbare, deutlich sichtbare Narbe zurück. Dieselbe ist um so nachteiliger für den Wert der Haut, als sie meist auf den wertvollsten Teil derselben, das Schild, gesetzt wird.

Bei uns, wohl in ganz Europa, ist man endlich dahin gelangt, dieses sowohl grausame, als äußerst schädliche Mittel zu verbannen, nur bei Pferden findet man leider diese verwerfliche Unsitte noch vor. Dagegen haben alle Bemühungen der beteiligten Lederfabrikanten, nicht nur allein Deutschlands sondern auch des Auslandes, nicht dazu führen können, diese Quälerei und gleichzeitige Entwertung kostbaren Häutematerials ganz zu beseitigen.

In Südamerika sowohl als auch in Ostindien hält man nach wie vor an dieser grausamen Sitte fest, und geradezu jammervoll ist es, wenn man sieht, wie die besten Häute gerade im Kern mehr als handgroße Brände zeigen.

Oft kommt es vor, daß Vieh, welches schon einmal gebrannt wurde, in andern Besitz, sei es durch Kauf, sei es durch Schenkung oder Erbschaft, übergeht; von dem neuen Besitzer wird es dann zum zweiten Male geschunden. Wir haben schon Häute gesehen, die nicht weniger als vier verschiedene Brände aufwiesen. Es liegt klar auf der Hand, daß solche Häute dadurch sehr minderwertig geworden sind. Die Brände werden in der Regel so intensiv geführt, daß die Haut an den Stellen vollständig verhornt; sie bleibt dort gänzlich ungegerbt in ihrem hornigen Zustand und kann weder geschnitten noch sonstwie verarbeitet werden. Oft fällt der vorhandene Brand während der Bearbeitung ganz aus, so daß ein rundes Loch in Größe des Brandes entsteht.

In den Kreisen, die an dieser Art der Kennzeichnung der Häute festhalten, weist man jeden Einwand mit der Begründung zurück, daß dies die einzige Art sei, ein Tier dauernd so zu kennzeichnen, daß es jederzeit von einem andern unzweideutig zu unterscheiden sei. Ob dies stichhaltig ist oder nicht, soll hier nicht entschieden werden, wir wollen nur darauf hinweisen, daß man bei uns doch auch Tiere so zeichnet, daß sie jederzeit von andern getrennt werden können, und zwar ohne sie mit Bränden zu versehen, wodurch das Tier unnötig gequält und die Haut entwertet wird.

Wir haben im vorstehenden gesehen, welch mannigfacher Art die Beschädigungen sein können, mit welchen Häute und Felle oft behaftet sind. In vielen Fällen ist es leicht, denselben vorzubeugen; es ergibt sich die Art und Weise der Verhinderung ganz von selbst. Es gehört nur genügende Aufmerksamkeit und guter Wille seitens der Wärter und Viehtreiber dazu.

So hat man auch N a r b e n b e s c h ä d i g u n g e n bei Häuten konstatiert, deren Träger als Z u g v i e h Verwendung gefunden haben. Infolge grober Nachlässigkeit der Fuhrknechte kommt es zuweilen vor, daß das Geschirr nicht recht sitzt, so daß sich das Tier verletzt oder an Wagenteilen fortgesetzt so reibt, daß mehr oder weniger starke Verletzung eintritt. Schon im Interesse der Leistungsfähigkeit eines solchen Tieres liegt es, daß in dieser Beziehung alles in Ordnung ist und sind Verstöße eben nur bei grober Nachlässigkeit der betreffenden Arbeiter möglich.

Es liegt nun auch im Interesse der Fleischer, ihr möglichstes zu tun, daß betreffend aller im vorstehenden geschilderten Fälle nichts außer Acht gelassen wird, das geeignet ist, sowohl das Tier als dessen Kleid, die Haut, zu schonen und gesund zu erhalten; denn er erleidet durch solche Beschädigungen ebenso Nachteile, wie der Gerber, auch wenn er sich bezüglich Abschlachtung, Konservierung etc. noch so große Mühe gibt. Es wäre deshalb sehr zu wünschen, wenn auch die Fleischer-Verbände, die Häute-Vereinigungen etc. sich den Bestrebungen zur Abhilfe obiger Mißstände anschließen und auf Landwirte, Viehzüchter etc. erzieherisch einwirken würden. Man sollte allmählich dahin gelangen, daß dem Viehlieferanten für jede äußerlich erkennbare Beschädigung der Haut ein Abzug am Kaufpreis gemacht würde in einer Höhe, wie sie in den Vereinbarungen zwischen Gerbern und Metzgern festgesetzt sind.

# Die Gerbematerialien.

Als Gerbematerialien bezeichnet man kurzerhand alle Stoffe, vermittelst welcher aus der tierischen Haut Leder erzeugt werden kann, bezw. welche geeignet und befähigt sind, der tierischen Haut die Eigenschaft des Leders zu erteilen. Uns interessieren hier lediglich die pflanzlichen Gerbstoffe. Das Pflanzenreich enthält eine große Anzahl gerbstoffhaltiger Gewächse, allerdings ohne daß diese alle auch als Gerbmaterialien in der Praxis der Gerberei Verwendung finden können. Ihre Verwendungsmöglichkeit hängt zum Teil von ihrem Gehalt an wirksamem Gerbstoff, zum Teil aber auch von ihrem Gehalt an anderen löslichen Bestandteilen, den sogen. Nichtgerbstoffen ab.

Eine ganze Menge von Gerbematerialien, welche in der Rotlederfabrikation angewendet werden, liefert uns Europa. Die außereuropäischen Länder bringen aber im Verhältnis eine viel größere Zahl gerbstoffhaltiger Pflanzen hervor, vor allen Dingen aber solche mit viel höherem Gehalt an wirksamen Gerbstoffen.

Die weitaus größte Menge der eingeführten überseeischen Gerbematerialien stammen von tropischen Pflanzen. Und die Zahl der neu entdeckten Gerbstoffe vergrößert sich noch immer, oft um ganz wertvolle Bereicherungen der bereits zur Verfügung stehenden Materialien.

Die Gerbematerialien sind in den verschiedensten Teilen der Pflanzen vorhanden; wir finden dieselben sowohl in der Rinde, dem Holze, den Wurzeln, Blättern, Früchten und Säften der verschiedenartigsten Pflanzengattungen. Auch in krankhaften Auswüchsen an Pflanzen, welche durch äußere Verletzungen, den Stich von Insekten, entstehen können, findet sich der wirksame Gerbstoff vor.

Dr. Theod. Hartig sagt in seiner Broschüre „Über den Gerbstoff“ 1869, folgendes: „Sehr verbreitet ist im Pflanzenreich ein Körper: „Gerbstoff, Gerbsäure, Tannin genannt, welcher die Eigenschaften besitzt, mit der Tierhaut chemische Verbindungen einzugehen und diese dadurch in eine feste, geschmeidige und dauerhafte Substanz, in Leder, zu verwandeln.“

Alle diejenigen Pflanzen aufzunehmen, welche von den verschiedenen Völkern zur Herstellung von Leder angewendet werden, ist eine Unmöglichkeit. Bei der Auswahl des zu verwendenden Gerbemateriales ist auf die damit zu erzielende Art des Leders Rücksicht zu nehmen. Die Gerbstoffe aus den verschiedenen Gerbematerialien haben nämlich ganz verschiedene Eigenschaften. Sie wirken auf das Blößematerial verschieden ein, und es ist die Kunst des Gerbers, den richtigen Gerbstoff, die richtige Zusammensetzung verschiedener Gerbstoffe herauszufinden, und nicht nur ein gutes, sondern auch ein gehaltreiches, gewichtiges Leder herzustellen, bei dem auch der rechnerische, kalkulatorische Erfolg gewährleistet ist. Während man mit dem einen Gerbmittel ein festes, zähes Leder erhält, kann man mit dem anderen Gerbstoff nur sprödes, schwammiges Leder erzeugen, so daß mit Rücksicht auf die physikalischen Eigenschaften eine sehr große Verschiedenheit besteht. Andere Gerbstoffe wieder haben die Eigenschaft, wohl gut und auch schnell durchzugerben, aber kein Gewicht zu machen.

Es gibt sogar Gerbematerialien, bei denen in ein und derselben Pflanze verschieden wirkende Gerbstoffe vorkommen.

Die Erforschung der Gerbstoffe hat ja in den letzten Jahrzehnten zu erfreulichen Fortschritten geführt, an denen die Chemiker Dr. Körner, Prof. Dr. Päßler, Dr. Moeller, Prof. Stiasny u. a. beteiligt sind, aber restlos ist dieses weite Gebiet absolut noch nicht aufgeklärt. Man tappt in vielfacher Beziehung in der chemischen Zusammensetzung der einzelnen Gerbstoffprovenienzen etc. etc. noch immer im Dunkeln, und es bleibt der Chemie noch ein weites Arbeitsfeld hier offen, ehe es möglich sein wird, auf Grund der chemischen Bestandteile eines seines Gerbstoffgehaltes nach bekannten Extraktes den Gerberfolg vor Durchführung des Verfahrens rechnerisch festzusetzen. Die Gerbstoffe sind organische Verbindungen, welche in der Hauptsache aus Wasserstoff, Sauerstoff und Kohlenstoff bestehen, aber keinen Stickstoff enthalten. Dieselben besitzen keinerlei Kristallisationsvermögen, geringe Reaktionsfähigkeit, aber großes Absorptionsvermögen. Sie haben einen zusammenziehenden, herben Geschmack, besitzen einen sauren Charakter und geben mit Basen mehr oder weniger beständige Verbindungen ab. In wässerigen Lösungen schlagen sie Eiweißstoffe und Leim nieder und gehen hiermit in Wasser schwerlösliche Verbindungen ein.

Die Gerbstoffe sind ziemlich unbeständige Körper, welche sich leicht zersetzen und hierbei verschiedene Spaltungsprodukte abgeben. Wir finden solche in den Gerbstoffen bereits vorgebildet und durch Abspaltung mittels Wassers, vielleicht durch direkte Oxydation entstehen die sogenannten Phlobaphene, deren Bildung besonders bei den technisch wichtigen Gerbematerialien wie: Eiche, Fichte, Quebracho usw. ununterbrochen vor sich geht. Man kann sie als farbige Gerbstoffe betrachten, indem sie die Färbung des Leders verursachen, größere Mengen derselben finden wir im Quebrachoholz, die geringste in den Galläpfeln und im Sumach.

In den gerbstoffhaltigen Pflanzen sind stets auch die verschiedensten anderen Stoffe enthalten. Man bezeichnet diese mit dem Sammelnamen Nichtgerbstoffe.

Von diesen Nichtgerbstoffen haben die Kohlenhydrate, besonders die verschiedenen Zuckerarten, Glycoside, die größte Bedeutung. Sie gehen nämlich durch Gärung in verschiedene Säuren, besonders in Essigsäure und Milchsäure über und bringen die notwendige Schwellung der Haut hervor.

Zu den Nichtgerbstoffen gehören die Mineralstoffe, welche sich auch teilweise in der Haut ablagern. Außerdem enthält jedes Gerbematerial Wasser. Die Wassermenge ist keineswegs gleichgültig, etwa weil das Wasser vollständig unwirksam ist. Das Gerbematerial ist um so schwächer in der Wirkung, je mehr Wasser darin enthalten ist. Außerdem kann der Wassergehalt schädlichen Einfluß ausüben, indem es Veränderungen in dem Gerbematerial hervorruft resp. unterstützt, wodurch nicht allein der Gehalt an Gerbstoff vermindert wird, sondern dieser auch in die dunkelgefärbten Phlobaphene übergeht und dunkelgefärbte Gerbbrühe und ebenso dunkelfarbige Leder entstehen.

Den Wert eines Gerbematerials nach allen diesen Gesichtspunkten zu kennen, ist für den Gerber von größter Wichtigkeit. Der Fachmann soll durch praktische Versuche die Wirkung feststellen und dabei wohl berücksichtigen, welchen Effekt der Gerbstoff haben soll. Enthält das Gerbematerial auch einen noch so hohen Prozentsatz an gerbenden Stoffen, aber nicht die nötigen spezifischen Eigenschaften für das betr. Fabrikat, so hat für diesen Zweck der Gerbstoff keinen Wert.

Eine richtige Schlußfolgerung über die Verwendungsfähigkeit läßt sich aus dem durch Analyse ermittelten Gerbstoffgehalt also nicht ziehen, sondern erst aus den übrigen Eigenschaften des Gerbstoffes und der Beschaffenheit des damit hergestellten Leders läßt sich der Wert feststellen.

Über den Gerbstoff äußert sich der Forstrat Dr. Hartwig dahin, daß derselbe ein in Größe, Form und Bildung dem Stärkemehl der Eiche durchaus gleicher, aber im kalten Wasser löslicher, durch Eisensalze sich schwarzblau färbender Körper ist, welcher wie Stärkemehl, Klebermehl, Inulin, in die Gruppe der Reservestoffe gehört, welche im Herbst gebildet, den Winter über in den Rinde-, Mark- und Markstrahlzellen in fester Form abgelagert sind, um im aufsteigenden Pflanzensafte des Frühjahres wieder aufgelöst den Stoff zu liefern für die Neubildungen eines jeden Jahres an Trieben, Blättern, Blüten und Holzschichten, die den Reservestoffen der vorgebildeten Baumteile ebenso entstammen, wie die junge Kartoffelpflanze den Reservestoffen der Knolle, wie das junge Hühnchen dem Dotter des Eies entstammt.

Je jünger nun die Pflanze, je kräftiger ihre Ernährung, je günstiger ihr Standort, desto weniger sind die Schichten einzelner Teile derselben verholzt, oder, wie es bei der Rinde der Fall, ganz abgestorben, und desto mehr gärungsfähige Momente sind darin abgelagert.

Der Wert gerbstoffhaltiger Rinden, sowie sämtlicher zum Gerben benutzten tannin- und proteïnhaltiger Vegetabilien für die Rotlederfabrikation begründet sich demnach für den Gerbeprozeß eben mit in dem Vorhandensein und in der Art des Auftretens dieser gärungsfähigen Stoffe.

Daß die anorganischen Bestandteile der Pflanze, namentlich die löslichen Kieselerdehydrate, hierbei ebenfalls eine für den Gerber wichtige Rolle spielen, hat die Praxis längst erkannt. Sie bevorzugte früher diejenigen Rinden, deren Standort das Vorhandensein von kieselsaurer Thonerde in den feldspatartigen Mineralien des verwitternden Granit-, Porphyr-, Tonschiefer- und Basaltgesteins als konstantes Gemengteil reichlich aufweisen, und begehrt keine Rinde, welche auf Kalkboden gewachsen, welcher fast nur kohlensauren Kalk, gemischt mit kohlensaurer Kalkerde oder mit schwefelsaurem Kalk enthält. Allerdings haben diese Verhältnisse sich nach der Einfuhr überseeischer Gerbstoffe, d. h. seit der Kombinierung inländischer Rinden mit gerbstoffreichen überseeischen Materialien vollständig verschoben. Die Provenienz unserer Rinden spielt auch noch nach der Höhe des Gehalts an reinem Gerbstoff eine Rolle.

Die Lösungen der Gerbstoffe in Wasser haben die Eigenschaft, mit Eisensalzen dunkelgefärbte Niederschläge zu bilden, mit dunkelblauem, auch mit dunkelgrünem Schimmer. Sie bilden Niederschläge von gerbsaurem Eisen. Gerbstoffe gehen auch mit anderen Metalloxyden ähnliche Verbindungen ein und zählen zu den Säuren, so daß im allgemeinen ebenso häufig von Gerbsäuren als von Gerbstoffen gesprochen wird. Bringt man eine wässerige Gerbstofflösung mit einer Leimlösung zusammen, so bildet sich eine unlösliche Verbindung aus Leim und Gerbstoff, welche im trockenen Zustande hornartig wird, und zwar kann man aus der Gerbstofflösung allen Gerbstoff auf diese Art herausziehen.

---

# Europäische Gerbstoffe.

## a) Birkenrinde.

Birkenrinde stammt von der nordischen Birke, Betula pubescenz Ehrh.; die nicht verholzte Rinde wurde von den heimischen Gerbern als Gerbmaterial benutzt, hat aber heute jede Bedeutung verloren. Die Rinde muß ohne Kork sein und im Innern eine rein hellgelbe Farbe zeigen.

Das erzielte Leder hat eine hellgelbe Farbe und festen Griff; die Rinde dient besser zur Unterleder- als zur Oberlederherstellung, liefert als Sauerlohe ein ausgezeichnetes Schwellmaterial und gerbt sehr gut durch.

Gerbegehalt 5—8 %.

Das mit Birkenrinde gegerbte Leder besitzt nicht die Eigenschaften des mit Eichenrinde hergestellten Produktes, es ist nicht so zähe, elastisch und gewichtig; das Birkenleder ist kurz, starr und bricht gerne.

---

## b) Eichenrinde.

Eichenrinde, von verschiedenen Eichenarten stammend, war bis vor nicht zu langer Zeit das bei uns ausschließlich benutzte Gerbematerial, ist aber in den letzten Dezennien durch billigere Gerbstoffe vielfach verdrängt bezw. nur noch als Mischungsmaterial mit anderen weniger edlen Gerbstoffen benutzt worden.

Je nach dem Alter des Baumes, von welchem die Rinde gewonnen worden ist, hat die Rinde eine besondere Benennung. Die von ganz jungen Eichen stammende Rinde, 12—15 Jahre alt, heißt Glanz- oder Spiegelrinde und wird im Eichenschälwald gewonnen.

Diese Eichenschälwaldungen liefern in bestimmten Zwischenräumen, durchschnittlich 15—25 Jahren, ein gewisses Quantum dieses ausgezeichneten Materials. Die Anlage eines Eichenschälwaldes ist eine andere, wie diejenige zu einem Hochwald, da beim Schälwald die einzelnen Pflanzen sehr nahe beieinander stehen können im Gegensatz zum Hochwald.

Dieses enge Zusammenstehen verhindert eine Kronenbildung, die Stämmchen schießen in die Höhe, wodurch lange Stämme und Äste entstehen, welche im Verhältnis zur Größe des Stammes ein bedeutendes Quantum Rinde liefern.

Die Gewinnung der Rinde findet im Frühjahr statt, wenn der Saft in den Stämmen zu steigen anfängt, und muß das Abmachen der Rinde, das „Schälen", beendet sein, bevor sich an den Zweigen Blätter gebildet haben.

Die Rinde von belaubten Stämmen ist minderwertiger an Gerbstoffgehalt, wogegen die zur richtigen Zeit geschälte Spiegelrinde, wenn solche regenfrei eingeheimst wird, den größten Erwartungen entspricht.

Gute Spiegelrinde ist an der Außenseite von hellgrauer und hellgrau-grünlicher Farbe mit einem gewissen Glanzstrich, deshalb auch Glanzrinde genannt. Die innere Seite ist von heller, gelblich-grauer Farbe, mit weit vorstehenden Fasern, Furchen bildend. Der Querschnitt zeigt an dem äußern Rande einen grünen Streifen, während der übrige Schnitt von ganz hellgrauer, beinahe weißer Farbe ist, mit mehr oder minder porösem Aussehen, der innere Seitenrand etwas dunkler gefärbt.

In dem fleischhaltigen Teile des Querschnittes sehen wir weite mit Stärkemehl gefüllte Gänge, welche ein sandiges, marmorierendes Aussehen haben und ähnlich wie bei den Birnen, aber kleiner, steinharte, kugelförmige Nester an einzelnen Stellen bilden.

Die dem grünen Randstreifen am nächsten liegende Schicht, die innere Rindenschicht, ist am reichsten an Gerbstoff, und je dicker diese Schicht ist, je gerbstoffhaltiger ist die Rinde. Beim Kauen der Spiegelrinde entwickelt dieselbe im Munde einen zusammenziehenden, herben Geschmack, nach dessen Intensität die alten Gerbermeister die Stärke des Gerbegehaltes resp. den Wert der Rinde zu schätzen pflegten.

Gut gewonnene Spiegelrinde liefert nach langjährigen praktischen Erfahrungen das beste Leder, und ist es bis heute noch nicht gelungen, einen Gerbstoff unter all den vielen Gerbematerialien ausfindig zu machen, welcher die zahlreichen guten Eigenschaften der Spiegelrinde in sich vereinigt.

Der Gerbegehalt variiert zwischen 6 und 18 %, ausnahmsweise bis zu 20%. Der Gerbstoffgehalt hängt von der Bodenbeschaffenheit und der Lage des Eichenschälwaldes ab. Je kräftiger die Ernährung, je günstiger der Standort, desto weniger kann ein Verholzen der Rinde stattfinden, desto gerbstoffhaltiger wird dieselbe sein. Junge Rinden von der Traubeneiche, quercus robur, welche an den

Fig. 7. Rindenschneider von E. Meister, Hof i. Bayern, mit verbesserter, selbsttätiger Zuführung.

Abhängen des Saargeländes gewachsen ist, sind öfters auf ihren Gehalt geprüft und ergaben bei der Analyse bis zu 20,75 % reinen Gerbstoff bei 2,04 % Zucker.

Die Eichenspiegelrinde eignet sich ebenso vorzüglich zur Herstellung widerstandsfähiger Sohlleder als auch von edelstem Kalbleder.

Die Rinden älterer Eichen heißen, wenn sie über 30 Jahre alt sind, „Heisterrinde", und je älter der Stamm, welchem die Rinde entnommen ist, „Baum-, Grob- und Altholzrinde", in einigen Gegenden auch Lohe.

Die drei zuletzt angeführten Rinden sind zur Herstellung von Ledern mit heller Farbe nicht zu gebrauchen, weil dieselben zu viel Farbstoffe enthalten.

Prof. Dr. J. von Schröder in seiner „Einfache Methode zur Bewertung der Gerbmaterialien" teilt die nach der Spindelmethode gewonnenen Resultate mit. Ohne daß denselben ein absoluter Wert beigelegt werden soll, kann das einfache Untersuchungsverfahren doch dem Gerber als Anhalt dienen. Eichenrinde enthält danach gerbende Substanzen:

Minimal: 5,94 %, Mittel: 10,10 %, Maximal: 15,91 %.

**Eichenrinde** kann auf kaltem Wege nicht vollständig ausgelaugt werden. Mit Brühen zwischen 65—80° R. werden die letzten ca. 30—38 % oder mehr als ⅓ des ganzen vorhandenen Gerbstoffes ausgelaugt, es wird dabei aber die Farbe der Brühe bedeutend dunkler, und es muß Sache jedes einzelnen Gerbers sein, zu bestimmen ob er vollständige Extraktion oder helle Brühen vorzieht.

## c) Erlenrinde.

Die Rinde kommt von der in unseren Niederungen wachsenden Erle, alnus glutinosa. Dieselbe enthält außer ihrem Gerbstoff von 3—6 % noch gewisse Extraktivstoffe, welche sich in Wasser leicht lösen, namentlich wenn etwas Alkalien zugesetzt werden.

Zu gewissen Oberledersorten, welche einen graubraunen Ton haben sollen, sehr gut zu verwenden. Sie liefert ein weiches Leder.

## d) Fichtenrinde.

Fichtenrinde wird von verschiedenen Fichten-, auch einigen Kieferngattungen gewonnen und in den östlichen Gebirgsgegenden Deutschlands und Oesterreichs vielfach als alleiniges Gerbmaterial benutzt. In dem letzten Jahrzehnt hat die Fichtenrinde ihrer schwellenden Eigenschaft wegen vielfach Eingang in die Sohlledergerbereien gefunden, und ist solche besonders in den Quebracho-Gerbereien ein unentbehrlicher Faktor.

Der Gerbstoffgehalt der Fichtenrinde ist kein unbedeutender, ihre schwellende Eigenschaft infolge des Zuckergehaltes eine große. Dieselbe wurde ihrer milden Gerbeigenschaft halber früher sehr viel zum Gerben von Oberledern gebraucht. Wegen ihres hohen Zuckergehaltes und ihrer stark schwellenden Wirkung ist sie ein überaus wertvolles Kompensationsmaterial für zuckerarme Materialien wie Quebracho.

Zur Herstellung feiner Ledersorten ist die Fichtenrinde, infolge ihres großen Farbstoffgehaltes, nicht gut zu verwenden, ebenso ist der in der Rinde ziemlich reichlich enthaltene Harzgehalt ein weiteres Hindernis. Fichtenrindenbrühe, wenn Harz und Farbstoffe ausgefällt oder zum wenigsten größtenteils beseitigt sind, ist für milde Ledersorten sehr gut zu verwenden, namentlich in Gemeinschaft mit anderen hellgerbenden, kräftigen Gerbstoffen.

Gute Fichtenrinde ist auf der Innenseite gelblich bis hellbräunlich von Farbe und glatt, während die Außenseite rotbraun gefärbt ist, mit dünner, feinschuppiger Borke.

Die beste Gerbrinde liefern diejenigen Fichtenstämme, welche möglichst borkenfrei sind, alte Bäume setzen Borke an und ist die Rinde dann weniger gerbstoffreich.

Bei der Fichte spielt das Alter des Baumes nicht ganz die Rolle wie bei der Eiche, die Hauptsache ist aber, daß die Stämme nicht zu alt und borkenfrei sind.

Die Rinde soll möglichst im Frühjahr, nach dem Eintritt des Saftes, geschält werden, also in den Monaten Mai und Juni; die Abschälung derselben ist dann am leichtesten und rationellsten und der Gerbstoffgehalt am höchsten.

---

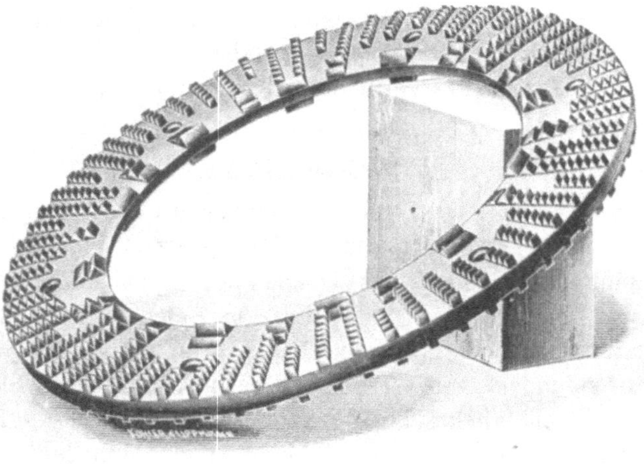

Fig. 8a. Schlagring zur Lohmühle von Krupp-Grusonwerk.

Zum Vorschneiden der Rinde für die Lohmühlen dient ein Rindenschneider (vgl. Fig. 7). Das Schroten und Vermahlen der Gerbmaterialien geschieht in den Lohmühlen, von denen wir als ein Beispiel diejenige des Grusonwerkes in nachstehenden Abbildungen bringen.

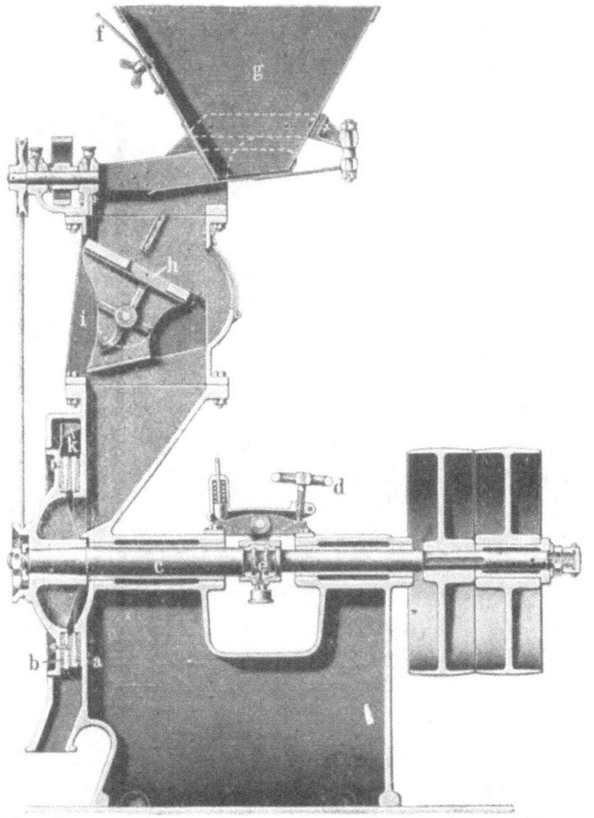


Fig. 8b. Querschnitt durch eine Doppelmühle, Krupp-Grusonwerk.

Der **feste** Mahlring a ist an die innere Fläche des gußeisernen Mühlengehäuses geschraubt. Der **umlaufende** Mahlring b ist durch Schrauben mit einer auf dem kegelförmigen Endstück der Welle c sitzenden Aufsatzscheibe verbunden. Der Abstand zwischen den beiden Mahlringen wird je nach der verlangten Feinheit des Mahlerzeugnisses eingestellt und kann auch während des Ganges der Mühle verändert werden. Die Einstellung erfolgt bei den einfachen Mühlen durch das Handrad d, das mittels des Kammlagers e die Welle in der Längsrichtung verschiebt. Bei den Doppelmühlen wird die Einstellung des zweiten Ringpaares durch ein zweites, am Gehäusedeckel befindliches Handrad bewirkt.

Das Mahlgut wird den Mühlen durch einen selbsttätigen, mit Schieber f versehenen Schüttelspeiser g zugeführt, der unmittelbar von der Mahlringwelle aus angetrieben wird.

Zur Entfernung von Nägeln und sonstigen Eisenteilen, die sich zuweilen im Mahlgute vorfinden, ist zwischen Rumpf und Schüttelspeicher der Mühle ein Magnet h mit Hilfe eines gußeisernen Zwischenstückes i eingeschaltet.

Fig. 9. Doppelmühle mit langem Schüttelwerk und Magnet der Firma Krupp-Grusonwerk.

Bei der Doppelmühle wird die Zuführung des Mahlguts vermittels eines Schüttelschuhs bewirkt, der auf vier Holzfedern ruht und dem durch eine Kurbelwelle mit federnder Pleuelstange eine kräftige Bewegung erteilt wird. Die Kurbelwelle ruht auf zwei an einem gußeisernen Bock befestigten Rotgußlagern. Ihr Antrieb erfolgt durch einen halbgeschränkten Riemen von einem Vorgelege aus, das am Fuße des Bockes angebracht ist und von der Mahlringwelle mittels offenen Riemens in Umdrehung versetzt wird. Bei Änderung der Drehrichtung der Mahlringwelle muß die Drehrichtung der Kurbelwelle ebenfalls geändert werden. Dies läßt sich durch Herausnehmen und Umdrehen der Kurbelwelle nebst Lagern leicht bewirken.

## e) Galläpfel.

„Galläpfel" oder Gallen heißen die durch den Stich der Gallwespe, womit dieselbe die noch zarten Sprößlinge, Blattstiele und junge Zweige der Eiche zum Zweck der Eierablage anbohrt, entstandenen Auswüchse. Der durch diese Verwundung gereizte Organismus läßt dort einen außergewöhnlichen starken Zufluß von Säften stattfinden, welcher Zellen bildet und die dort gelegten Eier der Wespe einhüllt, wodurch allmählich die uns bekannten apfelähnlichen Verdickungen entstehen. An diesem Gebilde entwickelt sich das Insekt, das sich durch die Wandungen durchfrißt, um ins Freie zu gelangen.

Schneidet man einen solchen Gallapfel entzwei, so sieht man genau die Löcher, in denen der Verwandlungsprozeß vor sich gegangen. Man kann diese bis zur Außenseite, durch welche das Insekt entschlüpft ist, verfolgen. Die Galläpfel, welche diese kleinen Punkte an der Außenseite zeigen, wodurch die Gallwespe in das Freie gelangte, haben ein geringes Gewicht, sind von blaßgelber Farbe, erzeugen beim Kauen nur einen mäßig zusammenziehenden, herben Geschmack und sind minderwertig an Gerbegehalt.

Den größten Gerbegehalt besitzen die Galläpfel, wenn die Larve sich verpuppt hat und noch nicht zum Insekt ausgebildet ist, aus welchem Grunde das Einsammeln der Galläpfel vor sich gehen muß, bevor das Insekt sich herausgebohrt haben kann; diese rechtzeitig eingeernteten Galläpfel bilden rundliche, bisweilen höckerig verwachsene Kugeln von der Größe einer Kirsche, haben schweres Gewicht und bedeutende Härte, ihre Farbe ist dunkelgrau bis beinahe schwarz, beim Kauen den bekannten zusammenziehenden herben Geschmack hervorbringend. Beim Durchschneiden eines solchen Gallapfels findet man im Innern die Larve oder die Puppe der Gallwespe, und die Außenwand zeigt noch keine löcherigen Punktierungen.

Der Gehalt an Gerbstoff schwankt zwischen 40 und 70 %, je nach ihrer Herkunft.

Die in den Handel kommenden Galläpfel unterscheidet man nach Herkunft und auch nach Farbe in schwarze und in weiße. Die wichtigsten Sorten sind: 1. die levantinischen, auch türkische oder orientalische Galläpfel genannt, 2. die chinesischen Galläpfel.

### 1. Levantische Galläpfel.

Diese sehr geschätzten Galläpfel sind von grünlich-schwarzer bis schwarzer Farbe, von kugeliger Form mit einigen Abweichungen, haben verschiedene Größen von der einer Erbse bis zu der einer

Kirsche und weisen an der Außenseite kleine, spitze Erhöhungen auf. Die Benennung stammt von dem Handelsplatz Smyrna in der Levante her, von wo aus die Galläpfel verfrachtet werden. Das Produktionsgebiet dehnt sich über das ganze westliche Asien bis nach Indien aus und unterscheidet sich durch folgende Benennungen:

Mosul-Galläpfel, groß, leicht bestaubt, sehr gerbstoffhaltig, stammen aus den Tigrisländern, 60—66 % Gerbstoffgehalt.

Aleppo-Galläpfel, weniger groß, sonst im Werte gleich, stammen aus der Gegend von Aleppo, 60 % ca., Cyprische ca. 60 %, Tripolis- und Smyrna-Galläpfel ca. 40 %. Die beiden zuletzt angeführten kommen wegen ihrer Minderwertigkeit weniger in Betracht. Die Cyprischen Galläpfel gelangen meist als Aleppo-Galläpfel in den Handel.

Unter den europäischen Galläpfeln, welche aus allen Ländern stammen, wo Eichen wachsen, sind die ungarischen, Morea-, Abruzzo-, deutschen und französischen Galläpfel zu vermerken. Dieselben haben keine stachelförmigen Erhöhungen, sind von runder oder annähernd runder Form, kleiner als die asiatischen und enthalten bedeutend weniger Gerbstoffgehalt, und zwar sind die französischen als die minderwertigsten zu betrachten.

### 2. Chinesische Galläpfel.

Dieselben stammen aus China und Japan, werden durch den Stich der chinesischen Gallwespe auf einer sumachartigen Pflanze erzeugt, welche dort ihre Eier ablegt. Die chinesischen Galläpfel haben die verschiedensten Formen, länglich, walzenförmig, birnenförmig, plattgedrückt, kugelrund und auf der mit gelblich-grauem Filz bedeckten Oberfläche befinden sich mancherlei hohle Höcker und Zacken. Die Schalen dieser Galläpfel sind so dünn, daß man dieselben zwischen den Fingern zerdrücken kann. Das Innere ist dicht, glänzend, von harzähnlichem Aussehen, und besitzen diese Galläpfel den außergewöhnlich hohen Gerbstoffgehalt von 60—70 %.

Die Galläpfel haben von den vegetabilischen Gerbmaterialien den geringsten Farbstoffgehalt, und zeigen die mittels Galläpfel gegerbten Leder eine weiße Farbe, doch stehen die Galläpfel wegen ihrer mannigfachen anderen Verwendung so hoch im Preise, daß ihre Anwendung zu Gerbzwecken nicht rationell ist,

Galläpfelpulver, auch unter dem Namen „Tannin" in den Handel kommend, wird bei feinen Ledersorten wohl angewandt, wenn beim Dünnfalzen sich einzelne nicht satt durchgegerbte Stellen zeigen. Dann werden die betreffenden Stellen angefeuchtet und das

Galläpfelpulver darauf gestreut, die Leder sorgfältig zusammengeschlagen und an einem kühlen Ort hingelegt. Nach ca. 24 Stunden, mitunter auch in kürzerer Zeit, sind die Stellen durchgegerbt, die Leder werden zum Trocknen aufgehängt, wo das aufsitzende Pulver von selbst abfällt, und die Leder gehen zu ihrer Partie zurück.

Das Tannin stellt fast konzentrierten Gerbstoff dar, es kommt aber weniger zu Gerbereizwecken in den Handel, als zu Zwecken der Heilmittelkunde.

Fig. 10. Rindenschneider der Firma Meister, Hof i. Bayern.

Diese Maschine dient zum Zerkleinern von Rindenbrocken und Tannenzapfen.

## f) Kastanienholz.

Das Holz des im südlichen Frankreich, in Spanien, in Savoyen und auf den zwischen Spanien und Italien liegenden Inseln in großen Wäldern wild wachsenden Kastanienbaumes liefert das Rohmaterial zu dem sehr verbreiteten Kastanien-Extrakt, welcher gegenwärtig in schöner Qualität geliefert wird und sich zu Unterleder sehr gut eignet. Im Weltkriege sind auch deutsche Kastanienbäume, trotz ihres geringen Gerbstoffgehaltes, in großen Mengen zu Extrakten verarbeitet worden.

## g) Knoppern.

Knoppern bilden sich aus der jungen Eichel infolge der Verletzung, welche durch den Stich der Knoppern-Gallwespe behufs Eierablage entsteht.

Hauptsächlich sind es die Früchte der Stieleiche, welche davon betroffen werden. In die noch ganz junge weiche Frucht legt diese Gallwespe vermittelst des Legestachels ihre Eier ab. Die junge Eichel verkümmert, es bilden sich allerlei Auswüchse, welche die verkümmerte Frucht umschließen, den ganzen Fruchtbecher ausfüllen und abfallen.

Die Knoppern kommen in den verschiedensten Formen in den Handel, meist von eckiger Gestalt und gelblichbrauner Farbe. Beim Durchschneiden erkennt man sehr häufig noch die verkümmerte Eichel im Innern der Knopper und findet die Larve oder Puppe der Gallwespe. Der Gerbstoffgehalt beträgt durchschnittlich 30—40 %, kann in einzelnen Fällen bis zu 50 % betragen.

Die Hauptmasse der Knoppern stammen aus den ausgedehnten Eichenwaldungen Ungarns, Slavoniens und Kroatiens, wo dieselben im Herbst gesammelt und meistens in Oesterreich und den anliegenden Grenzländern verbraucht werden.

Das damit gegerbte Leder ist ziemlich fest, eignet sich daher nur in Verbindung mit weichgerbenden Gerbstoffen zum Gerben von Ledern, welche einen milden Charakter haben sollen. Die damit gegerbten Leder zeigen eine grünlich-graugelbe Farbe.

---

## h) Rove oder Rowe.

Die Rove ist ein Gallapfel, welcher sich auf den jungen Zweigen einer eigentümlichen asiatischen Eiche infolge des Stichs einer Gallwespe bildet. Diese Gallwespe gehört den Cynipsarten an, welche durch die Auswüchse, die sie auf den verschiedenen Teilen der Eichen veranlassen, bekannt sind. Während gewisse Cynips die Blätter, andere die Wurzeln, andere noch die Eichenkelche stechen, greift die Rove-Gallwespe nur die Zweige, niemals die Blätter an, und zwar nur die jungen Triebe davon; sie sticht mit Vorliebe die höchsten Teile der jungen Triebe, indem sie in dichten Schwärmen über die sehr niedrigen Eichen fliegt. Die Rove-Gallwespe erreicht in ihrer vollständigen Entwicklung eine Länge von 5½ mm. Diese Rove-Gallwespe vertreibt die übrigen Wespen, so daß man auf den Rove-Eichen niemals Galläpfel auf den Blättern sieht oder andere ähnliche Auswüchse.

Die Rove-Eiche gehört zu den kleinsten Arten der Eiche, sie erreicht nur die Höhe von 1,50—2,50 m, bleibt krumm und unförmig, als ob sie unter der Bildung der Galläpfel zu leiden hätte und in ihrer Entwicklung verkümmerte.

Zur Erntezeit, Ende November und im Dezember, erscheinen die Eichen wie mit roten, stacheligen Aepfeln bedeckt.

Die reifen Rove-Galläpfel sind beinahe rund, am Stiel etwas länglich, sie tragen an dem dem Stiel entgegengesetzten Ende einen starken Stachel, ebensolche bilden sich kreisförmig in der Mitte des Gewächses. Die Oberfläche ist glatt und bräunlichrot. Sie schwitzt in der Regel eine gummiartige Masse aus. Das Innere besteht aus einer porösen, sehr leichten, schwammigen Masse, in welcher das Tannin gleichmäßig verteilt ist. In der Mitte befindet sich ein Kern, welcher das Insekt enthält.

Die Größe der Rove ist bedeutend, bis zu 50 mm Durchmesser, sie wiegt ca 5½ gr.

Der Tanningehalt beträgt 25—30 %.

Die Rove-Eiche wächst an den Dardanellen und an den Küsten des Marmarameeres, und stammt der Name Rove von dem italienischen *rovere*, Steineiche.

## i) Sumach.

*Sumach* oder *Schmack*, ein Blättergerbematerial, ist für helle Leder am besten geeignet. Der Sumach stammt von der Rhus coriaria und wächst in der gemäßigten und subtropischen Zone. Der schwedische Sumach stammt nicht von der Rhuspflanze, sondern von den Blättern der *Bärentraube*, *Arbutus uvi ursi*.

Ein großer Teil des in den Handel kommenden Sumachs wird von wild wachsenden Pflanzen gesammelt, doch der bei weitem größere Teil wird auf eigenen großen Pflanzungen besonders gebaut, wo schon im dritten Jahre nach der Anpflanzung mit dem Ernten begonnen werden kann. Man nimmt dabei aber auch die jungen Triebe mit.

Die jungen, noch nicht verholzten Schößlinge werden von der Pflanze abgeschnitten, jedoch ohne das Stammholz zu verletzen, und scharf an der Sonne getrocknet. Dieses scharfe Austrocknen muß aus zweierlei Gründen geschehen. Erstens, damit die Schößlinge sich mahlen lassen, was nur in einem harten Zustande möglich ist, da sonst die Mühle sich verschmiert, und zweitens ist bei einer nicht völlig ausgetrockneten Ware sehr leicht das Eintreten einer Gärung zu befürchten, wobei sich der Gerbstoff vollständig verändern würde. Das beim Mahlen entstehende Pulver wird mittelst Schüttelsieben gesiebt, und die im Sieb zurückbleibenden gröberen Stücke werden nochmals gemahlen.

Der bei uns in den Handel kommende Sumach stammt von dem in den Mittelmeerländern wachsenden Gerbersumach, auch Essigbaum genannt, dessen zu Pulver zermahlene Blätter und Zweige unter dem am meisten gebräuchlichen Namen „Schmack" bekannt sind und hauptsächlich in Sizilien, Istrien und Dalmatien gewonnen wird. Man unterscheidet im Handel eine größere Anzahl von Sumacharten, welche nach ihrem Erzeugungsorte oder nach dem Handelsplatze, wo deren Verfrachtung stattfindet, bezeichnet werden. Unter den bekannten Sumacharten ist der aus Sizilien stammende der beste.

Der sizilianische Sumach zeigt sich als ein feines Pulver von zarter grünlich-gelber Farbe, mitunter etwas in das gräuliche hinüberspielend, und von angenehmem Geruch. Die vorzüglichsten Sorten dieses Sumachs kommen als Carini- und Alcamo-Sumach in den Verkehr, und beträgt der Gerbstoff dieser Sorte bis zu 25 %.

Der dem sizilianischen Sumach am nächsten in Güte ist der spanische, unter dem Namen Priego- oder Malaga-Sumach bekannt. Derselbe ist von hellgelber Farbe und besitzt einen Gerbstoffgehalt bis zu 18 %.

Die übrigen Sumachsorten, wie italienischer, französischer und tiroler Sumach, sind von minderwertiger Güte, da diese Sorten an und für sich weniger gerbstoffhaltig sind und selten unverfälscht in den Handel kommen. So ist der aus Istrien und Dalmatien stammende, meist wild wachsende Sumach an und für sich gut, oft aber absichtlich mit Blättern von nicht gerbstoffhaltigen Pflanzen in großer Menge vermahlen, wodurch das Sumachpulver minderwertig gemacht wird.

Der gemahlene Sumach muß an einem trockenen Orte aufbewahrt werden, da er sich infolge der leichten Veränderlichkeit beim Lagern an einem feuchten Orte sehr bald nachteilig verändert und sehr bald zur Gärung übergeht. Auch soll der Sumach möglichst frisch verwendet werden, da derselbe beim längeren Lagern an Gehalt und Güte verliert, und ist von wissenschaftlicher Seite nachgewiesen worden, daß der Gerbstoff des Sumachs, welcher lange Zeit an einem trockenen Orte gelagert hatte, infolge einer natürlichen Gärung in Gallussäure und Traubenzucker umgesetzt war.

Alte Ware ist an der fahlen Farbe, an dem schwachen Geruch und dem nur sehr wenig herben Geschmack leicht zu erkennen und dadurch vom frischen Sumach leicht zu unterscheiden.

Nach Prof. Dr. J. von Schröder enthält Sumach gerbende Substanzen: Minimal: 16,00 %, Mittel: 23,00 %, Maximal: 33 %.

## k) Valonea.

Valonea stellt die becherförmigen, verwachsenen Deckblätter der Früchte zweier Eichenarten, welche in Kleinasien und auf den griechischen Inseln heimisch sind, dar. Es sind dieses die Ziegenbarteiche, Quercus Aegylops, und die Valonea cumata.

Die Fruchtbecher der genannten Eichen besitzen große eckige Schuppen, welche ziemlich leicht abfallen und sehr reich an Gerbstoff sind. Die Schuppen allein kommen unter dem Namen „Trillo" als ein viel geschätztes Gerbematerial in den Handel, wie die Valonea selber.

Die gesammelten Früchte werden in Haufen aufgeschichtet zum Lagern hingelegt, damit sich eine kleine Gärung einstellen kann, um erst dann vollständig ausgetrocknet zu werden. Es lassen sich dann die Fruchtbecher leicht von den Früchten trennen, welch letztere keinen Gerbstoffgehalt besitzen. Die mit dicken, abstehenden Schuppen besetzten Kelche kommen in den Handel, und sind diejenigen Fruchtbecher am wertvollsten, welche die meisten Schuppen besitzen.

Die Valonea ist sehr gerbstoffhaltig und liefert ein festes, beinahe weißes Leder, kann aber zur Herstellung weicher Ledersorten für sich allein nicht angewandt werden, sondern nur ihres Gerbstoffgehaltes und der hellen Farbe halber mit lose gerbenden, wenig Gerbstoff enthaltenden, farblosen, billigen Stoffen gemischt. Der Gerbstoffgehalt schwankt zwischen 18 und 40 %.

**Valonea** ist bei 50—60° Ré. am vorteilhaftesten auszulaugen, bei höherer Temperatur findet teilweise Zersetzung des Gerbstoffes unter Dunkelwerden statt.

Nach Prof. Dr. J. von Schröder enthält Valonea gerbende Substanzen: Minimal: 19,62 %, Mittel: 38,57 %, Maximal: 41,77 %.

---

## l) Weidenrinde.

Weidenrinde stammt von der Salix caprea und der Salix undulata, wird in Schweden und namentlich in Rußland vielfach zum Alleingerben benutzt. Das russische Juchtenleder wird ausschließlich mittelst Weidenrinde gegerbt.

In ganz Europa findet sich eine große Anzahl von Weidenarten, deren Rinden sämtlich als gutes Gerbmaterial verwendbar sind und auch wohl in einzelnen Gegenden, mit Eichenlohe oder auch mit Galläpfelmehl vermischt, verwendet werden. Die mit Weidenrinde gegerbten Leder zeigen eine helle, gelblichgrüne Färbung, ins graue schillernd, sind mit einem eigentümlich süßlichen Geruch behaftet, besitzen aber eine große Weichheit.

Der Gerbstoffgehalt ist nicht groß, derselbe schwankt zwischen 3 und 9 %. Durchschnittsgehalt 4—5 %.

## Deutschlands Gerbstoffquellen während des Krieges.

Neben den bisher aufgeführten Gerbmaterialien birgt Deutschland aber auch noch weitere gerbstoffhaltige Pflanzen, deren Ausbeutung infolge des Wettbewerbes überseeischer Materialien im Frieden jedoch unrationell war. Im Kriege jedoch, als wir von aller Zufuhr abgeschnitten waren, mußte die Gerbstoffversorgung der deutschen Gerberei andere Wege gehen. In der „Ledertechnischen Rundschau"*) finden wir darüber folgendes:

„Die deutsche Lederindustrie verbraucht jährlich etwa 80 000 dz Gerbstoff, eine Gerbstoffmenge, die etwa 800 000 dz Eichenrinde entspricht. Von dieser Gerbstoffmenge wird etwa ⅚ durch Einfuhr ausländischer, und zwar in der Hauptsache gerbstoffreicher Gerbemittel und nur etwa ⅙ durch inländische Eichen- und Fichtenrinde gedeckt. J. Paeßler[1]) hat darauf hingewiesen, daß sich durch erhöhten Betrieb der Eichenschälwaldungen, durch bessere Ausnutzung der Fichtenrinde im Fichtenhochwald, sodann aber auch durch Gewinnung des Gerbstoffes von Rinde und Holz der in Süddeutschland vorhandenen Bestände an Edelkastanien die einheimische Gerbstofferzeugung so weit steigern lassen würde, daß der Bedarf der deutschen Lederindustrie an Gerbstoff der Menge nach befriedigt werden könnte. So würde die Ausbeute an Fichtenrinde, die vor dem Kriege etwa 450 000 dz betrug, auf schätzungsweise 2 200 000 dz gebracht und dadurch schon allein der größte Teil des Einfuhrüberschusses an Gerbemitteln und Gerbstoffauszügen, der im Jahre 1913 rund 2 866 000 dz betrug, beschafft werden können. Die wichtige Rolle der einheimischen Edelkastanie als Gerbstoffquelle ist durch die eingehenden Untersuchungen von Paeßler festgestellt worden. Paeßler[2])

*) Berlin SW. 11, Nr. 29/30, Jahrgang 10.

[1]) Vorschläge zur Erhöhung der Rindenerzeugung (Verlag „Die Leder-Industrie", Berlin 1915).

[2]) Ledertechn. Rundschau 1916, S. 213.

wies nach, daß das Holz der Edelkastanie im Gegensatz zum Eichenholz schon bei einem Alter der Bäume von 12—18 Jahren genügend Gerbstoff enthält, daß es zur Ausnutzung des Gerbstoffes dienen kann, während der Gerbstoffgehalt des Eichenholzes im gleichen Alter nur 0,5—1,5 % beträgt, daß die Rinde der Edelkastanie der Eichenrinde im Gerbstoffgehalt mindestens gleichkommt, so daß sie nicht nur für sich gerberisch verwertet, sondern auch zusammen mit dem Holz zur Herstellung von Gerbstoffauszügen dienen kann, und daß ferner der Gerbstoff der Kastanienrinde mit demjenigen der Eichenrinde eine große Aehnlichkeit zeigt. Auf Grund seiner Untersuchungen und mit Rücksicht darauf, daß die Edelkastanie bedeutend schneller wächst als die Eiche, berechnet Paeßler, daß die Edelkastanie bei einem dem Eichenschälwald ähnlichen Betrieb das 3—7fache an Gerbstoff zu liefern vermag wie die Eiche, und schlug deshalb vor, in den Gegenden Deutschlands, wo die Edelkastanie gut gedeiht, d. i. in Elsaß-Lothringen, in der Rheinpfalz, in Baden und im Großherzogtum Hessen, an Stelle der Eiche die Edelkastanie anzupflanzen und den als unwirtschaftlich angesehenen Eichenschälwald allmählich durch Kastanienschälwald zu ersetzen, ein Vorschlag, der bei den Forstfachleuten Zustimmung gefunden hat.

Der Gerbstoffgehalt[3]) in lufttrockenem Zustande beträgt bei Eichenrinde 6—17 %, im Mittel 10 %, Fichten 7—18 %, im Mittel 11,5 %, Kastanienrinde 8—14 %, Kastanienholz 5—13 %, Eichenholz 1—10 %.

Bei anderen einheimischen gerbstoffhaltigen Pflanzen bezw. Pflanzenteilen sind die ungefähren Gerbstoffgehalte im lufttrockenen Zustande:

Rinde: Weidenrinde 6—16, Birkenrinde 6—14, Erlenrinde 8—20, Lärchenrinde 6—14, Nußbaumrinde 3—12, Akazienrinde 2—7, Pappelrinde 5—11, Espenrinde 7, Edeltannenrinde 4—8 %.

Hölzer: Fichtenholz 1—2, Nußbaumholz 1—10, Akazienholz 1—5, Ahornholz 7, Buchenholz 1, Roßkastanienholz 1 %.

Sonstige Pflanzen bezw. Pflanzenteile: Eichelschalen 6—13, Eichenblätter 7—9, Eichenreisig 3—5, Fichtenzapfen 2—12, Fichtennadeln 3—8, Fichtenreisig 4—7, Erlenfrüchte 14, Roßkastanienschalen, innere braune, 6, Walnußschalen, äußere, getrocknet, 9—22, Heidekraut 3—14 %.

---

[3]) Siehe u. a. Ledertechn. Rundschau 1916, S. 44 u. 49, sowie 1917, S. 56 u. 57.

Danach besitzt ein Teil der genannten Rinden beachtenswerte Gerbstoffgehalte, ähnlich denjenigen der Eichen- und Fichtenrinde, während die Hölzer überwiegend gerbstoffarm sind.

Der Gerbstoffgehalt nimmt, wie festgestellt wurde, mit dem Alter der Bäume bei Eichenrinde, Fichtenrinde, Kastanienrinde bis zur Borkebildung, sowie bei Eichenholz und Kastanienholz zu. Das gleiche scheint im allgemeinen auch von den anderen oben angeführten Rinden zu gelten, während Fichtenholz auch im höheren Alter der Bäume den oben angeführten geringen Gerbstoffgehalt zeigt und das Holz der falschen Akazie (Schotendorn) nach W. Möller[4]) bei jüngeren Bäumen mehr Gerbstoff enthält als bei älteren. Von sonstigen Pflanzen bezw. Pflanzenteilen enthalten namentlich die Eichelschalen, Eichenblätter, Fichtenzapfen, Erlenfrüchte, grüne Kastanienschalen, das Heidekraut nicht unbeträchtliche Mengen von Gerbstoff; doch wiegen bei einigen, z. B. bei Eichenblättern, Fichtenzapfen, z. T. auch bei Kastanienschalen, sowie bei Eichenreisig und Fichtenreisig, die außerdem auch wenig Gerbstoff enthalten, die Nichtgerbstoffe derartig vor, daß sie für eine Ausbeutung bezw. gerberische Verwertung unter gewöhnlichen Umständen nicht in Betracht kommen. Im übrigen würden auch die außer Eichen-, Fichten-, Kastanienrinde, Eichen- und Kastanienholz angeführten gerbstoffhaltigen Pflanzenteile, soweit sie in genügender Menge zur Verfügung stehen, bei regelrechter Ausnutzung eine beträchtliche Menge an Gerbstoff und einen beachtenswerten Beitrag zur Gerbstoffversorgung unserer Lederindustrie zu bieten vermögen.

So wünschenswert eine bessere Ausnutzung der einheimischen Gerbstoffquellen an sich im Interesse unserer Volkswirtschaft und unserer Lederindustrie ist, so muß dabei doch berücksichtigt werden, daß unsere Lederindustrie die ausländischen gerbstoffreichen Gerbemittel nicht völlig entbehren kann, da die einheimischen Gerbemittel verhältnismäßig arm an Gerbstoff sind und bei alleiniger Anwendung eine längere Gerbdauer erfordern, während die ausländischen Gerbemittel infolge ihres höheren Gerbstoffgehaltes eine bessere Ausnutzung des Gerbstoffes, sowie eine schnellere und kräftigere Gerbung und, da sie billiger wie Eichenrinde und zum Teil auch billiger wie Fichtenrinde sind, auch die Kosten der Lederherstellung herabzumindern gestatten. Es kommt daher zwar nicht eine ausschließliche, wohl aber eine erhöhte anteilige Verwendung der einheimischen Gerbemittel in Betracht."

---

[4]) Der Gerber 1918, S. 105.

# Exotische Gerbstoffe.

Die bis jetzt aufgeführten gerbstoffhaltigen Materialien stammen aus Europa und den angrenzenden Mittelmeerländern, die jetzt folgenden Gerbstoffe kommen größtenteils aus tropischen Ländern.

Die Gerbstoffe sind alle überreich an Gerbstoff, und ist man dadurch in den Stand gesetzt, wenn man mit deren Behandlung und Verwendung vertraut geworden ist, ein gewichtiges Leder auf rationelle, lohnende Art herzustellen.

---

## m) Algarobilla.

Algarobilla, auch Algaroavilla, ist die Hülsenfrucht eines im sandigen, trockenen Norden Chilis und Kolumbias vorkommenden Strauches, „Inga Marthae", nach anderen der „Propasis sopis pallida' und „Balsomocarpum brevifolium".

Die Algarobilla besteht aus kleinen, linsenförmigen, schwärzlichen Bohnen, welche gewöhnlich mit holzigen Hülsenresten vermengt und im frischen Zustande in einem braunen Saft eingebettet sind. Die Samenkörner bilden 12 % des Gesamtgewichtes der Hülsen. Der in der Algarobilla enthaltene gelbe Farbstoff hindert den Alleingebrauch zum Gerben, in Verbindung jedoch mit anderen Gerbstoffen, wo die sonst unerwünschte gelbe Farbe nicht besonders hinderlich ist, liefert dieselbe ein ausgezeichnetes Gerbmaterial, und geben die damit gegerbten Leder ein gutes Gewicht.

Die Algarobilla enthält auch etwas Ellagsäure.

Der Gerbstoff beträgt bis zu 70 %.

---

## n) Bablah.

**Bablah** (Bambolaschoten, indischer Gallus), die unreif gesammelten Hülsenfrüchte verschiedener Akazienarten.

Es sind 5—8 cm lange, flache, gegliederte, meist zerbrochene, dunkel- oder hellbraune Hülsen mit einem runden, braunen, glatten, geschmacklosen Samen in jedem Fache.

Die Schale schmeckt stark herb-säuerlich und enthält 14—20 % Gerbsäure, auch Gallussäure, und einen intensiv wirkenden Farbstoff.

Ostind. B. stammt von der Acacia arabica var. indica,
Aegypt. „ „ „ „ „ nilotica (Neb-Neb, Garat).

Bablah dient zum Gerben von leichterem Leder, sowie auch zur Verbesserung der Farbe bei stark färbenden Gerbmaterialien und wird als Ersatz für die Fichtenrinde benutzt, wobei die Unannehmlichkeiten des Harzgehaltes, welcher bei der Fichtenlohe oft stört, fortfallen.

Man nahm bisher an, daß dem Bablah ein großer Gehalt an Gerbstoff innewohne, wodurch dasselbe für die Lederfärberei unbrauchbar wäre, da zuviel Gerbstoff den Narben steif und spröde machen würde. Doch dem ist nicht so, was früher alles als Gerbstoff angesehen wurde, ist zum großen Teil Gallussäure, welche nicht die mindeste schädliche Wirkung auf das Leder übt.

Die Vorzüglichkeit des Bablah resultiert demnach aus seinem unverhältnismäßig hohen Gehalt an Gallussäure, dem geringen Färbevermögen, da es in weit größerem Maße als die Fichtenrinde aufhellend wirkt und dabei harzfrei ist.

Bablah findet auch als Farbstoff in der Färberei Verwendung. Der Farbstoff des Bablah unterscheidet sich von jenem der Fichtenlohe insofern, als er mehr graubraun, der letztere aber rötlichbraun ist. Um die Schattierung der der Fichtenlohe völlig gleichzustellen, mischt man eine ganz kleine Quantität von 1 Teil Fernambuk und 1 Teil Gelbholz dem Bablah zu.

Man färbt zuerst ein Muster mit reiner Fichtenlohe als Vorlage und stellt darnach die nötige Menge fest, worauf dann diese Mischung als Grundfarbe benutzt wird.

Der Bablah wird ausgekocht und das Dekokt einige Zeit in verschlossenen Gefäßen aufbewahrt, damit sich einesteils die Flüssigkeit klärt, dann aber auch, damit dem Gerbstoff ermöglicht wird, sich in Gallussäure umzuwandeln.

## o) Cajota.

**Cajota** enthält 16—20 % Gerbstoff, säuert stark und rasch, schwellt gut und gerbt schön durch, für Sohlleder sehr zu empfehlen, ist aber wegen ihres hohen Preises nie recht zur Verwendung gekommen. Auch muß ihr rötlicher Farbenton durch andere Gerbstoffe, wie Valonea oder Myrobalanen, verbessert werden.

## p) Canaigre.

Canaigre, ein Wurzelgerbstoff, welcher von den Importeuren als sehr geeignet zum Gerben von milden Ledern angepriesen wurde. Derselbe stammt von der in Nordamerika, in New-Mexiko und Arizona heimischen, wildwachsenden Rumea hymenosepalum, deren Wurzel den reichen Gerbstoffgehalt besitzt, bis zu 40 % Gerbstoff enthält und mit dem Katechugerbstoff ziemlich übereinstimmende Eigenschaften besitzt.

Mit Eisen gibt derselbe eine dunkelgraublaue Färbung und wird durch konzentrierte Schwefelsäure aus der Lösung ausgefällt.

Canaigre gerbt verhältnismäßig rasch und gut durch mit einer hellen Orangefarbe. Als Angerbemittel nicht, wohl aber als Ausgerbemittel zu empfehlen, auch zum Vermischen mit Lohe. Die Rinde ersetzt in der Oberledergerberei mit einem Teile 4 Teile Eichen- und 4½ Teile Fichtenrinde.

## q) Cascalotte.

**Cascalotte** ist eine aus Zentral- und Südamerika stammende Divi Divi-Art mit hellgelblichem Gerbstoff und ca. 55 % Gehalt.

---

## r) Divi Divi.

Divi Divi oder Libi dibi, die Früchte der in Westindien und Südamerika heimischen Caesalpinea coriaria. Es sind flache Schoten von 5—7 cm Länge, schnecken- oder S-förmig gebogen, von außen glatt und kastanienbraun, oft jedoch durch Abspringen der oberen Schicht rauh und heller, welche linsenförmigen, harten, braunen oder olivbraunen Samen enthalten. Obwohl die ganze Schote reichlichen Gerbstoff enthält, so ist doch die Schotenhülle davon am reichsten bedacht, und steigt deren Gerbstoffgehalt nicht selten bis zu 40 %.

Der Durchschnittsgehalt wird auf 30—35 % angegeben.

Der im Divi Divi enthaltene Gerbstoff ist dem Galläpfel-Gerbstoff nicht ähnlich. Ersterer liefert ein weiches, schwammiges Leder von dunkler Farbe, weshalb er selten allein, sondern meist in Verbindung mit anderen Gerbstoffen gebraucht wird, während Divi Divi, entsprechend vermischt, infolge seines hohen Gehaltes an Gerbstoff sehr gute Dienste zu leisten vermag.

Caracas und Maracaibo sind die Hauptverladeplätze.

Divi Divi hat annähernd denselben Gerbewert wie die Myrobalanen. Es gerbt ebenso schnell aus, macht aber, allein benützt, das Hautfasergewebe noch eher totgar als die Myrobalanen, schwellt allerdings gut, füllt aber nicht so gut wie die Myrobalanen.

Mit Lohe vermischt eignet sich Divi Divi gut zum Angerben im ersten und auch noch im zweiten Satz, zum Voll- und Garmachen dagegen nicht. Die Hülsen und Samenkörner benützt man nicht zum

Versetzen, da solche Flecke auf dem Leder erzeugen. Das feine Divi Divi - Mehl wird mit feingemahlener, gefeuchteter Lohe vermischt in etwa folgendem Verhältnis:

1. Satz auf 15 kg Eichen- oder Fichtenrinde
5 „ Divi Divi
2. „ „ 5 „ Eichen- oder Fichtenrinde
5 „ Divi Divi
5 „ Myrobalanen,

für den 3. und 4. Satz Eichenrinde, dann Valonea und Myrobalanen zu gleichen Teilen.

---

## s) Gambir.

Gambir, Terra japonica, auch gelber Katechu genannt, wird von der „Uncaria Gambir" gewonnen, welche auf den Inseln des indischen Archipels heimisch ist. Auf Singapur, Rio, Malacca und Bintang wird diese Pflanzengattung in umfangreichem Maße kultiviert.

Die Gewinnung geschieht auf folgende Weise: Von den dreijährigen Pflanzen werden jährlich zwei- bis viermal die Blätter und jungen Zweige abgeschnitten. Dieselben werden 5—6 Stunden mit Wasser gekocht und das Dekokt bis zur Syrupdicke eingedampft. Den Rückstand versetzt man mitunter mit Palmensago. Die warme Masse läß man in hölzernen oder tönernen Formen erstarren, worauf man dieselbe in Streifen schneidet, welche an freier Luft, aber im Schatten, getrocknet und entweder zu Würfeln geschnitten oder in Blöcke zusammengepreßt werden.

Im frischen Zustande ist der Gambir weiß, er wird aber nach einiger Zeit dunkel. Derselbe ist in bezug auf sein chemisches Verhalten wohl nicht ganz den anderen Katechuarten ähnlich, aber doch sehr nahestehend.

Die in den Handel kommenden Würfel sind außen braun, innen gelb, glanzlos, geruchlos, von erdigem Aussehen und von zusammenziehendem, aber süßlich-herbem Geschmack.

Gambir ist wie Katechu in kaltem Wasser schwer, in heißem Wasser leicht löslich. Die Lösung zeigt eine trübe, bräunlich gefärbte, ins Rötliche schillernde, kaum sauer reagierende Flüssigkeit und gibt mit Eisensalzen einen grünlichbraunen Niederschlag.

Die für den Gerber wichtigsten Bestandteile, die Katechugerb- und die Katechusäure, verhalten sich zueinander wie Gerbsäure und Gallussäure.

Der Gambir sowohl wie auch der Katechu sind wertvolle Gerbematerialien und liefern ein gewichtiges, aber nicht festes, jedoch zähes Leder von dunkler, bräunlichroter Farbe.

Der Würfel-Gambir enthält 40—50 % Gerbstoff und ist als Mischungsmaterial zum raschen und guten Durchgerben oder auch als Nachgerbematerial sehr zu empfehlen.

---

## t) Katechu.

Katechu, Kachou, auch Terra japonica genannt, eine unter verschiedenen Formen in den Handel kommende, sehr gerbstoffhaltige Masse, welche teils aus den Früchten der Betelpalme „Areca Catechu", teils aus den Zweigen und dem Holze einer Akazienart „Acacia Catechu", teils aus den Blättern der Gambirpflanze „Uncaria Gambir" durch Auskochen gewonnen wird.

Das zu Pulver zerkleinerte Holz wird mittelst Kochen extrahiert, der erhaltene Absud auf Syrupdicke eingedampft und dann an der Sonne vollständig ausgetrocknet.

Man unterscheidet „Palmen-, Akazien- oder Kutch-, Gambir- oder gelben Katechu".

Von dem Palmenkatechu erhält man zwei Sorten, den „Kassu", die erste Abkochung, aus dem frischen Samen der Betelpalme, welcher als bester Extrakt in flachen, runden Kuchen von schwarzbrauner Farbe, stets mit Reisspelzen bedeckt, weil dieselben auf Reisspreu getrocknet wurden, in den Handel kommt. Die zweite Sorte, der „Coury", die zweite Abkochung, ist von gelblichbrauner Farbe und unregelmäßiger Form, kommt selten in den Handel, sondern wird meistens an den Erzeugungsorten verbraucht.

Der „Akazienkatechu", unter dem Namen „Pegu-, Bombay-, auch bengalischer Katechu" bekannt, bildet unregelmäßige Stücke von schwarzbrauner Farbe, welche mit Blättern einer Palmenart durchsetzt sind und in solche eingehüllt werden.

Der „Gambirkatechu", die eigentliche Terra japonica, kommt in mittelgroßen, graubraunen, porösen, leicht zerreiblichen, sehr leichten, daher auf dem Wasser schwimmenden Würfeln in den Handel.

Die wichtigsten Bestandteile sind die Katechugerbsäure und das Katechin oder die Katechusäure. Die Katechugerbsäure verhält sich ähnlich wie die gewöhnlichen Gerbsäuren, bildet aber mit Eisensalzen keinen blauschwarzen, sondern graugrünen Niederschlag und ist in Wasser wie auch in Alkohol löslich.

Der Katechu ist vielen Verfälschungen unterworfen worden, sowohl bereits in Indien als noch mehr in Europa. Man hat denselben mit Blut, Zuckerabfällen, Sand und Ton vermischt, welche Verfälschungen jedoch nicht schwer nachgewiesen werden können und schon bei der Lösung zu erkennen sind.

Mit Blut vermengter Katechu löst sich in Wasser oder Alkohol nicht vollständig auf, mit Zuckerabfällen versetzter entwickelt beim Erhitzen jenen eigentümlichen aromatischen Geruch, den die Dämpfe des schmelzenden Zuckers hervorrufen. Die Beimischung von Sand läßt sich in der Asche des verbrannten Katechu nachweisen, wo die Sandkörner mit der Lupe zu erkennen sind oder auch beim Reiben der Asche einen knirschenden Ton abgeben. Ton zeigt sich beim Verbrennen als fester, gelbbrauner Rückstand und ist bei dem Verbrennungsprozeß die Beimischung von Blut an dem penetranten Geruch, ähnlich dem der verbrennenden Hornspäne, zu erkennen.

## u) Kino.

Kino, ein Saft von den Stämmen und der Rinde verschiedener tropischer und subtropischer Baumarten der „Kino und Butea".

Derselbe kommt in Form von kleinen, unregelmäßigen, kantigen, schwarzrotbraunen Stücken in den Handel.

Der Bruch ist splittrig, und sind die einzelnen Splitter am Rande rubinrot durchscheinend.

Der Geschmack ist sehr zusammenziehend.

Australien und Ostindien liefern den Hauptteil.

Der Gerbstoffgehalt ist sehr verschieden, enthält aber sehr viel dunkelroten Farbstoff.

## v) Mangrovenrinde.

Mangrovenrinde ist aus unseren afrikanischen Kolonien zu uns gekommen, gerbt resp. färbt sehr rasch mit dunkelrotem Ton. Die Ansichten über den Gerbstoffgehalt sind sehr geteilt.

**Mangrovenrinde** ist bei 60° R. fast vollständig ausgelaugt, bei höherer Temperatur wird die Farbe stets dunkler.

## w) Mimosarinde.

Mimosarinde stammt von der Mimosa, Scham- oder Sinnpflanze, einer zur Gattung der Leguminosenabteilung der Mimosaceen gehörenden Pflanzenart, welche größtenteils in den Tropengegenden Amerikas wächst, sowie auch in Australien und in Indien.

Die zu uns kommende Rinde stammt von der Acacia decurrens und der Acacia penninervis, welche hauptsächlich in Australien, Indien, am Kap Senegal, auf Réunion und in Zentralamerika gedeiht. Dieselbe wächst sehr rasch und liefert hohe Erträge, so daß infolge des vermehrten Anbaues immer größer werdende Mengen in den Handel kommen werden. Die Mimosa ist auch mit Erfolg in den früher deutschen Kolonien in Südwest- und Südost-Afrika angepflanzt worden.

Die besten Marken werden von Adelaïde und Natal aus in den Handel gebracht.

Die sehr gerbstoffreiche Rinde, 30—35 % Gerbstoff enthaltend, besitzt aber einen sehr großen Reichtum an Farbstoff von hellrötlicher Wirkung, so daß ihre Anwendung für helle Ledersorten nicht angängig ist, obschon ihr Gehalt an Säurebildnern diese Rinde für Oberleder sehr geeignet erscheinen läßt. Mit anderen Gerbstoffen vermischt, erzielt man sehr gute Resultate, wie auch zu hellfarbigen Ledern der erste kalte Absud in Verbindung mit Eichenspiegelrinde ein ausgezeichnetes Produkt liefert.

Der Zuckergehalt resp. der Gehalt an säurebildenden Stoffen ist im Verhältnis zu dem hohen Gerbstoffgehalt ein geringer, 0,35—1,50 %, im Mittel 0,92 ca., so daß auf 100 Teile gerbende Stoffe 2,84 Teile säurebildende kommen. Dieser Umstand muß vom Gerber sehr beachtet werden, und müssen bei Kombinationen, wenn schwellende Eigenschaften gewünscht werden, solche Gerbmaterialien genommen werden, welche einen verhältnismäßig hohen Zuckergehalt haben, wie Fichtenrinde, Myrobalanen.

Der in der Mimosarinde enthaltene Gerbstoff läßt sich zum mindesten zur Hälfte auf kaltem Wege auslaugen, der Rest muß warm gewonnen werden.

Mimosarinde kann bei 60—70° R. vollständig extrahiert werden, bei hellen Brühen soll man nur bis 40° R. gehen. Unter den Rindengerbstoffen ist die Mimosarinde die reichste an nutzbarem Gerbstoff, welche beim Gerben unter geeigneter Verwendung voll ausgenutzt werden kann, während bei anderen Rindenarten, die einen gleich hohen Prozentsatz an Gerbstoff aufweisen, eine beträchtliche

Menge von Farbstoffen enthalten sind, welche entweder gar nicht oder in unerwünschter Weise beim Gerben zur Auswirkung gelangen.

Der deutsche Name Scham- oder Sinnpflanze rührt von der starken Reizbarkeit ihrer Blätter her. Diese besitzen vier fingerförmig gestellte Fiedern, deren zahlreiche kleine Blättchen sich bei der geringsten Berührung sogleich aufwärts aneinanderlegen. Bei wiederholter oder stärkerer Berührung legen sich auch die Blättchen der benachbarten Fiedern zusammen, dann senken sich die ganzen Fiedern herunter, und endlich biegt sich der ganze Blatteil herab, so daß das ganze Blatt wie verwelkt aussieht. Wird der ganze Stamm erschüttert, so zeigen alle Blätter diese Erscheinung plötzlich. Nach einiger Zeit richten sich die Stiele wieder auf, und die Blättchen breiten sich wieder aus. Der Sitz dieser Bewegung ist das am Grunde der Haupt- und Nebenstiele befindliche Gelenk.

## x) Myrobalanen.

Myrobalanen sind die Früchte mehrerer Pflanzen. Sie stammen von den Bäumen der Gattung „Terminalia", welche in Ostasien heimisch ist, und von einem ebendaselbst wachsenden Strauche, der „Phyllantus emblica".

Die Myrobalanenfrüchte haben Birnenform, sind ca. 24 bis 28 cm lang und 5 bis 7 mm breit resp. dick, haben eine dunkle, schwarzgraue Außenseite, matten Glanz und besitzen einen stark bitteren, herben Geschmack. Der in denselben sehr reichlich vorkommende Gerbstoff ist dem Galläpfel-Gerbstoff ähnlich, unterscheidet sich nur von diesem, indem er keine Gallussäure liefert.

Die Myrobalanen sind ein ganz vorzügliches Gerbmittel, deren Gerbstoffgehalt am reichsten in der Schale der Früchte vorhanden ist. Der Gerbstoff beträgt ca. 30 %.

Die Myrobalanenfrucht besteht aus zwei Teilen:

1. aus einem steinigen Kern und
2. dem diesen Kern umgebenden Fleisch, welch letzteres den Gerbstoff enthält.

Es ist gut, jedes für sich zu mahlen. Das Fleischmehl besitzt ca. 40 %, der Rest 12—15 % gerbende Stoffe.

Myrobalanen werden bei 70—80° R. fast vollständig extrahiert, ohne daß die Brühen bedeutend dunkler werden.

Myrobalanen liefern sehr gutes, stark gelblich aussehendes Leder, welches bei feuchter oder warmer Temperatur aber so fühlbar klebt, als ob es mit Klebstoff angestrichen sei. Von den Konsumenten wird solches Leder leicht als feucht angesehen, sonst ist es aber zähe und zeigt eine besondere Biegsamkeit.

Passende Mischung:

| | | | |
|---|---|---|---|
| 1. Satz | 10 kg | feingemahlene Eichen- oder Fichtenrinde | reicht für 1 Haut mittleren Gewichtes. |
| | 5 „ | Myrobalanen | |
| 2. „ | 5 „ | Eichen- oder Fichtenrinde | |
| | 5 „ | Myrobalanen | |
| | 5 „ | Valonea | |
| 3. „ | 7½ „ | Myrobalanen | |
| | 7½ „ | Valonea | |

Im ersten Satz ist Myrobalane mit Vorsicht zu gebrauchen, oder die Leder müssen bereits gut angegerbt sein. Im späteren Verlaufe ist das Gerbemittel nicht mehr gefährlich und kann ohne Sorge mit Valonea gemischt zu gleichen Teilen angewendet werden.

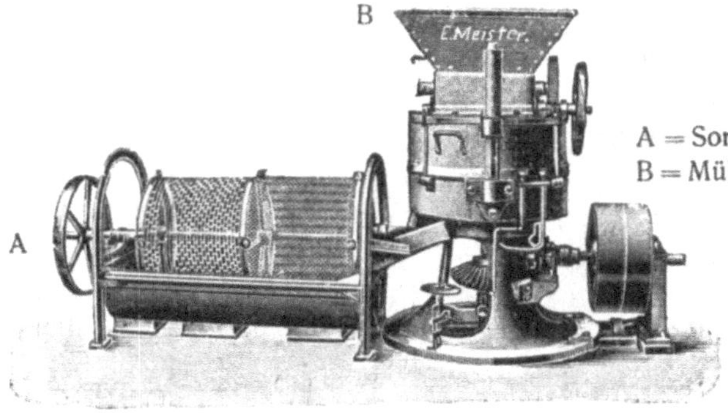


Fig. 11. Myrobalanen-Mahl- und Schälmaschine von der Firma E. Meister, Hof i. Bayern.

Diese Maschine dient zum Entkernen von Myrobalanen. Dieselben werden in der Mühle aufgegeben und zuerst geschält, zu diesem Zwecke müssen die Mahlscheiben etwas weiter auseinander gestellt sein. Dann werden die Schalen nochmals aufgegeben und bei enger gestellten Scheiben gemahlen. Diese Verschiebung der Mahlscheiben läßt sich durch einen Hebel regulieren. Der neben angebrachte Trieur sortiert dann gleich das Gemahlene nach seiner Größe.

---

## γ) Quebrachoholz.

Quebracho ist das rotbraune Holz einer argentinischen Anacardiacee, welches großen Reichtum an Gerbstoff besitzt und welches in der Lederfabrikation in den letzten Dezennien einen großen Umschwung hervorgerufen hat.

Das Quebrachoholz für sich allein liefert ein Leder von rötlichgelber Farbe mit einem trockenen Charakter und weicher, beinahe loser Struktur. In Gemeinschaft mit anderen Gerbematerialien in passendem Verhältnis gemischt, leistet das Quebracho hervorragende Dienste zur Herstellung eines handelsfähigen Leders. Hauptsächlich ist die rötliche Farbe und der Mangel an Säurebildnern hinderlich.

Ein wirksamer Bestandteil des Quebracho ist das „Alkaloid Loxopterygin".

Der Gerbstoffgehalt ist ein sehr großer und schwankt zwischen 16—37 %, je nach dem Erzeugungsorte. Die wertvollste Art stammt von dem „Quebracho-Colorado"-Baum. Der Gerbstoff ist mit der Eichenrindengerbsäure nicht identisch. Die Quebrachogerbsäure ist zum Teil leicht, zum Teil schwer löslich.

Quebrachoholz verlangt eine viel höhere Auslauge-Temperatur wie andere Gerbstoffe, ca. 90° R., wobei der Farbstoff zwischen 90 und 100° R. erst in größerem Maße mit in Lösung geht und die bei so hoher Temperatur gewonnenen Brühen ganz erheblich dunkler werden.

Die Blätter des „White Quebracho", eine in der Provinz Salto wildwachsende Baumart, enthalten 27,5 % Gerbstoff, welcher im gelösten Zustande beinahe farblos ist. Das Holz dieser Baumart ist ohne jeglichen Gerbgehalt.

Zur Herstellung feiner Ledersorten ist dasselbe als Gerbematerial für sich allein nicht zu empfehlen.

| | **Gerbstoffgehalt** der aufgeführten Materialien, im mittleren Durchschnitt: | **Gerbmaterialien-Verbrauch** zur Umwandlung von 1 kg Grünhaut in Leder: |
|---|---|---|
| a) Birkenrinde . . . . | 5—8 % | —10 kg |
| b) Eichenrinde . . . . | 6—12 % | 4—10 „ |
| c) Erlenrinde . . . . . | 3—6 % | —16 „ |
| d) Fichtenrinde . . . . | 5—12 % | 8— „ |
| e) Galläpfel . . . . . | 40—70 % | 1¼— „ |
| f) Kastanienholz . . . . | — | — |
| g) Knoppern . . . . . | 30—40 % | 2— „ |
| h) Rove . . . . . . . . | 25—30 % | 2½— „ |
| i) Sumach . . . . . . | 16—25 % | 3— „ |
| k) Valonea . . . . . . | 18—40 % | 2⅓— „ |
| l) Weidenrinde . . . . | 3—9 % | —12 „ |
| m) Algarobilla . . . . . | 35—50 % | $1^{6}/_{10}$— „ |

| | | | |
|---|---|---|---|
| n) Bablah . . . . . . | 14—20 % | 4— | kg |
| o) Cajota . . . . . . | 16—20 % | 4— | „ |
| p) Canaigre . . . . . | —28 % | 2½— | „ |
| q) Cascalotte . . . . . | —55 % | 1¼— | „ |
| r) Divi Divi . . . . . | 30—40 % | 2— | „ |
| s) Gambir . . . . . . | 40—50 % | 1½— | „ |
| t) Katechu . . . . . . | 40—60 % | 1⅖— | „ |
| u) Kino . . . . . . . | — | — | |
| v) Mangrovenrinde . . . | — | — | |
| w) Mimosarinde . . . . | 30—35 % | 2— | „ |
| x) Myrobalanen . . . . | 25—40 % | 2— | „ |
| y) Quebrachoholz . . . | 16—20 % | 4— | „ |

## Gerbstoffkombinationen.

Beim Kombinieren der Gerbmaterialien kann nicht allein der Gerbstoffgehalt maßgebend sein, sondern es muß gleichzeitig in Betracht gezogen werden, in welchem Verhältnis zum Gerbstoff die säurebildenden Stoffe vorhanden sind. Auch ist der größere oder mindere Gehalt an Farbstoffen beim Material von großer Bedeutung, denn solange bei den betreffenden Lederfabrikaten ein Hauptgewicht auf den gewohnten Farbenton gelegt wird, muß der Fabrikant sehr mit diesem Umstande rechnen, denn wenn auch die innere Qualität der betreffenden Leder nichts zu wünschen übrig läßt, so stört die Farbe sehr und macht das Produkt in den Augen des Käufers minderwertig.

Bei Feststellung des Mischungsverhältnisses muß man genau wissen, welcher Effekt hinsichtlich der Säurebildung erzielt werden soll, ob dieselbe mehr oder weniger zur Geltung kommen soll oder nicht. Dementsprechend sind die zuckerreicheren Materialien zu verteilen bezw. mit zuckerarmen zu vermischen.

Nachstehende Zusammenstellung zeigt, in welchem Verhältnis in verschiedenen Gerbmaterialien die gerbenden Substanzen und Nichtgerbstoffe zueinander stehen. Die Fichtenrinde und das Quebrachoholz bilden dabei die äußersten Extreme.

Von den angeführten Gerbstoffen sind an „Säurebildnern" am reichsten:

Fichtenrinde, Myrobalanen, Divi Divi, Cajota, Canaigre.

Mäßiger schwellend wirken:
„Eichenrinde, Valonea, Mimosa".
Geringe Schwellkraft besitzen:
„Knoppern, alte Eichenrinde, Kastanienholz, Quebrachoholz und Sumach".
An Nichtgerbstoffen sind am reichsten:
die „Fichtenrinde".
An Nichtgerbstoffen am ärmsten:
das „Quebrachoholz".

Bei Anwendung von Gerbmaterialgemischen ist, wenn Schwellung gewünscht wird, die folgende Mischung zur Erlangung von guten, hellen Brühen sehr geeignet:

30 Teile Fichtenrinde, 20 Teile Eichenrinde, 30 Teile Quebrachoholz, 20 Teile Myrobalanen, oder

40 Teile Fichtenrinde, 30 Teile Quebrachoholz, 30 Teile Myrobalanen, oder

30 Teile Fichtenrinde, 10 Teile Eichenrinde, 30 Teile Quebrachoholz, 30 Teile Myrobalanen.

**Versenkmaterial:**

1. Versenk: 20 Teile Fichtenrinde, 20 Teile Eichenrinde, 40 Teile Quebrachoholz, 20 Teile Myrobalanen.

2. Versenk: 20 Teile Fichtenrinde, 10 Teile Eichenrinde, 50 Teile Quebrachoholz, 20 Teile Myrobalanen.

3. Versenk: 10 Teile Fichtenrinde, 10 Teile Eichenrinde, 50 Teile Quebrachoholz, 30 Teile Myrobalanen.

**Streumaterial:**

1 Satz: 10 Teile Fichtenrinde, 10 Teile Eichenrinde, 40 Teile Quebrachoholz, 40 Teile Myrobalanen.

2. Satz: 100 Teile Valonea.

Die stärkste Säuerung hat bei der Sohllederfabrikation zur Geltung zu kommen, und hat es lange gedauert, bis man Quebrachoholz beim Gerben zu Sohlleder mit anderen Gerbstoffen vermischt vorteilhaft anwenden konnte.

In gewisser Beziehung ist dieses leicht zu erklären. Man gerbte damals hauptsächlich mit Eichenrinde. Geht man nun von diesem Gerbmaterial ab und nimmt dafür das gar keine Säure enthaltende Quebrachoholz, so fehlt es den gerbenden Stoffen an Schwellmaterial. Es mußte zu dem Quebrachoholz ein sehr zuckerreicher Gerbstoff hinzugenommen werden, um den Ausfall an säurebildenden Stoffen zu ergänzen, und als solcher ist in vorzüglichem Maße unsere junge Fichtenrinde, eventuell auch die Myrobalanen geeignet.

Unsere einsichtigen Sohlledergerber, welche nach dem bewährten System der Grubengerbung arbeiten, sind denn auch längst zu der Ueberzeugung gekommen, daß die Fichtenrinde hierbei ein schätzbarer Faktor in der Sohllederfabrikation ist.

Bei stark färbenden Materialien hat man vor allem das Berühren mit der Narbe zu vermeiden, und ist es aus diesem Grunde rationeller, derartige Gerbstoffe zu extrahieren und die gewonnenen, ev. noch entfärbten Brühen zu verwenden.

Von den angeführten Gerbstoffen sind bei der Sohllederfabrikation die weniger qualitätreichen Materialien mehr in der Angerbung zu gebrauchen, während zum Ausgerben die qualitätreichen Stoffe, wie Mimosarinde, Valonea etc., angewendet werden.

Bei dem kombinierten Gerbeverfahren können sehr gut Eichenholz- und Kastanienholzextrakte Anwendung finden.

Beide Extrakte sind auf kaltem Wege löslich, brauchen nur mit Wasser oder leichter Brühe verdünnt zu werden. Man muß sie aber vorher gut absetzen lassen. Der Gerbeeffekt nähert sich dem der Valonea.

---

## z) Gerbstoff-Extrakte.

Der „G e r b s t o f f g e h a l t“ der Gerbematerialien ist es, welcher die gerbenden Einwirkungen auf die tierische Haut ausübt und hat demnach nur dieser Stoff für den Gerber den hohen Wert. Die zurückbleibenden ausgelaugten Teile des rohen Gerbstoffmaterials bilden nur noch Brennmaterial, sind also beim Gerben überflüssige Bestandteile, deren Beseitigung nur noch Arbeit und Kosten bereitet.

Wenn zu allen Ledersorten die alleinige Anwendung von Extrakten auch noch nicht angängig ist, wie z. B. beim Sohlleder, wo die gärungsfähigen Bestandteile vorhanden sein müssen, was bis jetzt bei den käuflichen Extrakten meist nicht der Fall ist, da die zuckerhaltigen Stoffe in der Regel vernichtet oder wenigstens unfähig gemacht sind, den ihnen von der Natur vorgeschriebenen Zweck des Gärens zu erfüllen, so kann man doch auch hier durch Hinzuziehen stark zuckerhaltiger roher Gerbmaterialien ausgleichend wirken.

Auch zu sehr guten Fabrikaten ist die Anwendung von Extrakten sehr vorteilhaft; der Gerber ist dadurch in der Lage, in einer bedeutend kürzeren Zeit seine Blößen zu gerben.

Durch das Auslaugen der Gerbematerialien in einem besonderen Arbeitsgange ist man imstande, dieselben besser zu erschöpfen und dadurch einen größeren Prozentsatz an wirksamem Gerbstoff herauszuziehen, als dies während des Gerbeprozesses möglich ist. Das besondere Auslaugen und die Verwendung der Brühen ist viel rationeller, man kann mit dem selbstgewonnenen Extrakt einer bestimmten Menge Material in kürzester Zeit eine größere Menge Blöße in Leder verwandeln, als mit demselben Quantum bei direkter Anwendung während des Gerbprozesses.

Ein fernerer Vorteil der Extrakte ist, daß eine Zersetzung derselben, wie solche bei den gewöhnlichen Gerbstoffbrühen so leicht möglich ist, nicht so bald eintreten kann. Der konzentrierten Lösung und des Mindergehaltes an gärungsfähigen Körpern wegen ist man in der Lage, zu jeder Zeit vermittelst Extrakten „beliebig starke Brühen" herzustellen.

Die im Handel vorkommenden Extrakte werden bereits in so guten Qualitäten geliefert, daß hier davon Abstand genommen werden kann, die Selbstherstellung von Extrakten näher zu beschreiben. Bei der späteren Brühengerbung werden wir uns näher mit dem Extrahieren beschäftigen.

Aber so große Vorteile gut bereitete und richtig angewendete Extrakte dem Gerber zu bieten vermögen, ebenso große Nachteile können damit verbunden sein, wenn die Extrakte nicht geeignet sind und ihre Anwendung unrichtig geschieht. Deshalb muß der Gerber sich stets davon überzeugen, ob der in Gebrauch genommene Extrakt die demselben nachgesagten Tugenden auch wirklich besitzt. Auch soll man mit der Anwendung bekannt sein.

Die Ueberzeugung von der Güte des Extraktes verschafft man sich durch einen Gerbeversuch im Kleinen, nachdem der betreffende Extrakt durch Analyse auf seinen Gerbstoffgehalt geprüft und der eventuelle Säuregehalt durch Reagentien festgestellt ist.

Ist der Extrakt gut, enthält derselbe keine Beimischungen, welche eine Zersetzung herbeiführen können, ist er ohne Essigbildner, mit möglichst geringem Farbstoffgehalt, so kann der Gerber mit Ruhe einen solchen Extrakt zum Gerben verwenden in der sicheren Erwartung, damit ein gutes Produkt zu erzielen.

Die Zahl der Extrakte ist bereits eine sehr große. Es werden so ziemlich von allen bekannten Gerbstoffen Extrakte hergestelt, in flüssiger, teigförmiger und fester Form.

Die Extrakte führten früher in der Regel den Namen des „Ursprungsmaterials", erst in den letzten Jahren hat sich die Unsitte herausgebildet, daß man Phantasienamen als Bezeichnung wählte. Diese „Gewohnheit“ hat sich von dem Moment ab ausgeprägt, wo man die Herstellung nicht mehr der reinen, sondern der Mischextrakte forcierte und zu „edlen“ Extrakten möglichst viel weniger „edle“ Rohmaterialien verwendete. So ist u. a. die Mangrovenrinde ein ergiebiges Rohmaterial für die Extraktfabrikation geworden, ohne daß dies in den Bezeichnungen dieser Extrakte zu erkennen ist. Der Krieg hat aber hier eine völlige Umwälzung gebracht. Die überseeischen Rohstoffe fehlten, und die Extrakte mußten aus den minderwertigsten inländischen Hölzern, Aesten, Blättern etc. hergestellt werden.

Richtig bereitete Extrakte müssen sich leicht und ohne Rückstand im Wasser lösen, und es soll die Lösung selbst in kaltem Wasser gut möglich sein.

Eine Ausnahme davon machen die exotischen Holzextrakte, welche nur in heißem Wasser löslich sind, wie überhaupt alle Extrakte sich in warmem Wasser leichter lösen lassen.

Das Auftreten einer Schimmelwucherung ist bei Gerbstofflösungen von großem Nachteil, indem der Gerbstoff hierdurch in einer Weise verändert wird, daß derselbe einen äußerst nachteiligen, ja direkt schädlichen Einfluß auf die Qualität des damit gegerbten Leders ausüben muß.

Gerbstofflösungen verlieren durch Schimmeligsein in kurzer Zeit ihren Gehalt an Gerbsäure, indem dieselbe in Gallussäure übergeht.

„Extraktbrühen“, welche nicht täglich benutzt werden, sind möglichst vor dem Zugang der Luft abzuschließen, sei es in vollgefüllten, gut verdichteten Fässern, wo solche aufbewahrt werden, oder in Bottichen, wo der schließende Deckel noch im Flüssigkeitsverschluß liegt oder wo die Oberfläche der Extraktbrühe durch einen schützenden Ueberzug gedeckt ist. Beim Auffüllen in Fässer, wie auch zum Aufbewahren in Bottichen, soll die Extraktbrühe stets vorher filtriert werden, damit die Zersetzung verursachenden Körper der Brühe entzogen werden und hiermit eine Ursache zur Schimmelbildung fortfällt.

---

# Das Wasser.

Zu den Hilfsstoffen, welche in der Lederfabrikation am meisten Verwendung finden, gehört das Wasser. Der Gebrauch resp. die Benutzung desselben beginnt mit der ersten Operation, dem Weichen resp. Wässern; ebenso wichtig ist dasselbe beim Schlusse der Fertigstellung des Leders, wie es auch während der ganzen Gerbung und Zurichtung bei allen vorzunehmenden Operationen ein unentbehrlicher Faktor ist.

## Beschaffenheit.

Daß einem derartigen Hilfsmittel bei der Lederbereitung sehr große Aufmerksamkeit zukommt, ist wohl selbstverständlich. Es muß in erster Linie darauf geachtet werden, daß nur tatsächlich geeignetes Wasser angewendet wird. Aber auch in bezug auf Quantität ist manches zu beachten: Der Gerber, der mit Wasser spart, wird nie ein wirklich gutes Leder auf rationelle Weise herstellen.

Infolge der fortwährenden Berührung des Wassers mit der Haut in allen Stadien der vorbereitenden Arbeiten sowie des eigentlichen Gerbeprozesses und der Materialien, welche zur Herstellung des Leders dienen, kann das Wasser die Ursache schwerer Fehler und Mißstände, aber auch des vollen Gelingens des Ganzen sein.

Das in der Natur vorkommende Wasser zeigt bedeutende Verschiedenheiten, sowohl in chemischer als auch in physikalischer Beziehung.

Regen- oder Schneewasser, welches gleich nach dem Herabfallen in einem besonderen Bassin gesammelt wird, kann als chemisch rein angesehen werden. Es ist frei von allen fremden Stoffen, es verdunstet ohne jeden Rückstand.

Ein derartiges oder sonst ein chemisch reines Wasser wäre das richtige Wasser zur Herstellung von Leder, aber leider steht nur in beschränkten Mengen ein derartiges Wasser zur Verfügung, so daß man solches nur in bestimmten Fällen anwenden kann.

Quellwasser resp. Flußwasser nimmt auf seinem Wege durch die Erdschichten, durch Spalten und Klüfte des Gesteins verschiedene lösliche Stoffe auf, und es wird denn auch selten, ja fast nie vorkommen, daß Quellwasser ganz frei von fremden Bestandteilen ist, von Bestandteilen, die dasselbe auf seinem Wege aus dem Innern der Erde bis zu seinem Austritt an die Oberfläche berührte.

Das natürliche Wasser enthält gewöhnlich in größeren oder geringeren Mengen einige oder auch alle der folgenden Stoffe in gelöstem Zustande: Luft, besonders Sauerstoff, Kohlensäure, doppelkohlensauren Kalk, doppelkohlensaure Magnesia, doppelkohlensaures Eisen, schwefelsauren Kalk und Kochsalz.

Die Menge der gelösten Stoffe ist abhängig von der Beschaffenheit des Bodens, dem das Wasser entspringt, und von der Dauer der Berührung mit demselben, außerdem noch von der Jahreszeit und den allgemeinen Witterungsverhältnissen.

Nach längerer Dauer trockenen Wetters und bei niedrigem Wasserstand ist der Prozentgehalt an gelösten, festen Stoffen ein größerer.

Besonders wichtig ist der Gehalt an Kalk. Derselbe hat zur Voraussetzung, daß das Wasser freie Kohlensäure enthält, weil der Kalk erst in kohlensäurehaltigem Wasser löslich ist. Bei längerer Berührung mit der Luft und anhaltender Bewegung zersetzt sich der doppelkohlensaure Kalk wieder, indem ein Teil der Kohlensäure entweicht und sich neutraler kohlensaurer Kalk unlöslich ausscheidet.

Aus diesem Grunde ist das Quell- und Brunnenwasser gewöhnlich hart, das Flußwasser weicher. Auch die großen Mengen von organischen Substanzen, welche sich in den fließenden Gewässern befinden und in Zersetzung übergehen können, tragen durch den Ammoniakgehalt, welcher sich hierbei entwickelt, zur Abscheidung des kohlensauren Kalkes bei. Fließendes Wasser enthält nämlich meist unterhalb bewohnter Orte oft ganz bemerkenswerte Mengen dieser organischen Stoffe, zuweilen auch bereits Ammoniak und Salpetersäure. Von den in Wasser gelösten Stoffen bewirken organische, wenn solche in größerer Menge vorhanden sind, ein Verfallen der Haut, weil sie langsam den Prozeß der Fäulnis einleiten.

Wasser vermag um so mehr von irgendwelchen Substanzen aufzulösen, je weniger es von irgend einem Körper in Lösung enthält. Hieraus ist zu schließen, daß ein weiches Wasser weit mehr Stoffe auflöst als ein hartes, da dieses bereits eine größere Menge von kohlensaurem Kalk enthält.

Man unterscheidet in der Praxis zwischen hartem und weichem Wasser. Das weiche ist dasjenige, das der chemischen Reinheit am nächsten kommt; das harte enthält mehr oder weniger große Mengen Kalzium, Magnesium etc. in irgend einer Salzform. In der Regel treten aber diese Beimischungen nicht allein auf, sondern begleitet von anderen Mineralsalzen, vielfach Eisen, dessen Gegenwart für den Gerber noch viel unangenehmer ist als Kalk- und Magnesiumsalze.

Bei den vorbereitenden Operationen zur Gerbung sowie bei dem Gerbeprozeß selbst besteht die Haupttätigkeit des Wassers in seiner

Fähigkeit als Lösungsmittel. Bei den vorbereitenden Operationen sollen lösliche Stoffe aus der Haut extrahiert resp. entfernt werden, und bei dem eigentlichen Gerbeprozeß soll es den Gerbstoff lösen und der Blöße zuführen. Beide Operationen können durch weiches oder Regenwasser am besten bewirkt werden.

Die Qualität des Wassers hat Einfluß auf den Effekt und die Dauer der Weiche. Harte Wässer sind in der Regel Brunnenwässer, und zwar meist aus Tiefbrunnen, welche arm an organischen Bestandteilen, infolgedessen also „rein" sind. Es mangelt ihnen aber an weichender Wirkung, da ein mäßiger Gehalt an Fermentationsprodukten das Erweichen erheblich fördert.

Bei einem sehr harten Wasser wird das Weichen und Wässern länger dauern als bei einem weichen, und dieses dürfte in manchen Fällen, namentlich bei kälterer Temperatur, nicht mit Nachteilen verbunden sein, sondern eher nützen.

Es ist für den Gerber ein charakteristisches Merkmal bei Anwendung von stark kalkhaltigem Wasser zum Wässern oder Weichen, daß sich bald ein Geruch nach Schwefelwasserstoff oder auch faulen Eiern bemerkbar macht. Dieser entsteht dadurch, daß die organischen Substanzen, welche sich stets im Wasser auflösen, derart auf den schwefelsauren Kalk einwirken, daß die vorhandene Schwefelsäure in Schwefelwasserstoff umgewandelt wird, wodurch dann dieser unangenehme Geruch entsteht.

Wir finden, daß überall, wo beim Wasser Beimischungen vorhanden sind, selbst im geringen Maße, diese einen großen Einfluß auf die vorbereitenden Arbeiten sowie auf den Gerbeprozeß selbst ausüben, und ist es die erste Pflicht des Gerbers, darauf zu achten, daß er sich möglichst reines Wasser beschafft. Dies ist k a l t e s Q u e l l w a s s e r, welches aus B a s a l t, P o r p h y r, G r a n i t oder r e i n e m K i e s e l entspringt, wie solches in vorzüglichem Maße die Sohllederfabriken in den rheinischen und belgischen Zentren zur Verfügung haben. Ein solches Quellwasser ist fast chemisch rein und dabei auch möglichst frei von Luft und Gasen.

Aber überall finden wir nicht ein derartiges Wasser, und so müssen wir dasselbe nehmen, wie es ist, und, wenn es nicht anders geht, zum Gebrauche verbessern. Quellwasser, welches verschiedene Bestandteile ungelöst enthält, setzt bei längerem Lauf einen großen Teil der aufgelösten fremden Bestandteile wieder ab, wodurch es erklärlich wird, daß größere Flüsse ärmer an solchen Bestandteilen sind, je näher diese der Mündung, dagegen reicher in der Nähe des Ursprungs sind. Im allgemeinen kann man Flußwasser als geeigneter für Gerbereizwecke bezeichnen als stehende Gewässer oder Quellwasser. Flußwasser aber, welches die Abgänge von Fabriken, Brauereien, Brennereien, Kloaken etc. aufnehmen muß, ist unbedingt für uns ungeeignet. Ebenso soll man nach heftigen Gewittern, wo angeschwemmte Materien organischen Ursprungs das Wasser verunreinigt haben, das Wasser sich wieder klären lassen, bevor es benutzt wird.

Ein schwerwiegendes Hindernis, welches sich der Anwendung von Flußwasser zum Weichen entgegenstellt, liegt in den großen Temperaturschwankungen; steigert sich die Temperatur über 15° R., so liegt für die rohe Haut eine Gefahr vor, welche beinahe stets großen Nachteil bringt.

Unser gewöhnliches Brunnenwasser aus einer entsprechenden Tiefe zeigt nur geringe Temperaturschwankungen, je nach der mittleren Jahreswärme der betreffenden Gegend. Temperaturschwankungen von 2—3° sind natürlich nicht von nennenswertem Einfluß, sie sind aber noch geringer bei tiefen Brunnen, wo die Sonnenwärme keinen Einfluß haben kann.

Steht einer Gerberei nur Wasser zur Verfügung, welches Stoffe enthält, deren Nachteile sich beim Gerben bemerkbar machen, so ist der Gerber gezwungen, dieses Wasser für seine Zwecke zu verbessern. Mittel dazu stehen genug zur Hand, sei es durch chemische Ausscheidungsmittel, durch Filtration, sei es durch Abkochen. Welches von den Mitteln angewendet werden soll, entscheiden die Kosten und die örtlichen Verhältnisse, wobei aber das Filtrieren stets vorzuziehen ist.

Die Filtrierapparate sind im allgemeinen bekannt und wirken in der Hauptsache dadurch, daß das ihnen zufließende Wasser wechselnde Schichten von grobem Sand und Kies, stets feiner werdend, bis zu einem Filter aus ganz feinem Sand und Kies, sowie zum Schluß ein solches aus Holzkohle durchläuft, wo sich die betreffenden, dem Gerbeprozeß nachteiligen Bestandteile ablagern.

Das filtrierte Wasser wird in Reservoirs aufgefangen, welche in den Boden versenkt sein sollen, damit stets eine gleichmäßige und niedrige Temperatur vorhanden ist.

Sollen einem derartigen Wasser einzelne Stoffe, welche diesen oder jenen Vorgang beim Gerbeprozeß begünstigen, beigegeben werden, so kann dies hierbei geschehen, und zwar um so leichter und sicherer, als man genau bestimmen kann, in welchen Mengen und zu welcher Zeit dies geschehen soll.

Chemisch reines Wasser wirkt fast gar nicht schwellend, hartes Wasser bezw. die kohlensauren Salze mäßig schwellend, während die schwefelsauren Salze von Kalk und Magnesia in den harten Wässern verhältnismäßig am besten schwellen.

Die Tatsache, daß die schwefelsauren besser wirken als die doppelkohlensauren Salze, erklärt auch die Wirkung eines Zusatzes von Schwefelsäure zu hartem Wasser, der oft noch heute gegeben wird. Man verzichtet aber lieber auf ein so gefährliches Experiment und führt die Schwellung auf eine andere Weise herbei. Wir werden darauf später noch zurückkommen.

Die schwellende Wirkung eines harten Wassers wird durch die Gegenwart von Kochsalz und Chlormagnesium oft wieder aufgehoben. Die Härte des Wassers ist deshalb für sich allein noch nicht zur Beurteilung der Brauchbarkeit maßgebend.

Für die Wirkung eines Wassers in der Gerberei, und zwar in allen Stadien, ist folgendes zu beachten:

In kaltem Wasser bleiben die Häute längere Zeit unverändert, warmes Wasser dagegen wirkt hauptsächlich in dem Sinne, daß es die Vermehrung der Fäulnisbakterien begünstigt. Beim Gerbeprozeß selbst ist die Beschaffenheit des Wassers auch von einigem, wenn auch geringem Einfluß, und zwar bei der Ausnützung der Gerbematerialien insofern, als: Kalk, Magnesia und Eisen mit dem Gerbstoff unlösliche Verbindungen eingehen, welche dadurch für den Gerbeprozeß selbst verloren gehen. Ebenso verhält sich ein Teil organischer Stoffe, welche gleichfalls mit Gerbstoff unlösliche Verbindungen liefern.

Die Erfahrung hat erwiesen, daß hartes Wasser sich für die vorbereitenden Arbeiten am besten eignet, aber doch nicht immer festes Leder macht, daß jedoch für den Gerbeprozeß bezw. die Ausnützung der Gerbmaterialien hartes Wasser am ungünstigsten wirkt und wenn irgend möglich weiches zu verwenden ist.

## Das Wässern und Weichen.

Es bestehen bedeutende Unterschiede in bezug auf die Häute, welche zur Bereitung des Sohlleders verwendet werden sollen. Diese Unterschiede erstrecken sich nicht nur auf Provenienz, Herkunft der Haut, von welcher Tiergattung sie abstammt, sowie auf Geschlecht und Stellung, sondern auch auf die Konservierung der grünen Haut.

Die erste Prozedur, welche mit der Haut vorgenommen werden muß, ist das Weichen. So harmlos für den Fachmann das Erweichen einer Haut scheint, so sind dabei doch mancherlei Momente zu beachten, und gerade im korrekten Erweichen liegt die Vorbedingung des Gelingens der ganzen Fabrikation, während umgekehrt in ungenügender oder zu lang ausgedehnter „Weiche" die Mängel verschiedener später in Erscheinung tretender Uebelstände gefunden worden sind.

Am schwierigsten ist der Weichprozeß bei Häuten durchzuführen, die durch Trocknen konserviert wurden, also bei trockenen Häuten.

Mit wenigen Ausnahmen erweichen die Zahmhäute in normaler Weise, da diese durchschnittlich in langsamer, mäßiger Weise getrocknet werden, wogegen die zu uns kommenden Wildhäute, die sich in sehr hart getrocknetem Zustande befinden, viel schwieriger weich zu bekommen sind.

Diese Häute sind hart und in feste Falten zusammengezogen und müssen mehrere Tage im Wasser liegen, bis der erste Grad der Erweichung festzustellen ist, und ist es dem Fachmann ja bekannt, daß die in der rohen Haut eingelagerten Eiweißkörper oft schwer wieder löslich werden.

Solange wir noch auf unser primitives Weichen ohne chemische Zusätze angewiesen waren, schätzte sich die Gerberei oder Lederfabrik glücklich, welcher fließendes Wasser zu Gebote stand, in welchem die Häute derart eingehängt wurden, daß dasselbe die Haut von beiden Seiten bestreichen konnte, wodurch die Erweichung für damals in kürzester Zeit und mit wenig Arbeit sich vollzog. Bald erkannte man aber, daß diese Art des Erweichens mit mancherlei Gefahren für den inneren Gehalt der Blöße und damit für das Gelingen der ganzen Fabrikation verbunden ist, besonders bei wärmerer Temperatur.

Stehende Gewässer sind stets mit mehr oder weniger großen Mengen Fäulniserregern versetzt. Im Sommer besonders greift die Fäulnis die empfindliche Haut sehr schnell an, und es entsteht damit stets die Gefahr von Materialverlust, wenn der Weichprozeß in diesem Moment nicht sofort abgebrochen wird. Aeußerlich erkennt man diesen Prozeß an der schlüpfrigen Oberfläche der betr. Häute. Ist diese festzustellen, dann muß der Weichprozeß sofort unterbrochen werden. Es gibt nun aber Mittel, mit denen man auf der einen Seite die Fäulniserreger, wenigstens zum großen Teil, abtöten, auf der anderen Seite aber auch solche, mit denen man künstlich einen Verfall der Häute und damit eine Beschleunigung der Erweichung herbeiführen kann.

Diese „Vorbeugung" in der Weiche basiert lediglich auf Antiseptik, d. h. auf der Anwendung von Mitteln, welche entwicklungshemmend, verlangsamend und hindernd wirken auf den Keimungs- und Wachstumsprozeß der niederen Organismen, die die Fäulnis oder Zersetzung bewirken.

Die Antiseptik, welche hierbei zu beachten ist, ist teils eine natürliche, teils eine künstliche; als natürliche Antiseptik wären in unserem Falle die reichliche Anwendung von frischem, möglichst organismenfreiem Wasser, und demzufolge die möglichste Ausschließung der bereits durch vorangegangene Weichoperationen mit Fäulnisorganismen reich durchschwängerten Wässer, d. h. Benutzung von Wasser, in dem bereits eine Partie Häute erweicht wurde, ferner möglichste Abkürzung der Weichdauer durch Mitbenutzung geeigneter mechanischer Hilfsmittel und Reinhaltung der Geschirre zu betrachten.

Als künstliche Antiseptik käme in Betracht die Benutzung gewisser Substanzen, welche desinfizierend wirken, ohne auf die Haut einen für deren spätere Verarbeitung schädlichen Einfluß auszuüben. Rein künstliche Antiseptik ist bei der Verarbeitung von Häuten nur in ganz speziellen Fällen, welche seltener vorkommen, anzuwenden, nämlich dort, wo man mit Wasser, welches Mikroorganismen enthält, die auf das Hautmaterial bösartig wirken, zu arbeiten gezwungen ist. So bei gewissen Sammelwässern aus Behältern, welche in angeschwemmtem Land (Alluvialboden) gebaut sind, bei Wässern aus kleinen seichten Gerinnen, welche aus Teichen kommen und auf langen Strecken Wiesen durchrieseln; weiter bei Flußwasser zur Zeit von Hochwasser und solchen, die Ablaufwässer von Bierbrauereien, Branntweinbrennereien, Zucker-, Preßhefe-, Stärke- und Stärkezuckerfabriken, wie überhaupt von industriellen, aber auch landwirtschaftlichen Betrieben aufgenommen haben. Solche Wässer enthalten immer schädliche Mikroorganismen. Bei ihnen ist eine künstliche Antiseptik vor der Verwendung angezeigt. Noch besser wäre es, diese Wässer gänzlich zu vermeiden.

Man muß auf ein rationelles Weichen bedacht sein, wo der Haut möglichst wenig oder gar keine Hautsubstanz entzogen wird, so daß dieselbe in ungeschwächtem Zustande haarlos gemacht werden kann. Der Zweck des Weichens, die Haut tunlichst wieder in ihren ursprünglichen Zustand überzuführen und ihr die Eigenschaften der rohen Haut, wie sie auf dem Tier ruhte, wiederzugeben, muß das Ziel des Weichprozesses sein. Er kann bei Benutzung chemischer Hilfsmittel schwerlich ohne Substanzverlust durchgeführt werden. Man verfolgt die Wirkung dieser in ihrem Einfluß auf die Haut schwer zu kontrollierenden künstlichen Mittel daher vorteilhaft durch mechanische Hilfsmittel.

Diese mechanischen Mittel, wie Strecken, Walken im Walkfaß oder in der Kurbelwalke, ferner die besonderen Apparate und Maschinen, welche speziell zu diesem Zwecke gebaut worden sind, unterstützen das Erweichen in ausgezeichneter Weise. Aber dieses maschinenmäßige Bearbeiten hat auch seine Schattenseiten, indem die dünneren und loseren Stellen, welche ohnehin leicht erweichen, leicht zu sehr angegriffen werden und bei den folgenden Prozessen an Hautsubstanz einbüßen.

Die Verwendung des „Sumpfes", des sogenannten „Stinkbottichs", wollen wir nicht unerwähnt lassen, und ist es wohl nicht nötig, auf die Gefährlichkeit desselben hinzuweisen.

Die Voraussetzung, daß die Häute in Weichen, in welchen Salzhäute gewässert worden sind, die also salzhaltig sind, gegen Zersetzungsfermente geschützt sind, ist irrig, da die Salzlösung in der Verdünnung, wie solche vorhanden ist, keine genügende fäulnishindernde Wirkung besitzt. Salz kann keine fäulnisfähigen Substanzen sterilisieren, sondern es kann nur, in hohen Konzentrationen angewendet, den Fäulnisprozeß einige Zeit verzögern. Dieser tritt aber sofort ein, sobald die Konzentration des Salzes vermindert wird.

Ein sorgfältiges Erweichen aber ist unbedingt nötig, weil bei ungenügendem Weichen der Kern der Haut nicht erschlossen wird, den verschiedenen Prozessen nicht zugängig ist und ein hartes, blechiges Produkt liefern muß mit einer Unterbilanz im Rendement.

Die Dauer des Weichens ist bei den Wildhäuten sehr verschieden und hat unter Umständen in früherer Zeit 6—8 Tage betragen. Die Dauer richtet sich nach der Temperatur, nach der Stärke der Haut und nach der Lagerzeit. Bei geringer Temperatur getrocknete Häute erweichen leichter, weil sie nicht so hart getrocknet sind; bei höherer Temperatur getrocknete Häute weichen nur schwer oder ohne Hilfsmittel gar nicht mehr.

Um nun die Fäulnisgefahr zu vermindern, weicht man nicht mehr in Flußwasser ein, sondern in besonderen Weich- oder Wässerungskufen, welche eigens dazu eingerichtet worden sind. Dieselben haben die Größe, daß die Häute bequem darin hängen resp. liegen können, und sind mit einer Vorrichtung zum Zu- und Ablaufen des Wassers versehen, damit jede unnütze Arbeit fortfällt.

Die Durchschnittsgröße soll 2 m bis 2,25 m Länge und ebensolche Breite betragen bei einer Tiefe von 2,50 m bis 3 m, damit die Köpfe nicht am Boden aufeinanderliegen müssen.

Die Länge richtet sich nach den Betriebsverhältnissen der Lederfabrik, und berechnet man im Durchschnitt 60—80 Liter Wasser für jede Haut. In diese Kufen läßt man das Weichwasser laufen, kontrolliert den Wärmegrad, welcher nicht 12° R. übersteigen und nicht unter 7° R. hinuntergehen soll, legt hier die trockenen Häute hinein und läßt dieselben bei normaler Temperatur ca. 6 Stunden weichen, um sie dann herauszuschlagen und einige Stunden aufeinandergehäuft zum Pressen liegen zu lassen, worauf sie in dasselbe Wasser zurückgebracht werden, um über Nacht weiter zu weichen. Am folgenden Morgen wiederholt sich dieselbe Prozedur, um dann, wenn sie genügend angeweicht sind, in dasselbe Wasser eingehängt zu werden. Zwei oder drei Tage verbleiben die Häute noch dort; sie werden jeden Tag aufgezogen und gepreßt und wieder eingelassen, ohne daß das Wasser gewechselt wird.

Wo es überhaupt möglich ist, weicht man in Brunnenwasser ein, da dies das ganze Jahr hindurch ziemlich gleichmäßige Temperatur hat. Dabei kann man immer die gleiche Zeiteinteilung beibehalten, da es auch in der wärmeren Jahreszeit gewöhnlich eine niedrigere Temperatur als Flußwasser hat, was namentlich für das Auswässern der grünen Felle von höchstem Belang ist. Das Brunnenwasser führt keinen Schlamm, der gewöhnlich die Brutstätte für die Fäulnis ist.

Wenn auch Brunnenwasser gewöhnlich hart ist, so hat dies gar nichts zu sagen. Die Härte übt keinen Einfluß auf die Weiche aus, wie dies so häufig angenommen wird; die Felle weichen in diesem Wasser nur weniger rasch. Die niedrige Temperatur, welche solche Wässer gewöhnlich haben, ist die Ursache, daß die Weiche langsamer, aber auch weniger gefährlich vor sich geht.

Sollten die Häute in der angeführten Zeit nicht genügend erweicht sein zum Einbringen in die Enthaarung, so muß dem frisch angestellten Weichwasser ein chemisches Hilfsmittel zugegeben werden, worin die Häute sehr gut weichen, ohne daß den folgenden Operationen sowie den Gerbeprozeduren irgendwie ein Nachteil erwachsen kann.

Von diesen Ingredienzien, welche stärker lösend als das Wasser auf die Eiweißstoffe einwirken, sind zu bemerken: Aetznatron, Schwefelnatrium, Borax, schweflige Säure sowie auch Alkalien und alkalische Erden, Kali-, Ammoniak- und Natron-Verbindungen. Von diesen Hilfsmitteln würde ich zum Gebrauche von Aetznatron raten; es eignet sich zum Anschärfen des Weichwassers sehr gut, löst außerdem das den Häuten anhängende Fett, hat ein sehr großes Quellvermögen, ist am billigsten und genügen

⅔ Teile des Schwefelnatriums. Es löst sich rasch nur in kochendem Wasser.

Beim Einkauf des Schwefelnatriums soll man sich den Inhalt an Natriumsulfit garantieren lassen, da dieses Salz sehr häufig verunreinigt bezw. verfälscht ist. Zum Anschärfen der Weiche bei schwerer weichenden Häuten nimmt man für Wasser mittlerer Härte (15—18 deutsche Härtegrade) auf je 1 cbm = 10 Hektoliter Wasser 1½ kg Schwefelnatrium, für härteres Wasser 2 kg und für sonnenbrandige Ware 3 kg. Das Schwefelnatrium wird in heißem Wasser gelöst und dann dem Weichwasser zugesetzt. Derart geweichte Häute bedürfen nur einer leichten Bearbeitung beim Ausstreichen bezw. der Entfernung der fremden Bestandteile, welche vor dem Haarlosmachen entfernt werden müssen. Sie erhalten ferner stets nach dem Ausstreichen noch ein frisches Wasser.

Die übrigen angeführten Chemikalien erfüllen alle ihren Zweck, und mag ein jeder nach seinem Gutdünken verfahren, aber bei Borax ist der Preis für die größere Praxis zu teuer, weil man immerhin erhebliche Mengen braucht und schwache Lösungen von weniger als 1 % nicht genügend wirken.

Bei Anwendung von Aetznatron gebraucht man 1 kg auf 1 cbm Wasser.

Wird in der mit Aetznatron angeschärften Weiche eingeweicht, so werden die trockenen Häute sich beim ersten Aufschlagen bereits schlüpfrig anfühlen, und nach 24—36 Stunden zeigen die Häute ein Gequollensein, aus welchem man schließen kann, daß die Häute sich an Wasser so voll wie möglich gesogen haben, worin ein sicheres Zeichen für das Erweichen der ganzen inneren Haut liegt. Nachdem die getrocknete Haut 2—3 Tage, je nach dem Grade des Trockenzustandes und der durchgemachten Lagerzeit, in dem angeschärften Weichwasser gewesen ist, wird dieselbe auf dem Baum oder der Entfleischmaschine ausgestrichen und somit von dem anhängenden Schmutz, Blut und dem gelösten Fett befreit.

Die Häute kommen in frisches Wasser, wo die Schwellung vollständig verschwindet, um nach ca. 24 Stunden zum Haarlosmachen durch Schwitzen oder eine sonst geeignete Methode zu gelangen.

Gesalzene Zahmhäute werden vor dem Wässern auf mechanische Art von dem ihnen anhaftenden Salz befreit, sei es durch Abklopfen oder Abfegen, und dann lose aufeinander auf einige Stunden in frisches, kaltes Wasser zum Aufweichen eingelegt. Jede Haut muß einzeln ausgebreitet eingeworfen werden, die Aasseite nach oben, und jede Haut muß gänzlich untergestoßen sein, bevor die zweite Haut darauf gelegt wird.

Nach einigen Stunden werden die Häute unter zulaufendem Wasser von Haar- und Aasseite tüchtig abgespült, aufgeschlagen, einige Zeit zum Abtropfen liegen gelassen und dann in die Wasserbottiche, mit frischem Wasser gefüllt, eingehängt.

Die Bottiche sollen so lang sein, daß die Häute am Kopf und Schwanz eingehängt werden können, einmal mit der Haarseite, den andern Tag mit der Aasseite nach außen, der Rücken muß der ganzen Länge nach unter dem Wasserspiegel liegen, zwischen den einzelnen Häuten je ein Spielraum ca. 3—5 cm.

Die Häute erhalten, je nach dem Salzgehalt, drei- oder viermal frisches Wasser, wobei sie beim jedesmaligen Aufschlagen in dem zulaufenden Wasser stets gut abgespült werden müssen.

Ob die Häute bereits nach dem ersten oder zweiten Wasser von Schmutz und anhängendem Fleisch genügend gereinigt wurden, muß der Gerber feststellen. Es hängt das von dem Salzgehalt der zu wässernden Häute ab. Sie müssen aber nach dem Reinmachen noch stets zwei frische Wasser haben, bevor solche zum Enthaarungsprozeß gelangen, und auf alle Fälle muß das in der Haut befindliche Salz entfernt worden sein.

Für den Schwitzprozeß bildet die Anwesenheit von Kochsalz geradezu ein Hindernis, weil es die Fäulnisbakterien nicht zur Entwicklung kommen läßt. Im Aescher dagegen wirkt die Gegenwart von etwas Salz nicht hemmend auf die Enthaarung, weil es durch die große Flüssigkeitsmenge bis zur Unwirksamkeit verdünnt wird.

Die gesalzenen Wildhäute, welche hauptsächlich aus Südamerika zu uns eingeführt werden, eignen sich besonders zu Sohlleder und werden zu diesem Zwecke den trockenen Häuten vorgezogen, so daß gegenwärtig wohl der weitaus größte Teil der südamerikanischen Häute in gesalzenem Zustande auf den Markt kommt.

Bei dem Wässern der Haut handelt es sich nicht allein darum, dieselben salzfrei zu machen, die Haarseite von Schmutz, und die Aasseite von Fleisch und Fett zu befreien, damit bei der Bearbeitung des Narbens keine Narbschäden entstehen können, sondern es muß auch das Blut entfernt werden, welches die vielen Blutgefäße füllt.

Außer den zu befürchtenden Narbschäden, bei Nichtentfernen des auf der Aasseite aufsitzenden Fettes, ist es im Interesse des Aussehens des fertigen Fabrikates unbedingt nötig, das Fett so rein als möglich von der Haut abzustoßen. Geschieht dies nicht, so bilden sich in der Schwitze Ammoniak- und im Wasser Kalk-, auch Ammoniakseifen, welche größtenteils in der Haut verbleiben. Bei der späteren Behandlung mit sauren Brühen oder bei Anwendung von mineralischen oder organischen Säuren wird das Fett der in der Blöße enthaltenen Seife wieder freigemacht; es drängt sich dann beim Trocknen des Leders an die Oberfläche und verursacht dort jene bekannte dunkle Fettfärbung oder Fettflecken.

Bei Nichtentfernen des Blutes würde dasselbe bei allen Operationen hinderlich und noch bei der fertigen Ware durch Narbenflecken zu erkennen sein. Aber das Blut geht auch sehr leicht in Fäulnis über und kann sich bald den anderen leicht faulenden Stoffen der Haut mitteilen, an denen bei der tierischen Haut kein Mangel vorhanden ist, wodurch alle möglichen bösen Folgen entstehen können und loses, mehr oder weniger schwammiges Leder die Folge ist.

Einem derartigen Leder fehlt stets der natürliche Glanz und die Glätte des Narbens, sowie das Gewichtsrendement infolge des Verlustes an Hautsubstanz und der Unfähigkeit, genügend Gerbstoffe in sich aufzunehmen; das Produkt ist minderwertig.

Der Gerber hat außerordentliche Mühe darauf zu verwenden, seine Hautmasse gesund und durch alle Operationen hindurch den guten Zustand der Haut aufrecht zu erhalten.

Gar nicht zu viel kann hingewiesen werden auf die Wichtigkeit der Reinheit des Wassers, welches bei allen Gerbeprozessen gebraucht wird. Für Gerber, welche auf die größte Feinheit ihrer Produkte Wert legen, wäre unbedingt anzuraten, trotz der hoch erscheinenden Kosten, überhaupt nur destilliertes Wasser bei allen Gerbeprozessen zu verwenden und sich dieses destillierte Wasser in den benötigten großen Mengen in ihrer Fabrik in eigenen Anlagen herzustellen. Es ist mit Sicherheit anzunehmen, daß durch diesen einfachen Handgriff der ausschließlichen Benutzung destillierten Wassers so gut wie alle Fehlschläge bei der Lederbereitung vermieden werden können.

Besonders schädlich ist ein großer Kalkgehalt des Wassers; denn kalkhaltige Wässer hemmen die Schwell- und Gerbeprozesse, indem sich der Kalk mit den Gerbstoffen verbindet und Fällungen bildet, die bei allen Gerbearten äußerst störend wirken können, namentlich aber bei der jetzt immer mehr in Aufnahme kommenden Mineralgerbung, vor allem der Eisengerbung.

Das Mißtrauen des Gerbers gegen die Einführung der Eisengerbung bei der Unterlederfabrikation rührt so gut wie ausschließlich von den Fehlschlägen her, welche durch Wasserfehler bei der Eisengerbung entstanden sind.

Bei der Benutzung von Fluß- und Bachwasser stören Beimengungen, welche diese Wässer in ihren Läufen mit sich führen, und die zu fleckigen Narben und einem schlechten Rendement beitragen.

Am besten wässern sich Häute, welche sogleich nach dem Abbalgen dem Einsalzen unterzogen worden waren. Das Salz, mit welchem die Frischhaut bestreut wurde, löst sich in der Hautfeuchtigkeit. Die konzentrierte Salzlösung, welche auf diese Weise entsteht, ist stark wasseranziehend und entnimmt dieses dem Hautgewebe. Der Entwicklung von kleinen Lebewesen, den Erregern der Gärung und Fäulnis, wird durch starke Salzlösung entgegengewirkt.

Eine frisch gesalzene Haut unterscheidet sich nur wenig von einer frischen, indem die Hautzwischenräume mit Salzlösung anstatt mit Wasser gefüllt sind. Vor dem Gerben muß nun die Salzlösung aus der Haut entfernt und durch reines Wasser wieder ersetzt werden.

Bei zu langem Wässern beginnen sich faulige Gärungen in der Haut zu entwickeln, welche unmittelbar nach dem Zeitpunkt einsetzen, wo die konzentrierte Salzlösung im Innern der Haut genügend verdünnt worden ist.

Durch zu langes Wässern wird ein großer Teil der Einweißstoffe der Haut entzogen und das feste Gefüge der Haut schließlich zerstört.

Bei schlecht gesalzenen Häuten oder solchen, die zu lange im Salz gelagert haben, was man daran erkennt, daß die Aasseite bereits angefangen hat, rot zu werden, oder bei Häuten, welche auf der Seereise gelitten haben, muß man durch Zusatz von Antisepticis den angefangenen Zersetzungprozeß hindern, weiter fortzuschreiten, und zwar muß man solche wählen, welche dem späteren Gerbeprozeß nicht hinderlich sind.

Vor allem das Chlorzink, $ZnCl^2$, welches durch Auflösung von Zink in Salzsäure hergestellt wird, wäre hier zu nennen, das die Zersetzung hemmt und die Eiweißstoffe in der Haut fixiert, ohne daß ein schädlicher Einfluß auf den späteren Gerbeprozeß erfolgt.

Erfordert das Auswässern der grünen und grüngesalzenen Häute eine große Erfahrung, so ist es noch weniger möglich, für das Einweichen der Trockenhäute überall passende Vorschriften zu geben, da für das Wässern dieser Häute ihr Trockengrad, sogar die Beschaffenheit der Viehrasse, von der sie kamen, und namentlich auch die Temperatur des Wassers in Betracht gezogen werden müssen.

Die geweichten oder bloß ausgewässerten Häute werden nun dahin gebracht, daß sie die Haare lassen und diese Haare entfernt werden können. Je nach dem Weg, der für diesen Zweck gewählt wird, erhält man Leder von bestimmter Charakteristik.

Fast alle Mittel, welche die Haut für das Enthaaren vorbereiten, sind alkalisch reagierende Stoffe. Die tiefste Schicht der Oberhaut oder Epidermis, die sogenannte Schleimhaut, wird durch die Einwirkung der alkalischen Substanzen erweicht und gelöst, und zwar in der ganzen Ausdehnung, also auch so weit, wie sie in die Haartaschen hineingreift mit Einschluß des noch weichen Zellgewebes der Haarwurzel, so daß auf diese Weise der Zusammenhang zwischen Lederhaut und Epidermis mit ihren Anhängseln aufgehoben werden kann.

Bei dem Schwitzprozeß wird die alkalische Substanz, und zwar in diesem Falle Ammoniak, durch diesen Prozeß aus den stickstoffhaltigen Substanzen der Haut selber erzeugt.

Es gibt zwei Haupttypen von Unterleder, nämlich die eigentlichen Sohlleder, welche geschwitzt werden, und die Halb- und Brandsohlleder, welche geäschert werden.

Für die Charakteristik des Sohlleders sind ebenso wichtig wie die Methode, die für die Enthaarung benutzt wurde, die folgenden Operationen, nämlich Schwellen und Angerben.

Es hat sich nämlich gezeigt, daß bei der Brühengerberei der früher so große Unterschied zwischen Ganz- und Halbsohlleder nicht mehr bestehen bleibt, obschon immerhin Qualitätsunterschiede zwischen geschwitztem und gekälktem Leder wahrzunehmen sind.

Beim Kälken wird nämlich ein Hauptbestandteil der Haut, das Coriin, welches im Kalkwasser löslich ist, im Äscher teilweise gelöst und aus der Haut entfernt, wodurch gekälkte Haut weniger dicht, demnach loser und schütterer wirkt als ungekälkte.

Man zieht aus diesem Grunde bei der Herstellung von festem Sohlleder das Schwitzen vor, weil bei normalem Verlauf der Haut nicht so viel Substanzen entzogen werden.

## Das Schwitzen.

Nicht bloß beim Kälken, sondern auch beim Schwitzen werden Teile der Haut entfernt; der Schwitzprozeß ist ein Fäulnisprozeß der Haut, und Fäulnis ist immer gleichbedeutend mit Zerstörung der faulen Körper. Das Haarlässigwerden der Haut ist die Folge der Zerstörung der in Betracht kommenden Hautteile. Der Gerber hat den Schwitzprozeß so zu leiten, daß bei der Fäulnis nur solche Teile der Haut zerstört werden, welche nicht in Leder verwandelt werden sollen. Jede andere Zerstörung bedeutet einen doppelten Schaden, 1. für das Produkt und 2. für den Gerber.

Es liegt im Bau der Haut, daß es möglich ist, beim Schwitzen den Fäulnisprozeß so zu leiten, daß nur die für die Gerberei unbrauchbaren Teile der Haut davon ergriffen, die brauchbaren dagegen verschont werden.

Die Haare, welche entfernt werden müssen, stecken nicht direkt in der Lederhaut, sondern in den Stülpungen derselben und sind von dieser noch durch zwei Schichten getrennt, einer Oberhautschicht, welche der Gerber Gneist nennt, und durch die darunter gelegene Schleimschicht.

Um die Haare von der Haut zu lösen, braucht also die Lederhaut nicht alteriert zu werden, sondern nur die Unterschichten der Oberhaut von der Lederhaut, wodurch bei Entfernung der ersteren auch die Haare losgehen müssen. Beim Schwitzverfahren wird die Schleimschicht der Oberhaut durch Fäulnis entfernt.

Die faulige Gärung, als welche der Schwitzprozeß zu betrachten ist, bedarf für ihre Entstehung und Fortentwicklung gewisser Bedingungen. Die Fäulnisprozesse, welche nötig sind, sind überall vorhanden, aber eine gewisse Temperatur ist notwendig, welche der Vermehrung der Organismen förderlich ist.

Horn fault schwerer als Eiweiß, verhornte Oberhaut schwerer als die darunter liegende Schleimschicht.

Lederhaut wird schwieriger von der Fäulnis ergriffen als die Schleimschichten, doch leichter als die Oberhaut. Weil aber die Fäulnis von außen nach innen fortschreitet, fault sie immer später als die Schleimschichten. Die Fäulniserreger gelangen durch die zahlreichen Poren von der Oberhaut zunächst zur Schleimschicht, in der sie sich vermehren.

Wir besitzen nur ein einziges Mittel, um die Fäulnis so zu regulieren, daß allein das Schleimgewebe der Haut ergriffen wird. Und dies ist die richtige Einhaltung einer gewissen Temperatur.

Je nach dem Grad der Fäulnisfähigkeit von Körpern ist die Temperatur, welche notwendig ist für die Vermehrung der Fäulniserreger, höher oder niedriger. Da die Lederhaut schwerer löslich ist, tritt die Fäulnis bei ihr erst bei höherer Temperatur ein. Weil in der Haut die zwei Substanzen bei ungleichen Temperaturgraden zu faulen beginnen, ist ein unschädlicher, oder, wie meistens gesagt wird, gesunder Schwitzprozeß möglich.

Die unbrauchbaren Schleimschichten zersetzen sich schon bei 10 Grad, die Lederhaut dagegen erst von 20 Grad aufwärts, soweit ungesalzen gewesene Häute in Betracht kommen. Bei trocken gewesenen Häuten rücken die Temperaturen, bei welchen die Zersetzung der verschiedenen Teile beginnt, einander näher. Daher muß die Schwitzoperation bei solchen Häuten auch genauer überwacht werden als bei den anderen.

Aus obigen Tatsachen ergibt sich als Norm für ein regelmäßiges Schwitzen, daß nur jene Temperaturen einwirken, bei welchen die Schleimschichten durch Fäulnis zerstört werden, und nur so lange, bis die Haut haarlässig wird. Zu langes Schwitzen ist ein sehr häufiger Fehler im Gerbereibetriebe.

Grüne Häute, bei welchen die Schleimschicht unverändert und am leichtesten löslich ist, läßt man am besten schwizen bei einer Temperatur zwischen 8 und 12 Grad Réaumur. Diesen Vorgang nennt man „kalte Schwitze".

Geweichte Trockenhäute hingegen muß man bei einer Temperatur von 20 bis 25 Grad Réaumur schwitzen lassen, was man als „warme Schwitze" bezeichnet.

Während der ganzen Dauer des Schwitzprozesses muß die Temperatur im Lokal durchaus gleichmäßig, nur in dem einen Fall kühl, in dem anderen warm erhalten werden. Kommt ein Gerber in die Verlegenheit, sowohl kalte als warme Schwitzen anwenden zu müssen, so ist es zweckmäßig, den Schwitzraum so zu konstruieren, daß die Temperatur in ihm entweder gleichmäßig warm oder gleichmäßig kalt erhalten werden kann.

Kranke Häute dürfen mit gesunden nicht zusammen in die Schwitze, denn in einer kranken Haut hat sich bereits ein Gärungsprozeß vollzogen. Diese Häute würden alsdann rascher haarlässig werden als die gesunden und bei gleicher Schwitzdauer ihre Lederhaut bereits angegriffen sein. Kranke Häute sollte man überhaupt nicht durch Schwitzen, sondern durch die anderen Methoden haarlos machen.

---

## a) Warmes Schwitzen.

Es kommt beim warmen Schwitzen sehr darauf an, dem Fäulnisprozeß im richtigen Moment Einhalt zu gebieten. Will man den Fäulnisprozeß hemmen, so werden die Häute der Schwitze entnommen und in klares Wasser, dem ein Antiseptikum beigegeben ist, gebracht.

Da der warme Schwitzprozeß viel rascher verläuft als der kalte, könnte es scheinen, als ob vom praktischen Standpunkt aus dem warmen Schwitzprozeß der Vorzug zu geben wäre. Für den kalten Prozeß spricht aber die Tatsache, daß es bei langsamerem Fortschreiten des Fäulnisprozesses weit leichter ist, den Grad der Zersetzung zu erkennen und den Zeitpunkt abzupassen, in welchem die

Häute gut haarlässig werden. Die größten Verluste entstehen in der Gerberei bei unrichtiger Leitung des Haarlockerungsprozesses. Man wird daher das Verfahren für das bessere halten, welches am sichersten zum Ziele führt, wenn es auch langsamer verläuft.

Das kühle Schwitzen ist in diesem Sinne dem raschen warmen Schwitzen vorzuziehen.

Bei dem sogenannten warmen Schwitzen wurden die ausgewässerten Häute, aus denen das überflüssige Wasser abgetropft war, in Räumen aufgehängt, welche von der Außenluft abgeschlossen waren, so daß die Innehaltung einer gleichmäßigen Temperatur ermöglicht wurde. Man wählte meist unterirdische Räumlichkeiten, sogenannte Felsenkeller, oder schaffte sich solche mit dicken Mauern und einer Isolierschicht. Diese Räume wurden dann auf beliebige Art auf 25 Grad Réaumur erwärmt.

Die in einem derartig abgeschlossenen Raum aufgehängten Häute fangen bald an sich zu zersetzen, was durch die Nase am Ammoniakgeruch festgestellt werden kann. Unter der Einwirkung der Eiweißzersetzungen erhöht sich von selber die Temperatur, wie in fast allen durch Mikroorganismen faulenden Massen.

Zu Beginn des warmen Schwitzens ist die Zufuhr einer Temperatur zwischen 20 und 25 Grad R. notwendig. Hat aber die Gärung einmal begonnen, dann kann man den Zutritt warmer Luft absperren, ohne daß der Fäulnisprozeß aufhört. Es steigt alsdann die Temperatur, und ein heftiger, stechender Ammoniakgeruch macht sich geltend. Der Gerber hat seine ganze Aufmerksamkeit darauf zu richten, die Häute zur richtigen Zeit der Schwitze zu entnehmen, in frischem Wasser abzukühlen und zu enthaaren. Wartet man zu lange, so zeigt sich das Angegriffensein von Elementen der Lederhaut auf den Narben durch Stippen; das sind mit dem bloßen Auge sichtbare Punkte in der Größe eines Stecknadelkopfes. Die äußere Oberfläche sieht wie durchlöchert aus, und hemmt man nicht die Zerstörung durch Zugabe eines kräftigen Antiseptikums sofort, so bilden sich diese Punkte weiter aus, und die ganze Epidermis wird zerstört.

Das warme Schwitzen nach diesem Verfahren hat den Nachteil, daß ein Einfluß auf die warme Temperatur nach Einleitung des Schwitzens nicht mehr angängig ist. Man kann daher selbst bei sorgfältigster Überwachung der Häute sich vor Schaden nicht immer schützen.

Man hat geglaubt, eine Verbesserung in das heiße Schwitzverfahren zu bringen, indem man die Schwitzräume mit Dampf heizte anstatt mit direktem Feuern.

## b) Dampfschwitze.

Der Schwitzprozeß verläuft bei Anwendung von heißem Dampf noch rascher und muß deshalb noch genauer überwacht werden als in anderen Fällen.

Die Einrichtung ist einfach. An der Decke des Schwitzraumes ist ein Abzug für überschüssigen Dampf, welcher von außen reguliert werden kann. Am Boden, der durch hölzerne Latten gedeckt ist. ist ein Rohr zur Zuführung des Wasserdampfes angebracht. Häute und Dampfrohre dürfen nicht in Berührung kommen. Der Fußboden ist mit einem Lattenboden zu überdecken, damit beim Zuführen des Dampfes dieser nicht mit einer oben abgefallenen Haut in Berührung kommen und diese verbrühen kann. Man läßt so viel Dampf einströmen, daß die Temperatur auf 20 Grad R. stehen bleibt, und kontrolliert mittels eines von außen angebrachten Thermometers ununterbrochen den Wärmegrad. Bei so gleichmäßiger Temperatur ist der Schwitzprozeß in 20—25 Stunden beendet.

Um die Zerstörung der Aasseite bei der heißen Schwitze zu verhindern, salzen einzelne Gerber die Fleischseite vor dem Aufhängen leicht ein, also nach dem Auswässern.

Trotz der Möglichkeit, mit der Dampfschwitze gute Resultate zu erzielen, haben viele Gerbereien die Dampfschwitzerei wieder aufgegeben. Es war an manchen Stellen ein zu flottes Haarlassen zu verzeichnen, während die Haare an den äußeren Teilen durchaus nicht locker werden wollten. Trotz gleichmäßiger Vorbereitung aller Häute muß man ständig in Sorge um den Ausfall bleiben, namentlich dann, wenn die Haare noch nicht locker genug im ganzen waren und doch die Haut schon an einzelnen Stellen genügend geschwitzt war.

---

## c) Die Kaltwasserschwitze.

Bei der Kaltwasserschwitze liegt die Gefahr des Eintrittes einer rapiden Fäulnis nicht vor. Die Häute werden einer Temperatur von nur 8 bis 12 Grad R. ausgesetzt, welche der Fäulnis nicht günstig ist. Die Schwierigkeit liegt bei der Kaltwasserschwitze darin, daß der Schwitzprozeß Wärme entwickelt, die kühle Temperatur von 8 bis 12 Grad aber genau innegehalten werden muß, wenn die Schwitze das bleiben will, was sie bleiben soll, eine „kalte Schwitze". Durch Ventilation und Verdampfen von Wasser sucht man zu erzielen, daß die Temperatur möglichst bei 10 Grad R. gehalten wird. Man ventiliert das Schwitzlokal, um die beim Fäulnisprozeß sich entwickelnde Wärme abzuführen, und läßt die frische ein- und die erwärmte Luft austreten. Die frische Luft tritt durch eine Öffnung am Boden des Lokals ein, und es kann die Eintrittsgeschwindigkeit durch einen Schieber reguliert werden. Da die frische äußere Luft schwerer ist als die erwärmte im Lokal, so drückt sie letztere vom Boden in die Höhe. An der Decke befindet sich ebenfalls eine durch eine Klappe beliebig zu verschließende Oeffnung, welche durch ein Rohr ins Freie führt.

Durch diese einfache Anordnung kann die Temperatur nur erniedrigt werden, wenn die äußere Temperatur niedrig ist. Um auch im Hochsommer eine Temperaturerniedrigung herbeizuführen, muß man die Wasserverdunstung zu Hilfe nehmen.

Man läßt vom oberen Teil der Schwitzkammer Wassertropfen in einem Sprühregen niederfallen. Von diesem Wasser verdunstet durch die große Berührungsoberfläche mit der Luft ein nicht unbeträchtlicher Teil. Dadurch entsteht einerseits Kälte, und andererseits wird der Raum mit Feuchtigkeit geschwängert. Dieser kalte Dunst ist ein wichtiger Faktor bei der „Kaltwasserschwitze".

Beim bloßen Ventilieren würden die zum Schwitzen aufgehängten Häute sehr bald austrocknen, was bei der Kaltwasserschwitze nicht möglich ist. Da warme Luft mehr Wasser verdunstet als kalte, ist auch im Hochsommer die gewünschte Temperaturerniedrigung auf die oben geschilderte Weise zu erzielen. Man hat es in der Hand, durch passende Regulierung der Ventilation sowie durch Wasserzufluß sowohl die gewünschte niedrige Temperatur als auch die nötige Feuchtigkeit im Schwitzlokal zu erhalten, ohne Rücksicht auf die äußere Temperatur oder die Temperatur des zur Verdunstung gelangenden Wassers.

Früher glaubte man, daß für kalte Schwitzen kaltes Wasser von 6 bis 10 Grad benutzt werden müsse, in Wirklichkeit kann man jedes natürliche Wasser, nur nicht heißes, benutzen.

Die mit der Ventilation verbundene kalte Schwitze ist eine bedeutende Verbesserung der alten kalten Schwitze, bei welcher nur dauernd Wasser von 6 bis 10 Grad zur Anwendung gebracht wurde.

Bei der kalten Schwitze tritt Ammoniakgeruch nicht auf, trotzdem findet leichte Fäulnis statt.

Die Vorteile der kalten Schwitze für die Qualität des zu erzielenden Leders sind sehr wesentliche. Der Schwitzprozeß verläuft regelmäßig, und der praktische Gerber kann für Häute von bekannter Herkunft die Dauer des Schwitzens annähernd vorausbestimmen.

In kleinem Raum kann eine große Anzahl von Häuten kalt abgeschwitzt werden, und in jedem Zeitmoment ist der Zustand der Häute prüfbar, so daß diese genau im richtigen Moment herausgenommen werden können. Bei der Kaltwasserschwitze ist es nicht einmal wichtig, die Häute so schnell wie möglich aus derselben zu entfernen. Wenn man den Wasserzufluß abstellt und die Ventilation kräftig in Gang setzt, verdunstet das Wasser, und der Fäulnisprozeß wird rasch gehemmt.

Die fertig geschwitzten Häute werden in kaltem Wasser abgespült und dann glatt auf Haufen zum Enthaaren hingelegt.

Bei der kalten Wasserschwitze verlieren die Häute viel weniger an Gewicht als bei der warmen Schwitze. Dieser Minderverlust ist als absoluter Mehrgewinn für den Gerber zu verzeichnen, und rechnet man nur 1 kg pro Haut Mehrgewicht, so wird es jedem Gerber klar sein, daß die Anlage einer kalten Wasserschwitze bald durch die Mehreinnahme an fertigem Leder gedeckt ist.

Die kalte Schwitze mit Ventilation ist bisher als die am vollkommensten wirkende zu bezeichnen.

## d) Beschreibung der Kaltwasserschwitze.

Die Schwitze befindet sich am besten unter der Erde, da sie dort am wenigsten Temperaturwechseln ausgesetzt ist. Die Höhe des aus gutem Mauerwerk hergestellten Raumes beträgt nur 2½ m. Die übrigen Dimensionen passen sich den Verhältnissen der betreffenden Gerberei an. Der Schwitzraum hat eine längliche Form, wobei die Länge mindestens das Doppelte der Breite ausmachen soll. Die Breite muß genügen, um einen schmalen Gang übrigzulassen zum Revidieren der Schwitze.

Vor dem Schwitzraum ist ein Vestibül angebracht, nicht unter 1½ bis 2 m, an beiden Enden durch Türen abschließbar. Die äußere der Türen ist eine Doppeltür mit Isolierwänden. Die Wände des Schwitzraumes müssen mit einem glatten, dauerhaften Verputz versehen sein, oder noch besser mit glatt gehobeltem Holze mit einer Isolierschicht dahinter. Der Boden wird zweckmäßig aus Zement hergestellt mit einer Neigung zum Ablaufen des fortwährend sich ansammelnden Wassers, welches stets so rasch wie möglich durch das Abflußrohr A aus dem Schwitzraum zu entfernen ist. Die Decke resp. das Dach des Schwitzraumes geht von den beiden Querseiten zur Mitte steigend, und läuft die Decke der Länge nach von einer zur anderen Seite in langsam steigender Weise, so daß an dem einen Ende der höchste Punkt des Schwitzraumes ist.

In dem Schwitzraume sind nahe an der Decke 3 kupferne oder galvanisierte Röhren angebracht, in der Mitte und zwischen Mitte und Seitenwand, in welche mittelst eines Zuleitungsrohres Z das Wasser zugeführt wird. An den drei Röhren sind an verschiedenen Stellen nach ab- resp. seitwärts gerichtete kleinere Röhrchen angebracht, welche die Form eines großen Fingerhutes haben, mit ganz feinen Löchern versehen sind und durch Hähne abgeschlossen werden können. Wenn die Hähne geöffnet sind und der Zufluß des Wassers zum Schwitzraum im Gange ist, so kommt aus diesen

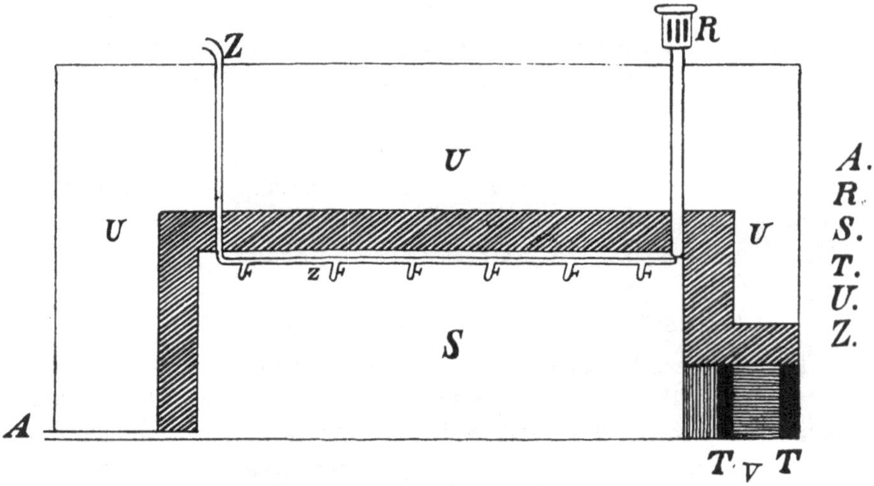


Fig. 12. Die Kaltwasserschwitze.
*A* = Abflußrohr. *R* = Regulierrohr. *S* = Innerer Schwitzraum. *T* = Türen. *U* = Erdauffüllung. *Z* = Wasserleitungsrohr. *V* = Vestibül.

Fingerhüten ein beständiger Sprühregen, welcher die Häute fortwährend wie ein Nebel umgibt und die Luft im Schwitzraum bis zur Decke stets feucht erhält.

Das Wasser wird durch das Zuleitungsrohr Z unter irgend einem Druck zugeführt, sonst muß zu diesem Zwecke ein hoch genug liegendes Reservoir angelegt werden.

Die Temperatur des Wassers pflegt 7—10° R. zu sein.

An dem, dem Abflußloche entgegengesetzten Ende des Schwitzraumes, an dem höchsten Punkte, führt von dem Innern der Decke aus ein gerade aufsteigendes Abzugsrohr nach außen, welcher Schlot mit einer zu öffnenden und verschließbaren Klappe versehen ist, welche zum raschen Luftwechsel dienen soll.

Es ist das Regulierrohr R und dient als solches als Ableitungskanal und zugleich als Ventilator durch Abführung der inneren wärmeren Luft und Zuführung der eventuell äußeren kühleren Luft, welche an Stelle der verdünnten Luft tritt, die oben durch den Regulator ausströmt.

Ist die Temperatur in dem Schwitzraum zu hoch resp. steigend und will man dieselbe erniedrigen, so öffnet man die Klappe vom Schlote, wodurch die warme Luft nach oben hin entweicht, während durch das Abflußrohr oder ein sonst besonders angebrachtes Luftzuleitungsrohr frische äußere Luft nachdringt und die Temperatur erniedrigt, je nachdem die äußere Luft zuviel an Wärmegraden oder umgekehrt besitzt.

Um das Mauerwerk weniger den Schwankungen der Temperatur auszusetzen, überdeckt man dasselbe mit Erde U oder sonst einem schlechten Wärmeleiter, und damit beim Kontrollieren möglichst wenig Veränderung in der Schwitzraumtemperatur vor sich gehen kann, ist der Eingang mit zwei dickwandigen Türen T versehen, welche zwischen sich einen größeren leeren Raum haben, wodurch die hier befindliche Luftschicht die äußere Luft abhält.

Bei einer derartig eingerichteten Schwitze, in welcher die feuchte Luft stets frei zirkulieren kann, ist man leicht imstande, die Temperatur entsprechend zu regulieren, und kann man dieselbe auch in den heißen Sommertagen entsprechend niederhalten, so daß die Temperatur nie über 14° R. steigt, welcher Wärmegrad auch nicht überschritten werden darf.

Wasser verdunstet bei jeder Temperatur, die 0 Grad übersteigt, und wird durch fortwährende Wasserzuführung eine Verdunstung bewirkt, welche eine große Menge Wassers absorbiert resp. latent macht. Tritt eine erhöhte Temperatur ein, so kann solche vermindert werden, während bei verminderter Temperatur unter 7° R. das Regulierrohr verschlossen bleibt und die Wasserzufuhr vermindert wird.

Der Temperaturzustand ist an dem an der inneren Türe angebrachten Thermometer zu erkennen, ohne daß man den Schwitzraum zu öffnen braucht.

Die Zeit, wie lange die Häute unter der Einwirkung von diesem kalten, feuchten Nebel zubringen müssen, hängt von der Temperatur des Schwitzraumes ab; je niedriger der Wärmezustand desselben gehalten wird, je langsamer vollzieht sich der Prozeß der Lockerung der Oberhaut.

Bei einer durchschnittlichen Temperatur von 7—10° sind 6 bis 12 Tage notwendig, um selbst die schwersten Häute kunstgerecht zu schwitzen zum gleichmäßigen Enthaaren.

Zum Aufhängen der Häute sind im Schwitzraum S der Länge nach 3 Balken mit Haken in gleichmäßiger Entfernung von 7—10 cm angebracht, woran die gewässerten resp. geweichten Häute mit dem Rücken nach oben, also an Kopf und Schwanz aufgehängt werden. Nach Verlauf weniger Tage, in denen das Haar an den oberen Teilen sich zu lockern begonnen hat, wird die Haut umgehängt, und zwar mit der Bauchseite nach oben, und benutzt man hierzu den mittleren Haken mit, läßt aber den Kopf oben hängen; nach einigen Tagen tritt dann bei den Häuten ein gleichmäßiges Haarlassen ein.

Getrocknete Häute sollen vor dem Einhängen in die Schwitze nicht gestreckt oder sonst mechanisch bearbeitet worden sein, es seien denn außergewöhnlich harte Häute gewesen.

Sorgfältig auf oben angeführte Weise behandelte Häute sind frei von Schmutz und fremdartiger Materie, ihre Fasern in unverletztem Zustande.

Es hat keine übermäßige Gärung stattfinden können, und die Aktion des Schwitzens blieb auf die Schleimhaut der Haut beschränkt.

Die in der Kaltwasserschwitze haarlos gemachten Häute zeigen glänzende Narben voller Schmelz, die Aasseite muß frisch und klar sein wie bei einer frisch gewässerten, gesunden und kräftigen Haut.

## e) Haarlosmachen in Salzlake.

Ebenso veraltet wie die warme Schwitze ist der früher teilweise übliche Prozeß des Haarlosmachens in Salzlake, welcher nur im Sommer in der richtigen Weise ausgeführt werden konnte und daher von uns als nicht mehr zeitgemäß nicht näher behandelt werden soll.

## f) Enthaaren ohne faulige Gärung.

Unter Anwendung von Schwefelnatrium ist es möglich, Sohlleder auch ohne Anwendung des Schwitzprozesses herzustellen. Der Kern der Haut wird bei diesem Verfahren gänzlich unberührt gelassen, und es werden der Lederhaut durch den Haarlockerungsprozeß keinerlei Bestandteile entzogen. Wir können unter den sonstigen Enthaarungsmitteln, soweit solche bei Halbsohl-, Brandsohl- und Vacheleder in Betracht kommen, als hauptsächlich anführen: gelöschten Kalk CaOHOH, Ätzkali KOH, Aetznatron NaOH, Pottasche $K_2CO_3$, Soda $Na_2CO_3$, Holzasche, Schwefelcalcium CaS, Schwefelnatrium $Na_2S$ und noch einige andere, welche weniger für die allgemeine Praxis in Betracht kommen.

Für Sohlleder kommt dagegen in erster Linie Schwefelnatrium in Betracht.

Schwefelcalcium und Schwefelnatrium greifen die Substanz sehr an und können daher nicht gebraucht werden, wo die Haare erhalten und verwertet werden sollen.

Beim Kalk ist zu beachten, daß er sich in kaltem Wasser besser löst als in warmem. Es lösen sich bei 12° R. 0,14 %, bei 80° R. dagegen nur 0,075 %. Kalk wirkt schwellend und lockernd auf das Hautgewebe ein und ist daher bei Sohlleder nicht gut verwendbar.

Die Alkalien und ihre kohlensauren Salze wirken energischer als die Erdalkalien und werden daher zur Verstärkung oder Verschärfung des Äschers gebraucht. Zu letzterem Zwecke kann auch Holzasche, dann Gas- oder Grünkalk sowie Schwefelarsen (Realgar) und Schwefelnatrium dienen.

Im Äscher ist die Menge des vorhandenen und ungelösten Kalkes fast ohne Einfluß auf die Wirkung.

Von den zahlreichen, sonst noch anempfohlenen Enthaarungsmitteln sei erwähnt das sogenannte „Hruschauer Äscher Compound", welches die wirksamen Bestandteile des Gaskalkes in konzentrierter Form enthält. Es wird besonders empfohlen bei harten, trockenen Häuten, wie Büffel, entweder als Anschwödebrei oder zum Anschärfen des Äschers.

Beim Haarlosmachen für Sohlleder kann nur das Anschwöden in Betracht kommen.

Pro Kilogramm Grünhaut oder aufgeweichte Salzwildhaut werden 4 Gramm Schwefelnatrium gerechnet, also pro 100 Kilogramm Grüngewicht 400—500 Gramm Schwefelnatrium in 4—5 Liter kochendheißem Wasser gelöst. Ferner werden 4—5 Kilogramm gebrannter Kalk in 16—20 Liter Wasser gelöscht, und in diese heiße Lösung wird das gelöste Schwefelnatrium unter tüchtigem Rühren gemischt und so viel Wasser zugesetzt, bis ein dickflüssiger Brei vorhanden. Mit diesem Schwödebrei wird die Haarseite eingestrichen mittelst eines festen Besens und gegen die Haare; die Häute werden glatt aufeinandergelegt, die Haut mit der Haarseite nach innen zusammengeschlagen, und nach 18—24 Stunden sind die Häute zum Enthaaren fertig.

Vor dem Enthaaren werden die Häute in 25°igen R. Wasser abgespült oder noch besser abgewalkt oder abgehaspelt, damit der ätzende Schwödebrei entfernt wird, wobei die Haare auch größtenteils abgehen. Wenn nötig, wird auf dem Baume nachgeholfen, und dann kommen die Häute auf mindestens eine Nacht in frisches Wasser.

aus welchem dieselben geschoren werden. Es wird beim Scheren nur das hindernde Fleisch abgenommen bis zu den Adern, nicht mehr.

Man bereitet zum Haarlosmachen den Schwödebrei nur aus Schwefelnatrium und gebraucht dazu 6—8 Gramm pro 1 Kilogramm Haut, und ist in 6—12 Stunden der Haarlösungsprozeß beendigt.

Ähnlich wie bei einem Schwefelsäurebad schwellt auch das Schwefelnatriumbad resp. der Anschwödebrei den Hautgewebebau auf, und dieses bei einer starken Konzentration bis zu einer ungewöhnlich großen Anspannung; es lösen sich dabei die Haarwurzeln in unglaublich kurzer Zeit, und hierauf basiert der gute Gebrauch für Unterleder, ohne Kalk zu schwöden, während für Oberleder ohne Zusatz von Kalk nicht so geäschert werden kann, wie man solches braucht; es werden hier dann die an das Äschern gestellten Bedingungen nicht erfüllt, und gibt man gewöhnlich zu wenig Kalk, obschon derselbe genau bemessen sein muß, um die nötige Ansetzung der Bindemasse bewirken zu können und ohne übertriebenen Substanzverlust zu haben.

Bei letzterem Verfahren, dem Anschwöden mit $Na_2S$, ist man gewiß sicher, daß der Kalk keinen Einfluß auf die Hautsubstanzen ausüben kann, und erhält man eine Blöße, welche der durch Schwitzen gemachten mindestens ebenbürtig ist.

Die ohne Zusatz von Kalk angeschwödet gewesenen Häute bedürfen keinerlei Reinigungsmittel zur Entfernung vielleicht vorhandenen Kalkes, während die mittelst gemischten Anschwödebreies unter gewissen Umständen einem Entkalkungsprozeß unterzogen werden müssen.

Die nur mit Schwefelnatrium haarlos gemachten Häute werden weder geputzt noch entkälkt, sondern nur abgespült und dann in schwächer saure Farben gebracht als die geschwitzten Häute.

# Das Enthaaren.

Nachdem die Oberhaut und die Haare durch eine der vorstehend angeführten Operationen hinreichend gelockert wurden, beginnt jetzt das Entfernen derselben.

Diese Operation des Enthaarens, das Pälen oder Abpälen, ist eine rein mechanische Arbeit, welche aber eine gewisse Geschicklichkeit voraussetzt, damit keine Narbenbeschädigungen entstehen können, wodurch die Haut bedeutend an Wert verliert.

Die Häute werden mit der Aasseite nach unten auf den Schabebaum gelegt, eine Haut als Unterlage, und mittelst eines stumpfen

Schabeeisens von den Haaren befreit, abgepält. Das Abpälen geschieht stets gegen den Strich der Haare, vom rechten Hinterklauen an beginnend gegen den Kopf zu. Es finden sich stets Stellen an der Haut vor, welche die Haare schwieriger lassen als andere Stellen. Um nun hier die Haare leichter abstoßen zu können, streut man diese Stellen mit gesiebter Holzasche ein, wodurch die Haare dem Haarmesser steiferen Widerstand leisten, sich besser abstoßen lassen. Die von der Haut beim Abpälen abgestoßene Masse besteht aus einem Gemenge von Haaren, Gneist und noch Teilen der Oberhaut, sowie an-

Fig. 13. Walzen-Entfleisch-, Enthaar- und Glättmaschine „Heureka" der Badischen Maschinenfabrik Durlach.

gewendete Holzasche, welche als Abfälle in den meisten Gerbereien auf den Dunghaufen wandern.

Beim Abpälen der geschwitzten Häute kann man deutlich den Unterschied erkennen zwischen den verschiedenen Schwitzmethoden, und ergibt sich aus dem Verhalten der Haut, daß das kalte Schwitzverfahren unstreitig das zweckmäßigste ist.

Die Haare lösen sich leicht und gleichmäßig von der Haut los, wie solches bei keinem der anderen Schwitzverfahren der Fall ist. Der Narben ist blank und rein, und die Aasseite fühlt sich kernig an, wie bei frisch gewässerten Häuten.

Die enthaarten Häute werden in klarem, frischem Wasser tüchtig abgespült und dann in frisches, kaltes Wasser gebracht, um aus demselben am folgenden Tage geschoren zu werden. Heute wird das

Entfleischen, Enthaaren und Glätten in allen größeren Betrieben durch Maschinen bewirkt. Eine geeignete Maschine zeigt Fig. 13.

Die hauptsächlichsten Arbeitsorgane dieses Systems bestehen aus dem stationär gelagerten Entfleischzylinder mit Stahlmessern und einer Gummiwalze, der zwei Stück Förderwalzen vorgelagert sind. Die zu bearbeitende Haut wird beim Entfleischen über die Hälfte ihrer Länge auf die Gummiwalze und die fest gelagerte Transportwalze aufgelegt. Bei Inbetriebsetzung der Maschine tritt der Arbeiter auf den Fußtritthebel, wodurch ein Einrücken der Kupplung auf der Antriebswelle der Walzentransportvorrichtung erfolgt. Infolgedessen erhalten sowohl die Gummiwalzen, als auch die beiden Förderwalzen Antrieb. Der obere Transportzylinder geht selbsttätig nach unten und klemmt die aufliegende Haut zwischen die vordere Förderwalze und die Gummiwalze fest. Gleichzeitig bewegt sich die Schlittenführung, in der die Gummiwalze sowie die beiden Förderwalzen gelagert sind, gegen den rotierenden Entfleischzylinder. Hat sich die Fördervorrichtung dieser Walze bis auf einen kurzen Abstand genähert, so beginnt der Transport der Haut nach außen, unter gleichzeitiger Bearbeitung ihrer Fleischseite. Sobald die Haut zwischen den Walzen hindurchtransportiert ist, tritt der Arbeiter wieder auf den Fußtritthebel, wodurch sich die mittlere Förderwalze in ihren Segmentführungen nach oben bewegt. Der Arbeitsvorgang wiederholt sich nunmehr aufs Neue, wobei die zur Hälfte bearbeitete Haut gedreht und beim Wiedereinlegen in die Maschine fertig entfleischt wird.

Der vorne an den Ständern eingebaute Druckregulierungs-Mechanismus bezweckt, bei unregelmäßig starken Häuten die Differenz der Hautdicke auszugleichen. Durch diese Vorrichtung läßt sich der Druck nach der jeweiligen Dicke der Haut entsprechend verringern oder verstärken.

# Das Scheren.

Die enthaarte, aber regelrecht geschwitzte Haut hat in ihrem völlig erweichten, von Haaren und Schmutz befreiten Zustande nur nötig, von neuem Wasser aufzunehmen, um für die Operation des Scherens geeignet zu sein.

Unter Scheren versteht man die Reinigung der Aasseite der Haut von den daran anhaftenden Fleischteilen und Bindegewebsfetzen.

Die Häute beginnen, in frisches, kaltes Wasser gebracht, sofort zu quellen. Je reichlicher die Eiweißstoffe darin vertreten sind und je gesünder, d. h. unberührter, desto mehr geht die Haut nach dem Enthaaren auf, d. h. das Fasergewebe des Coriums nimmt eine große Menge Wasser in sich auf, aber auch nur eine ganz bestimmte Menge, ohne sich aufzulösen. Diese Aufnahme beträgt das doppelte bis gegen das dreifache Gewicht der Faser. Es erlangt die Haut hierdurch einen gewissen Grad von Fülle, ein kerniges, volles und kräftiges Anfühlen, welches jedoch bei Häuten, deren Eiweißstoffe spärlich vertreten sind oder gelitten haben, sich nicht einstellt.

Die gut aufgegangene Haut ist jetzt zum Scheren fertig.

Der Scherbaum ist entweder mit einer Zinkplatte überzogen als Unterlage, oder es wird auf dem Baume eine geschorene Haut untergelegt, und auf solcher Unterlage werden die Häute geschoren.

Die Form des Schereisens ist sehr verschieden, vom Scherdegen und langen Schereisen bis zum Lütticher Schereisen und kurzer Klinge aus federndem, dünnem, feinem Stahl und sehr breitem Rücken. Welches Werkzeug den Vorzug verdient, darüber sind die Ansichten verschieden; es ist schließlich eine Übungssache, mit welchem Eisen man besser arbeitet; es hängt dieses von der Fertigkeit des Arbeiters ab.

Beim Scheren müssen alle vorhandenen aufsitzenden Fleisch- und Fetteile weggenommen werden, damit beim nachfolgenden Putzen keine Narbenschäden entstehen können; im übrigen wird nur darauf Bedacht genommen, daß die Aasseite möglichst gleichmäßig aussieht. Beim Scheren sollen nur kurze, schmale Striche genommen werden, damit es nicht möglich ist, in das Leimleder zu schneiden.

Durch ein zu tiefes Eingreifen des Schereisens ergeben sich zwei gleichgroße Übelstände:

1. Die Haut wird an den betreffenden Stellen zu dünn, und es bilden sich falsche Stellen, welche bei der Appretur nicht mitgefaßt werden können;

2. verliert durch Wegscheren der Lederhaut das Produkt an Gewicht,

und hierin liegt ein direkter Verlust für den Gerber, abgesehen davon, daß ein derartiges Leder ungleichmäßig dicke Sohlen liefern muß.

Je dünner die Hautspäne von der Haut abgenommen werden und je glatter und gleichmäßiger die Fleischseite nach dem Scheren aussieht, desto besser ist die Arbeit geleistet, und der Unterschied im Gewicht wird hier um so viel kleiner sein, als derselbe bei der schlecht geschorenen Haut größer ist.

Je geringer der Gewichtsunterschied zwischen der ungeschorenen und der geschorenen Haut ist, desto vorteilhafter ist dies für den Lederfabrikanten.

Die abgeschorenen Hautspäne kommen in das Leimleder, welches in der Leimfabrikation Verwendung findet. Die geschorenen Häute kommen wieder in frisches, kaltes Wasser, aus welchem dieselben der letzten vorbereitenden Operation unterzogen werden, dem Putzen.

---

# Das Putzen.

Das Putzen bezweckt ein vollständiges Reinmachen des Narbens, sowohl von noch vorhandenen Haaren als auch namentlich von dem auf dem Narben festsitzenden Gneist, welcher aber unbedingt entfernt werden muß, wenn hier der Gerbstoff wirken soll.

Dieser Gneist kommt namentlich bei trockenen Wildhäuten vor, obschon auch die gesalzenen nicht davon freizusprechen sind. Es ist auf der Haut hart angetrockneter Schorf, welcher sehr schwer zu entfernen ist. Abgesehen von dem häßlichen Aussehen beim fertigen Produkt, findet beim Gerben an diesen Stellen kein Heben der Blöße statt und nur ein Angerben von der Aasseite aus, denn dieser Schorf schützt den Narben wie eine Stahlplatte vor dem Eindringen des Gerbstoffes.

Auch hier sind die Eiweißstoffe die unmittelbare Ursache; ist das Eiweiß nicht mehr in seinem natürlichen Zustande, so können die verschiedenen Prozesse zum Haarlosmachen nicht regelrecht einwirken.

Rohe Häute, welche verbrannt oder verhitzt sind, lassen sich gar nicht oder nur mit großer Gefahr für die Haut schwitzen, und dann noch mangelhaft.

Salzhäute, welche entweder nicht genug oder zu lange gewässert haben, schwitzen ebenfalls schlecht; der eine Grund ist: das noch vorhandene Salz schützt die Eiweißstoffe vor dem raschen Übergang zur Fäulnis, der zweite Grund ist: weil die Haut verwässert ist, d. h. der Haut ein Teil der Eiweißstoffe durch das zu lange Verweilen im Wasser entzogen worden sind, ist dieselbe entkräftet. In allen diesen Fällen tritt der Umstand ein, daß an den Stellen, wo sich dieser Übelstand zeigt, die Haare sich nicht lösen, dieselben müssen mit Gewalt entfernt werden. Auf dem Narben sitzt der Gneist fest wie angekittet.

---

# Das Anticalciumbad.

Wenn auch bei dem Haarlosmachen der Sohlleder ohne Schwitzen, wie wir solches beschrieben haben, keinerlei Mittel zum Entkälken angewandt zu werden brauchen, so ist dieses bei den später zu beschreibenden Ledersorten, wie Halbsohlleder, Brand- und Vacheleder, teilweise doch der Fall, und wollen wir hier bei den vorbereitenden Arbeiten die Art des Entkälkens und die Mittel dazu gleich einflechten.

Nach dem Scheren erhalten die Häute ein Anticalciumbad, pro 10 Hektoliter Wasser 2½ Kilogramm Anticalcium, worin die Häute unter häufigem Bewegen oder öfterem Aufschlagen 24 Stunden verbleiben.

Von hier aus findet ein tüchtiges Abspülen in frischem Wasser statt, dann wird der Narben gereinigt und über Nacht nochmals in frisches Wasser gebracht und am nächsten Morgen in die Farbe.

Bei den praktischen Versuchen zum Entkälken von Häuten, welche gemacht wurden, sind gute Resultate erzielt, und ist es nicht nötig, wie bei freien Säuren, die Stärke genau zu kontrollieren, sondern man kann mit einer höheren oder geringeren Konzentration operieren, ohne daß für die Blöße eine Gefahr vorhanden ist, und ist diese Entkälkungsart sehr gut angebracht bei Vache-, Zeug-, Blank-, Geschirr- und Maschinenriemenleder, wo bei diesen Ledersorten die mechanischen Arbeiten gespart werden.

Außer als Entkälkungsmittel dient das Anticalcium auch als sehr gutes Antiseptikum, welches sowohl zur Inhibierung von Zersetzungsprodukten als auch zur Konservierung der Hautblöße sehr gute Dienste leistet.

# Das Salzsäurebad.

Auf 100 Kilogramm Grünhaut werden 1½ Liter Salzsäure gerechnet, welche mit der zehnfachen Wassermenge von 30—35° R. verdünnt wird.

Die Entkälkungsprozedur beginnt, nachdem der Narben reingemacht ist, und wird am besten in einer Hängegrube vorgenommen, worin die Flüssigkeit bewegt werden kann.

Die verdünnte Flüssigkeit wird dem Wasser in kleinen Mengen zugesetzt, jedesmal nur so viel, als nötig ist, um eine schwach saure, mit Lackmuspapier zu kontrollierende Reaktion hervorzurufen. Ist die Reaktion verschwunden, wird wieder von der verdünnten Säure zugesetzt, und dieses geschieht so lange, bis die schwach rote Färbung des Lackmuspapieres beständig bleibt.

Das Entkälken geschieht in Wasser von 20—25° R. und dauert bei ganz schweren Häuten bis zu 5 Stunden. Entwaiges in der Blöße befindliches Fett wird nicht davon berührt.

Ein Nacharbeiten des Narbens braucht nicht mehr stattzufinden, nur ein Abspülen in frischem Wasser.

# Die Blöße.

Durch die verschiedentlichen Operationen, welche mit der Haut vorgenommen worden sind, hat man jenen Teil der Haut, aus dem das eigentliche Leder gebildet werden kann, erhalten, „die Lederhaut oder die Blöße".

Die Blöße, wie sie aus den Wasserarbeiten hervorgeht, ist mit Wasser dick aufgefüllt, hat aber eine gewisse Geschmeidigkeit behalten, und die rohe Haut ist in derselben im Querschnitt vollständig zu erkennen; die Fasern, aus welchen die Lederhaut besteht, liegen noch fest aneinander, so daß dem genügenden Eindringen der gerbenden Substanzen noch zu großer Widerstand entgegensteht.

In dem Zustande, in dem sie sich jetzt befinden, ist die Blöße noch nicht geeignet, dem eigentlichen Gerbeprozeß unterworfen zu werden, die Struktur ist noch viel zu dicht, um die Gerbstoffauflösung rasch und gleichmäßig aufzunehmen resp. durchzulassen, sie muß vorher noch einer weiteren Operation, dem „Schwellen", unterzogen werden.

## Das Schwellen der Blöße.

Die durch Schwitzen haarlos gemachte Haut stellt nach den Wasser- und Reinigungsarbeiten als Blöße eine gelbliche oder bräunliche Masse dar, von mäßiger Geschmeidigkeit und mit einem ziemlich hohen Gehalt an Wasser. Betrachtet man aber den Querschnitt einer solchen Blöße unter dem Mikroskop, so wird man finden, daß die Fasern, aus welchen das Lederhautgewebe besteht, noch zu dicht geschlossen aneinander liegen, um hinreichend Raum und Öffnung zu haben, damit das Eindringen der Gerbflüssigkeiten in entsprechendem Maße und mit genügender Leichtigkeit geschehen kann.

Die vor uns liegende Blöße muß in ihrem Bindegewebe so weit aufgelockert werden, daß die Gerbstofflösungen leicht in das Innere der Lederhaut eindringen können, und diese Auflockerung soll durch „Schwellen" oder richtiger „Ausquellen" geschaffen werden.

Beim „S c h w e l l e n" der Blöße nimmt dieselbe um so mehr an Dicke zu, je weiter man diesen Prozeß fortsetzt, und büßt an der Fläche dafür ein; aber je mehr die Lederhaut geschwellt ist, um so leichter läßt dieselbe sich gerben. Sie kann den Gerbstoff leichter aufnehmen, und es ist dann genügend Raum vorhanden zum Ablagern desselben.

Der „S c h w e l l u n g o d e r Q u e l l u n g" sind nicht alle Substanzen unterworfen, sondern nur solche, welche den Colloiden angehören.

Ganz ausgeschlossen von der Quellung sind Kristalloide.

Das Wesen der Quellung besteht in einer Wasseraufnahme in das Innere der quellenden Substanzen, und es ist deswegen immer mit einer Gewichtszunahme des schwellenden Körpers verbunden, in den meisten Fällen auch mit einer Volumenzunahme.

Letzteres kann porösen Körpern, z. B. der Haut, in dreierlei Weise geschehen:

1. Die festen Teilchen rücken auseinander, so daß sich die Zwischenräume oder Poren vergrößern.
2. Die festen Teilchen nehmen selbst an Volumen zu, ohne auseinanderzurücken, in welchem Falle die Zwischenräume verkleinert werden, oder
3. Die festen Teilchen nehmen an Volumen zu und rücken gleichzeitig auseinander.

Unter den Kräften, welche die Quellung bewirken können, kommen folgende in Betracht:

a) Kapillarität, durch die das Eindringen der Flüssigkeit in die Poren des Körpers bewirkt wird;
b) die Endosmose; diese ist wirksam, wenn der quellende Körper aus geschlossenen Zellen besteht, und
c) die molekulare Imbibition, die darin besteht, daß die Flüssigkeit zwischen die Moleküle der schwellenden Substanzen selbst eindringt, diese auseinandertreibt und so das Volumen vergrößert.

In vielen Fällen wirken auch mehrere dieser Kräfte oder alle drei gleichzeitig.

Für den Verlauf der Schwellung gelten folgende Gesetze:

1. Die Quellung jeder Substanz ist keine unbeschränkte, sondern besitzt ein gewisses Maximum. Dieses Maximum ist abhängig:
   a) von der chemischen Natur des quellenden Körpers;

b) von der chemischen Natur der Schwellungsflüssigkeit, was von besonderer Wichtigkeit für die Gerberei ist, da die Lösungen verschiedener Stoffe die Schwellung der Haut in sehr verschiedenem Grade bewirken;

c) von der Festigkeit und Elastizität des schwellenden Körpers; so schwellen z. B. Häute im Jugendzustande besser als im Alter;

d) von der Temperatur; eine niedrige Temperatur begünstigt die Quellung, eine höhere verlangsamt dieselbe oder hebt solche gänzlich auf.

2. Die äußeren Schichten des schwellenden Körpers erreichen das Ende der Schwellung früher als die inneren.
3. Die Geschwindigkeit der Schwellung ist beim Beginn am größten und nimmt mit der Annäherung an das Maximum allmählich ab.
4. Das Volumen der Summen des quellenden Körpers und der Flüssigkeit wird durch die Quellung vermindert; wie der Versuch beweist.
5. Mit der Quellung, speziell mit der Volumenverminderung ist stets eine Wärmeentwicklung verbunden.

Man kann daher den Vorgang der Quellung auch so betrachten, daß ein Körper, um quellen zu können, Wärme abgeben muß, und alle Umstände, welche dem schwellenden Körper Wärme entziehen, müssen daher die Quellung begünstigen. Hieraus erklärt sich auch die bessere Schwellung in kaltem Wasser, als in warmem.

Besser als in reinem Wasser ohne Zusatz erfolgt die Schwellung in verdünnten Lösungen von Alkalien oder Säuren. Stärkere Konzentrationen wirken weniger schwellend als vielmehr erweichend, auflösend, und sehr starke Lösungen wirken zerstörend.

Unter den Schwellungsmitteln wird häufig das „Formaldehyd" genannt, dasselbe wirkt indessen überhaupt nicht schwellend, sondern es erhält, resp. fixiert nur den gequollenen Zustand; außerdem wirkt das Formaldehyd stark fäulniswidrig.

Von „organischen Säuren" können in Betracht kommen hauptsächlich: „Milch-", „Butter-" und „Essigsäure", und diese Säuren bilden auch die Hauptbestandteile des Wirkens der „Treibfarben".

Als „Schwellen" bezeichnet man das „Prallwerden" und Aufgehen der Häute, wodurch das Leder voll, fest und steif wird. Dieses Prallwerden ist jedoch nur ein äußeres Zeichen und nicht die eigentliche Wirkung des Schwellens.

Die „Bindehautgewebesubstanz“ hat die Eigenschaft durch Einwirkung gewisser Säuren und Salze in vermehrtem Maße Wasser aufzunehmen, und zwar in anderer Weise, als dieses durch bloßes Durchtränken eines festen Körpers mit Flüssigkeit geschieht.

Man stellt sich den Vorgang so vor, daß sich die kleinsten Teile der Bindegewebesubstanz, je nach dem Grade der Schwellung, mit mehr oder weniger Wasser umhüllen.

Ferner haben die Säuren die Eigenschaft, durch ihre Einwirkung auf die Bindegewebesubstanz dieselbe in eine leimähnliche Masse zu verwandeln, d. h. die Säure zersetzt die gröbere Hautfaser in feinere Körper, welche der Gelatine ähnlich sehen.

Das Gewebe von Fasern, welche die eigentliche Lederhaut zusammensetzen, bildet dichte Bündel, eine Art von Strängen mit ziemlich parallel laufenden Fasern, welche untereinander verwebt und verschlungen scheinen; die einzelnen Gefäßbündel schließen dicht aneinander und würden dem Eindringen der Gerbflüssigkeiten derartigen Widerstand entgegensetzen, daß das Gerben viel länger dauern und dann doch nicht vollkommen sein würde.

Die durch die Säure verwandelte Bindegewebesubstanz gibt, wenn dieselbe mit „Gerbsäure“ behandelt wird, ein hartes Produkt, welches wir an Leder, welches ohne Säure behandelt worden ist, nicht bemerken.

Durch die feine Durchsetzung des Hautgewebes, beziehungsweise das Aufquellen mit Wasser wird eine feinere und intensivere Ablagerung des Gerbstoffes ermöglicht.

Die Gerbflüssigkeit, in welche die geschwellten Blößen gebracht werden, vermag jetzt auf jede einzelne Hautfaser einzuwirken, auf derselben den Gerbstoff abzulagern, diese dabei zusammenzuziehen und gegen Fäulnis unempfindlich zu machen.

Es ist jedem erfahrenen Fachmann klar, daß man mit dem Schwellen nicht über eine gewisse Grenze hinausgehen darf, will man nicht infolge zu weit getriebener Schwellung zwar eine sehr gelockerte Blöße, aber ein schwammiges, wenig festes Leder erhalten, dem jede Zähigkeit vollständig abgeht, welche von einem guten Sohlleder eine allgemein geforderte Eigenschaft ist und welche man neben der Festigkeit als stillschweigende Bedingung annimmt; daher der Ausdruck: „zähe wie Sohlleder“.

Das „Schwellen“ oder „Treiben“, wie der technische Ausdruck lautet, verfolgt zweierlei Zwecke:

erstens: Die Eiweißstoffe der Blöße zum Aufquellen zu bringen und gleich hinterher gerinnen zu lassen, damit solche der Haut erhalten bleiben, und

zweitens: Die leimgebende Substanz der Haut zu lösen, vorzubereiten, damit sich die gelöste leimgebende Substanz mit der ihr allmählich zuströmenden Gerbsäure zu einer unlöslichen Verbindung umformen kann. Es ist gerade diese Umformung, auf welche sich die guten Eigenschaften derartig getriebener und gegerbter Sohlleder begründen.

Man muß der Gerbsäure Gelegenheit geben, bei der Umwandlung in Leder ihre Schuldigkeit zu tun. Es wird dann ein Sohlleder resultieren, welches in allen Teilen gut durchgegerbt ist, sich voll anfühlt, glatt im Schnitt ist und, ohne die Elastizität gänzlich eingebüßt zu haben, doch jene „starre Festigkeit" besitzt oder, wie der technische Ausdruck lautet, „guten Stand" hat, wie solche Eigenschaften von einem sehr guten Sohlleder verlangt werden, mit gutem Rendement.

Die Fasern, aus welchen die Lederhaut zusammengesetzt ist, haben die Eigenschaft, durch verschiedenerlei Säure binnen kurzer Zeit aufzuquellen, und das Schwellen fußt auf dieser Eigenschaft.

Besonders sind es die Mineralsäuren, welche in hohem Grade die Eigenschaft besitzen, das Schwellen zu bewirken. Sie äußern aber gleichzeitig so nachteilige Wirkungen auf das Gewebe der Haut, daß nur im äußersten Notfalle in einer gut geleiteten Gerberei davon Gebrauch gemacht wird.

Mit Mineralsäure geschwellte Häute machen den Aufquellungsprozeß zwar sehr rasch durch, zeigen aber danach einen harten, spröden Charakter, der am fertigen Leder leicht erkennbar ist.

Die Eiweißstoffe sind bei derartig gequollenen Blößen nicht genügend an die Oberfläche gelangt, konnten sich daselbst nur höchst mangelhaft ablagern und lassen beim Fabrikat den Narben nicht hell und mit Mud belegt, sondern rötlich oder blau und schleimlos erscheinen.

Auf die übrigen Hautgebilde üben die Mineralsäuren ebenfalls einen nachteiligen und sehr zerstörenden Einfluß aus, wobei sie allerdings die leimgebende Substanz wohl lösen, aber auch zu zersetzen imstande sind.

## Die Sauerbrühe.

Bei dem alten Säuerungsverfahren ist es auch nur in den seltensten Ausnahmefällen nötig, Mineralsäuren zu Hilfe zu nehmen, da hier stets „Sauerbrühe von guter Sauerlohe" vorhanden sein kann und auch ist.

Die „Sauerbrühe" wird aus der „Sauerlohe" der beim Gerben auf der Haut sauer gewordenen tannin- und proteinhaltigen Vegetabilien durch Auslaugen mit Wasser gebildet.

Es wird hierzu das gebrauchte Streumaterial des letzten Satzes verwendet, und wenn man den Ledern 4 Sätze gibt, dasselbe vom 3. und 4. Satze. Von dem Streumaterial sind es gerade die sich umbildenden Proteinkörper, welche in den Schwellfarben die gewünschte Wirkung ausüben.

Es ist bei dem Streumaterial vor allem darauf zu achten, daß dasselbe aus dem besten Stoff besteht, und es dürfte für den Fachmann kein Zweifel obwalten, daß bei diesem System die junge Eichenspiegelrinde das geeignetste Material ist, denn wir wissen: je jünger die Pflanze, je kräftiger ihre Ernährung, je günstiger der Standort, desto mehr gärungsfähige Momente sind in ihr abgelagert, und der Wert gerbstoffhaltiger Rinden sowie sämtlicher zum Gerben benutzter tannin- und proteinhaltiger Vegetabilien für diese Art des Gerbens von Sohlleder ist in dem Vorhandensein und in der Art des Mitarbeitens dieser gärungsfähigen Stoffe begründet.

Die „S a u e r g r u b e n" werden auf folgende Art angesetzt.

In den ca. 2 m im Quadrat großen und tiefen Holzgruben, mit einem Doppelboden und Pfaffen versehen, wird, nachdem die Gruben gründlich gereinigt sein müssen, die von den angeführten Sätzen kommende, bereits in Gärung befindliche Sauerlohe eingefüllt und f e s t g e t r e t e n, auch kann man als Ferment etwas frisch gemahlene Rinde von Zeit zu Zeit dazwischenfüllen, denn die zum Schwellen zu verwendende gute saure Lohe muß einen gewissen Bestandteil an Gerbsäure enthalten, um der vorzeitigen Bildung von Essigsäure usw. vorzubeugen. Ist die Grube bis auf 15 cm vom Oberrande in festgetretenem Zustande aufgefüllt, so wird ein Holzdeckel darüber gelegt, derselbe auf irgend eine Art befestigt oder mittelst Steinen beschwert und der Rest der Grube wird mit reiner ausgenutzter Lohe vollgefüllt und festgetreten.

Die gefüllte Grube wird mit klarem, kaltem Wasser abgetränkt und von Zeit zu Zeit mit Wasser nachgefüllt.

Die Ränder der Sauergruben müssen ca. 10 cm über den Fußboden hinausragen, damit kein Schmutzwasser in die Grube gelangen kann. Zu diesem Zwecke ist es gut, den oberen Rand aus in Zement gemauerten Backsteinen zu machen, da sonst das aus der Erde ragende Holz der Grube leicht fault.

Die bereits während der Versetzung in Gärung begriffen gewesenen Gerbstoffmaterialien setzen die Gärung hier fort, und es bildet sich unter dem möglichsten Ausschluß der Luft langsam jene so kostbare Sauerbrühe, welche uns befähigt, den Schwellprozeß in höchster Potenz durchzuführen und dadurch den Gerbeprozeß vorzubereiten.

Beim Auffüllen der Sauergrube hat man besonders darauf zu achten, daß die Sauerlohe durchaus nicht länger als nötig der Luft, welche die Lohe dunkelt, ausgesetzt ist und mit den in Umsetzung begriffenen Körpern Verbindungen eingehen kann und auch eingeht, welche der Sauerlohe brauchbare Substanzen entziehen und eine minderwertige Sauerbrühe liefern.

Die gefüllten Sauergruben bleiben uneröffnet stehen und werden zweckmäßig der Reihe nach benutzt. Man macht nur dann eine Ausnahme, wenn man bemerkt, daß die eine oder andere Sauergrube eine abnorm rasche Gärung zeigt, oder umgekehrt eine Sauergrube zurückgestellt werden muß, weil sie ausnahmsweise keine hinreichende Säure entwickelt hat. Legt man für je 100 Häute wöchentlich 15—16 Sauergruben an, so wird man stets einen hinreichenden Vorrat an Sauerbrühe haben.

Die einmal abgezogene Sauerlohe, deren Brühe zur Ansetzung der frischen Sauerfarbe benutzt worden ist, wird wieder mit frischem Wasser aufgefüllt, und dieses geschieht 3—4 mal, d. h. so lange, als die Sauerlohe noch Gerbsäure in sich hat.

Die zweite Wasserauffüllung kann zur Hälfte mit der Sauerbrühe aus den folgenden Sauergruben zum Ansetzen der frischen Schwellfarbe benutzt werden, die späteren Wasserauffüllungen werden zum Abtränken der folgenden Sauerlohe benutzt.

Dort, wo eine Vorrichtung vorhanden ist, um mittels Dampf Gerbmaterialien zu entlaugen, ist es gut angängig, die 3 oder 4 mal mit kaltem Wasser abgetränkte Sauerlohe in diese Extrakteure zu bringen und dort auszukochen, damit so wenig als möglich Gerbstoff verloren gehen kann, doch darf dieser Absud nicht wieder zum Sauerlohabtränken benutzt werden, sondern nur zum Auslaugen des frischen Materiales.

Die ausgenutzte Sauerlohe kommt zur Lohpresse und dient als Brennmaterial.

Die natürliche Sauerbrühe hat einen Durchschnittsgehalt von $^7/_{10}$—$1\frac{1}{2}$ % Säure. Danach kann man sich beim Frischansetzen einer Schwellfarbe richten.

Fig. 14. Lohpresse mit hydraulischem Druck. Firma Meister, Hof i. Bayern.

Die Lagerdeckel der oberen Walze sind als Kolben ausgebildet, welche in Zylindern unter Wasserdruck stehen.

Die Handhabung der Presse ist sehr einfach; mittels der beigegebenen Handdruckpumpe wird Druck auf die Presse gebracht (10 bis 12 Atmosphären), und nach Schließen des Absperrventils ist die Presse betriebsfertig.

## Die Schwell- und Treibfarben bei der echten alten Kernledergerberei mit Eichenlohe in Gruben.

(Unter Farben versteht der Gerber die Gerbflüssigkeiten.)

Die Gruben resp. Behälter zu den Schwell- oder Treibfarben sollen durchschnittlich eine Länge von ca. 2,50 m, eine Breite von ca. 2 m und eine Tiefe von ca. 2,25—2,35 m haben und als Einhängefarben benutzt werden, weshalb die Tiefe der Gruben etwas außergewöhnlich erscheint, aber hierdurch erklärt ist.

Bei Gruben, in welchen die zu färbenden Blößen über Stangen, doppelt geschlagen, gehangen werden, sind die Längen- und Breitenmaße dieselben, nur die Tiefe der Farben ist geringer, dieselbe beträgt 1,25 m.

Die Farbgruben *G* sind an ihrer oberen Seite mittelst eines kupfernen Rohres *C* verbunden, welches an der Auslaufseite nach unten gebogen ist, wodurch die überflüssige Brühe in die Nebenfarbe abläuft. Es braucht bloß die erste Farbe mit Verstärkungsbrühe aufgefüllt zu werden, dann tritt von der höheren Farbe in die nebenstehende Farbe jedesmal von der stärkeren Brühe der gleiche Betrag über. Aus der letzten, ausgelaugten Farbe läßt man dann die obere

Brühe fortlaufen. So verstärken sich die Farben ziemlich gleichmäßig; ein Gradieren muß jedoch täglich mindestens einmal stattfinden, um sich zu überzeugen, daß alles stimmt, sonst muß nachgeholfen werden.

Alle Gruben sollen einen leicht geneigten Boden haben mit Abflußloch zum Selbstentleeren. Vom oberen Rande der Farbgrube 0,20—0,25 m entfernt befindet sich an zwei entgegengesetzten Seiten je ein Querbalken zum Auflegen der Aufhängestangen, welche sich stets unter der Oberfläche der Brühe befinden müssen.

Der Sohlledergerber muß einen doppelten Gang von je 12 Treibfarben haben, welche 12 Farben, von der schwächsten Farbe an beginnend, sämtlich von den zu treibenden Blößen durchlaufen werden müssen, bis zu der speziell für sie angesetzten frischen Sauerfarbe, bei

Fig. 15. **Farbgruben.**

einer Einarbeitung von 25 Haut pro Tag oder auch bei 100 Haut pro Woche.

Wir wissen wohl, daß in den alten Sohlledergerbereien meistens kein so großer Farbenzyklus vorhanden war, sondern daß es kleinere Gerbereien gab, welche nur ein oder zwei Sauerfarben hatten und auch darin ihre Blößen fertig färbten, aber wir wollen von den bereits vor 30—40 Jahren rationell betriebenen Eichensohlledergerbereien sprechen, um im Verlaufe zu sehen, wie langsam eine Erleichterung, resp. Verbesserung der andern gefolgt ist.

Wenn es möglich ist, müssen die Farben so angelegt sein, daß die fortzulassende Brühe nicht ausgepumpt zu werden braucht, sondern durch eine angebrachte Vorrichtung die Brühe allein ablaufen kann.

Der „Farbengang" beginnt mit der schwächsten Farbe, „Stinkfarbe" und steigt von Farbe zu Farbe, sowohl an Gehalt an Gerbsäure, als auch an Reinheit der organischen Säure.

Während des Gerbeprozesses hat sich in den tannin- und proteinhaltigen Vegetabilien bereits eine Gärung entwickelt, bedingt durch die gleichzeitige Anwesenheit von Zucker- und Stärkemehl bei Gegenwart der zu gerbenden Haut, welche mit der weinigen Gärung beginnend, Milch- und Buttersäure bildet und bei längerem Stehen sogar Essigsäure, was aber in diesem Stadium vermieden werden muß, wie auch die Bildung von Essigsäure in der Sauergrube.

Es tritt beim Gerben in der Grube ein vollständiger Gärungsprozeß ein, die Produkte des Gerbmaterials scheiden sich aus und lagern sich in und auf die zu gerbende Haut und geben derselben hierdurch das nötige Füllmaterial, wodurch das Leder den vollen Griff erhält.

Die „Ammoniaksalze" üben auf die Eiweißstoffe der Haut einen kräftig lösenden Einfluß aus, und die Wirkung des Erweichens der Eiweißstoffe und des Voneinandertrennens der Zellenelemente ist an der getrocknet gewesenen und gehörig gewässerten sowie geweichten Haut zu beobachten, während dieselbe in der Stinkfarbe ist.

Das Äußere der Blöße wird schlüpfrig glatt durch die austretenden Eiweißstoffe, und man kann auf dem Narben ganz deutlich die helleren Streifen der auseinander gepreßten inneren Hautgebilde erkennen, ein treffender Beleg, daß trotz des längeren Weichens die Haut nach dem Haaren doch noch nicht genügend in ihrem Innern erweicht war, sondern erst in der Stinkfarbe den Wirkungen der Ammoniaksalze vollständig nachgegeben hat.

Ist aber die Wirkung der in den Stinkfarben enthaltenen Ammoniaksalze auf die Blöße eine zu lange, so springt der Narben, und das innere Gefüge der Lederhaut wird derart vernichtet, daß die elastischen Stränge sich kurz und brüchig abbrechen lassen.

„Ammoniaksalze" zerstören gerne den Narben und kennzeichnen sich durch kernlose, kraterförmige, kleine Oeffnungen, welche mit einem dunklen Rand umgeben sind. Der Gerber nennt sie „Sommerflecke", und an diesen Stellen ist das Eiweiß bis tief in die Rete Malpighii zerstört.

Es ist daher genau darauf zu achten, daß die Blößen nur bis zu einem gewissen Zeitpunkt in der Stinkfarbe verbleiben, um dann sofort in eine andere Farbe übergeführt zu werden, welche einen kleinen Prozentsatz an Gerbsäure enthält, durch welche die zerstörende Einwirkung der Ammoniaksalze gehemmt wird.

„Salzhäute" dürfen in solche kräftig wirkenden Stinkfarben nicht gebracht werden, denn dieselben würden darin vollständig der Zersetzung preisgegeben sein.

Die durch das Salz bereits etwas gelösten Eiweißstoffe würden der Haut entzogen werden, und ein leeres und narbenbrüchiges Produkt ohne Gewichtsrendement wäre die Folge.

Gegerbt hat das Leder dann eine fuchsigrote oder gar bläuliche Farbe, von der gewohnten weißen Schleimablagerung auf dem Narben ist keine Spur vorhanden.

In den besseren Treibfarben sind die Ammoniaksalze nicht vorhanden, an Stelle derselben finden wir die sich zuerst bildenden vegetabilischen Säuren, „Milch- und Buttersäure“, welche, wie wir wissen, durch ihre Einwirkung ein weiteres Lösen der in der Haut eingelagerten Eiweißstoffe verhindern und letztere gerinnen machen, wobei von den Eiweißstoffen und der Intercellularsubstanz Buttersäure aufgenommen wird, wobei die ersteren gerinnen und die zweite sich löst, wodurch die Haut befähigt wird, große Mengen Wassers in sich aufzunehmen.

Die Hautfasern sind dann mit Wasser angefüllt und haben sich ausgedehnt, beinahe bis zum Übermaß, leere Zwischenräume finden sich dann nicht mehr vor, und man erkennt den hinreichend aufgequollenen Zustand an dem Durchsichtigwerden der Haut; sie läßt einen auf sie fallenden Lichtstrahl durch, dies wird ermöglicht durch die fest aneinander stehende Masse der mit Wasser vollgefüllten Fasern.

Von allen vegetabilischen Säuren, welche sich während des Gärungsprozesses bilden, ist die „Buttersäure“ am meisten befähigt die Eiweißstoffe aufzuquellen und gerinnen zu lassen. Es hängt von der Art und Weise ab, wie die Eiweißstoffe quellend gerinnen, ob gutes oder schlechtes Sohlleder entsteht.

Ist die schlechteste Grube passiert, so müssen im weiteren Verlaufe des Schwellprozesses die Treibfarben, von Farbe zu Farbe steigend, reicher an Gerbsäure sein, wobei die entsprechenden vegetabilischen Säuren gleichzeitig in größerem Maße vertreten sein müssen, damit nicht infolge des Mangels der letzteren durch das zu starke Zuführen von Gerbsäure ein Verfallen der Blöße eintreten kann.

Der Gehalt an Gerbsäure und vegetabilischen Säuren regelt sich beim rationellen Betriebe beinahe von selbst, und der Gerber hat sein Augenmerk hauptsächlich aus den oben angeführten Motiven auf die schlechteste Farbe zu richten, und wir werden daraus erkennen, daß für getrocknet gewesene und gesalzene Häute sich nicht dieselbe „Stinkfarbe“ eignet.

Sind die Treibfarben in Ordnung, so färbt sich die Blöße gleichmäßig ab, dieselbe wird neben dem Aufquellen auch allmählich fester, die Folgen der einwirkenden Gerbsäure werden erkennbar, ohne daß ein Narbenziehen stattfinden darf; die äußeren Teile der Haut fangen an sich zu gerben und legen sich fest auf die noch schwellenden, darunter befindlichen Teile der Haut, und dadurch erhält sich das Gequollensein.

Würden die treibenden Blößen im Verlaufe der besseren Treibfarben keinen genügenden Gehalt an Gerbsäure in demselben vorfinden, so würde nicht nur ein übermäßiges Aufquellen der Eiweißstoffe stattfinden, sondern auch die leimgebende Substanz würde durch die stets schärfer werdenden Säuren in einem solchen Maße gelöst werden, daß dieselbe sich in ihren engen Grenzen nicht halten kann und die einzelnen Hautgebilde sprengt.

Die übermäßig aufgequollene leimgebende Substanz bricht sich dann nach außen hin Bahn und lagert sich als schmierige Masse gelatineartig ab.

Aber ebenso ist ein Zuviel an Gerbsäure in den Schwellfarben nicht zuträglich, weil dieselbe die Eigenschaft hat, der Blöße Wasser zu entziehen und dadurch einem Aufgehen der Haut hindernd entgegentritt. Die zu große Menge an Gerbsäure ist an dem Krauswerden, dem Ziehen des Narbens deutlich erkennbar.

Aus diesen Ausführungen ergibt sich, daß Gerbsäure und vegetabilische Säure in den Treibfarben, je nach dem Stadium, in welchem sie sich befinden, stets gleichen Schritt halten müssen, d. h. in dem richtigen Verhältnis sein sollen, und zwar soll die Gerbsäure in dem Maße stärker vertreten sein, je mehr die Treibfarbe sich der besten nähert, wonach also die frisch angesetzte Farbe mit dem größten Gehalt darin vertreten ist, und erst, nachdem die Haut vollständig „ausgetrieben", demgemäß zur Aufnahme von größeren Mengen Gerbsäure befähigt ist, kann man mit stärker wirkender Gerbsäure an diese herantreten.

Bei einer gut geschwellten Haut muß der Narben durchgegerbt sein und prall, fest und glatt auf der unterliegenden Hautschicht aufliegen. Die aufgequollene Bindegewebsmasse zeigt deutlich das grobe Netz indifferenter Gewebe, und es sind die Partien am Scrotum, Beutel, an denen der Gerber sehr leicht erkennen kann, ob die Haut genügend ausgetrieben ist oder nicht.

Diese bei der rein gemachten Blöße weich, schlapp und lappig erscheinende Hautpartie ist jetzt straff und voll, die einzelnen Fasern sind ganz und gar mit Wasser angefüllt und haben das stramme Aussehen wie eine fest aufgeblasene Schweinsblase mit starken Runzeln.

Bei der vollständig ausgetriebenen Blöße müssen die Eiweißstoffe der ganzen Haut für den folgenden Gerbeprozeß vorbereitet sein, während die leimgebende Substanz nur erst in den äußeren Partien so weit ist und solche in den inneren Hautgefügen während des Gerbeprozesses sich weiter vollziehen muß.

Soll sich dieses Lösen der leimgebenden Substanz durch die ganze Stärke der Haut überall gleichmäßig vollziehen, so darf dies nur langsam geschehen, damit die vegetabilischen Säuren, die Produkte der tannin- und proteïnhaltigen Gerbstoffe, genügend Zeit haben, sich zu bilden und ihren Einfluß auf die zu gerbenden, tieferliegenden Hautgebilde ausüben können.

Jedes einseitige Einwirken von reiner Gerbsäure, selbst auf die bestgeschwellte Blöße, muß dieselbe verfallen lassen.

Demgemäß haben unsere Vorfahren bereits in diesem Sinne gegerbt, indem sie mit dem Gerben der Sohlleder sehr langsam vorgingen, wenn auch weniger aus ihnen bekannten Gründen, sondern nur weil auf diese Art das beste Leder erzielt worden ist.

Die genügend angeschwellte Haut erhält „tannin- und proteïnhaltiges Gerbmaterial, Eichenrinde," und es entwickeln sich während des Versetztseins durch Beigabe von Wasser die in demselben enthaltenen Stoffe, es tritt die bekannte Gärung ein, und das Material muß erneuert werden, sobald der Zweck erfüllt ist.

Wir wissen, daß das Versetzen in geschwelltem Zustande leichter auszuführen ist, als das Erhalten des geschwollenen Zustandes, welch letzteres aber zu einem guten Fabrikat unbedingt nötig ist und während des ganzen Gerbeprozesses unter allen Umständen erhalten werden muß. Auf welche Art dieses geschehen kann, glauben wir vorstehend ausführlich erläutert zu haben.

In der Neuzeit versteht man es, auf sehr viel weniger mühevollem Wege die zum Gerben vorbereitete Haut in ihrem schönen prallen Zustande zu erhalten, wenn noch so große Mengen an Gerbsäure zugegeben werden. Es genügt ein Formalinbad, welches auf 1 cbm Wasser nur 1 kg Formalin enthält. In einem solchen Bade sollen die Häute 4 Stunden verbleiben, ehe sie der Treibfarbenwirkung ausgesetzt werden.

— —

Bevor wir die Blöße durch die richtig geführten Treibfarben aus reiner Sauerbrühe geleiten, wollen wir zunächst die hier und dort angewendeten Brühen zum Schwellen besprechen, welche nicht aus Sauerlohe hergestellt worden sind.

In den nordischen Gerbereien, wo hauptsächlich mit Birkenrinde Sohlleder hergestellt wurde, erhielten die Häute nach Beendigung der Vorarbeiten und tüchtigem Wässern in kaltem klaren Wasser mehrere

Schwellfarben, welche aus altem Versetzmaterial hergestellt worden waren, indem man mehr oder weniger schwache Brühen auf demselben stehen ließ, wobei allmählich durch Gärung Säure erzeugt werden sollte, und diesen Brühen wurde, um sie stärker säurehaltig zu erhalten, in verschiedener Weise nachgeholfen.

Das einfachste in dieser Beziehung ist, stark konzentrierte Brühen zuckerreicher Gerbmaterialien auf altem sauren Versetzmaterial stehen zu lassen, und es ist zu empfehlen, die Temperatur des Ganzen auf 25—30 Grad R. zu halten.

Dort, wo mit reiner Birkenrinde gegerbt wurde, erhielt man von dem letzten Satz eine gute Sauerlohe, welche teils durch Wasser abgezogen und als Sauerbrühe benutzt wurde, teils als Lohe mit der Brühe in die Farben gefüllt wurde, die beide gut schwellten.

Dann kann man eine „Schwellsäure", sogenannte „Weißbeize", die milchsäurehaltig ist, herstellen, indem man Gerstenschrotbrei durch Sauerteig in Gärung bringt, mit Wasser auszieht und dann auf das gebrauchte säuernde Versetzmaterial bringt.

Die weiße Schwellbeize wird hergestellt aus 3 kg Weizenkleie und ½ kg Sauerteig auf je eine schwere Haut, ca. 50—60 kg grün; der Brei wird mit heißem Wasser übergossen und auf 20° R. abkühlen gelassen. Wenn die Gärung beginnt, werden die Häute eingehangen, wiederholt herausgenommen oder die Brühen bewegt. Die wirksamen Stoffe sind organische Säuren in folgender Reihe: Milch-, Butter-, Essig- und Propionsäure.

Unter den Säuren, welche durch Einwirkung von Sauerteig auf Gerstenschrot oder auf Weizenkleie entstehen, ist die „Milchsäure" diejenige, welche die Hautfaser am wenigsten angreift. Da sich dieselbe bei der Gärung zuerst bildet und erst infolge des weiteren Gärungsprozesses in Buttersäure, dann Essigsäure usw. zerfällt, so sollte man bestrebt sein, nur solche Flüssigkeiten zu verwenden, in denen der Gärungsprozeß noch nicht bis zur Essigsäure gediehen ist.

Aber in der Praxis hält dieses sehr schwer, indem man nicht stets frische Ersatzbrühen zur Hand hat, welche in dem richtigen Gärungszustand sich befinden, andererseits tritt in diesen Flüssigkeiten, beim Verweilen der Haut in derselben, die Bildung der fortschreitenden Säuren zu bald ein.

Die Wirkung der Milchsäure auf die Hautgebilde ist insofern unter allen Säuren die günstigste, als sie das Quellen der Blöße rasch bewerkstelligt, ohne die Hautfasern merklich anzugreifen und genügen Brühen mit 2 % Milchsäuregehalt.

In anderen Gegenden setzt man dem alten Versatzmaterial schichtweise Traubenzucker zu, auf 100 Liter Brühe oder Wasser ca. 10 kg und glaubt dadurch besonders gute Sauerbrühe zu erzielen.

Zu demselben Zwecke werden Sägespäne mit altem Versetzmaterial vermischt und diese Mischung mit einer Lösung von 1½ % Traubenzucker überfüllt = 1½ kg auf 100 Liter Flüssigkeit. Man hält die Temperatur auf 25—30° R. und zieht die Brühe, nachdem solche sauer genug geworden ist, ab; man kann diese Operation 3—4 mal wiederholen, indem man jedesmal frische Traubenzuckerlösung zusetzt.

Eine rasche Schwellwirkung haben die Mineralsäuren, so Oxalsäure, Salzsäure, Schwefelsäure, welche in den Gerbereien auf verschiedene Art verwendet werden; teils werden dieselben den in Gebrauch habenden Treibfarben zugesetzt, teils als separate Farbe mit klarem Wasser hergestellt. Diese Zusätze von Säuren sind nur bei solchen Gerbesystemen erforderlich, wo säurebildende Stoffe wenig oder gar nicht verwendet werden. Beim Gerben mit tannin- und proteïnhaltigen Vegetabilien ist es nur nötig, von Zeit zu Zeit frische saure Brühen zu erhalten und diesen das nötige Schwellmaterial zu entnehmen.

Bei Anwendung von stark konzentrierten Säuren ist darauf zu achten, daß die natürliche Sauerbrühe nur einen Maximalgehalt von 1½ % Säure enthält, und dieses ist bei Anwendung der englischen oder norddeutschen Methode wohl in Betracht zu ziehen.

„Eisenoxydulsalze“, zum besseren Schwellen der Blößen, werden in manchen Gerbereien den Sauerbrühfarben zugesetzt, um so die stark schwellende Eigenschaft derselben zum Treiben des Sohlleders zu verwerten, und unsere Vorfahren haben schon im Anfang des vorigen Jahrhunderts dieses Mittel benutzt.

Man setzt der Schwellfarbe Eisenbrühe, welche man aus Schmiedeeisen mit Sauerbier oder Molkenwasser gewonnen hat, zu, oder man legt die Eisenstücke direkt in die Farbe. Andere setzen essigsaures Eisenoxydul zu, und man hat gefunden, daß die Blößen besser schwellen und dem Leder einen dunkleren Schnitt geben.

Die in dem Hautgewebe abgelagerten Eisensalze sind aber nicht beständig, sondern es beginnt bald in dem Leder die Umlagerung ihrer Bestandteile. Die in den Farben und dem Versenk ganz dunkel aussehenden Leder hellen sich bei jedem Satze mehr auf und zeigen, wenn sie ganz nach altem System gut und lange genug gegerbt sind, eine feine Eichenlohfarbe, beinahe heller wie sonst üblich.

Aber jeder Gehalt an Eisen, welcher mit den gerbenden Substanzen in Berührung kommt, zehrt an denselben und geht der Haut verloren; denn Eisen ist das kräftigste Reagens auf Gerbsäure und verbindet sich im aufgelösten Zustande mit derselben sehr leicht. Es entstehen dieselben Verbindungen, wie solche bei Schwärzen und Tinten sich vorfinden, wodurch die Blöße dann allerdings dunkel gefärbt, aber nicht gegerbt wird; im Anfang ist die Farbe dunkelgrau, dann dunkelbraun und zuletzt schwarz.

Diese dunkeln Farben verschwinden im Laufe des weiteren Gerbeprozesses, indem sich unter dem größeren Zusatz von gerbstoffhaltigem Material gerbsaures und gallussaures Eisenoxydul bildet, eine farblose Verbindung, und hierdurch erscheinen später die Leder in hellerer Farbe. Diese Fähigkeit des Eisens, mit der Gerbsäure in größerem Maße Verbindungen einzugehen, geschieht auf Kosten der Gerbsäure, resp. des dieselbe bezahlenden Gerbers.

Von den verschiedenen Arten der Schwellfarben, welche wir im Vorstehenden kennen gelernt haben, ist keine einzige, wie wir im Nachstehenden darlegen wollen, welche unserer alten Eichenlohsauerbrühe auch nur gleichkommt.

Die „Weißbeize" aus Gerstenschrot hergestellt, „der sogenannte Schweller", entwickelt Säuren, welche die Haut schwellen machen, sobald aber der Brei in Gärung übergegangen ist, folgen Umsetzungen in so rascher Reihenfolge mit einem Anhange von Nebenprodukten, daß die Produkte der fauligen Gärung zu bald anfangen, auf die zu schwellende Blöße einzuwirken und dort zersetzende Kraft auszuüben. Die zu rasch voranschreitende Gärung durcheilt alle Stufen in kurzer Zeit, und es liegt hierin das Nachteilige der Weißbeize für die zu schwellende Haut.

Die vielfach empfohlenen „Zusätze von zuckerhaltigen Stoffen" haben denselben Erfolg, denn Zuckerlösung mit faulenden Substanzen zusammengebracht, wozu auch die rohe Blöße, welche zum Schwellen bestimmt ist, gerechnet werden darf, liefert in kurzer Zeit in den Gärungsprodukten der schwellenden Haut nachteilige Säuren.

Es ist die Verwendung dieser beiden Schweller nicht zu empfehlen. Wird dem Treibverfahren von diesen gärenden Beizen zugesetzt, so wirken diese doppelt schädlich.

Erstens: auf die Eiweißstoffe der zu schwellenden Haut üben dieselben den bekannten nachteiligen Einfluß aus, und zweitens werden die in den Schwellfarben vorhandenen gärungsfähigen Momente zum großen Teil zerstört, denn die rasch auftretenden scharfen Säuren, wie Essigsäure und andere hierher gehörende Säuren, lösen selbst im verdünnten Zustande, nicht nur die Eiweißsubstanz, sondern auch die Leimstoffe und zerstören somit das Eiweiß der Haut, sowie auch die gärungsfähigen Stoffe der tannin- und proteïnhaltigen Vegetabilien.

Diese letztangeführte Wirkung hat vielleicht mancher Gerber in seinem eigenen Betriebe zu seinem großen Nachteil erfahren, denn es gab eine Zeit gegen die Mitte des vorigen Jahrhunderts, wo es als ein sorgfältig gehütetes Geheimmittel galt, den Schwellfarben „Holzessig" und „Zucker" beizugeben, um dadurch den höchsten Effekt des Schwellens zu erreichen.

Es wurde allerdings ein Aufquellen der rohen Haut erzielt, aber die Eiweißsubstanzen, sowie ein Teil der Hautgebilde wurden zerstört und die Güte des fertigen Produktes war weit minderwertiger, wie auch die Schwellfarben als solche verschlechtert wurden.

„Mineralsäuren" üben eine noch zerstörendere Wirkung auf die Proteïnkörper aus; diese vernichten, den Treibfarben zugesetzt, die gärungsfähigen Stoffe der in den Schwellfarben sich vorfindenden tannin- und proteïnhaltigen Vegetabilien sehr bald, es kann an ein fortschreitendes, regelrechtes Schwellen nicht gedacht werden, und es ist nicht ausgeschlossen, daß die in den Farben den schwellenden Blößen gegebene Mineralsäure oft noch eine zerstörende Wirkung auf das fertige Leder ausübt.

Es ist unbestreitbar, daß die Mineralsäuren eine sehr rasche Schwellung bewirken, und die Blößen sind innerhalb 24 Stunden leicht auf das Doppelte ihrer ursprünglichen Dicke zu bringen, so daß es in Bezug auf das Gequollensein vollständig genügt, dieselben sofort in die gerbenden Flüssigkeiten zu bringen.

Aber der Gerber, welcher derart geschwellt hat, weiß genau, daß die Kürzung der Schwellzeit ihn sehr teuer zu stehen gekommen ist. Die mittelst Mineralsäure geschwellten Blößen liefern ein Leder, welches an Aussehen und Güte so weit hinter dem in Sauerbrühe geschwellten zurück ist, daß es im Verhältnis nur geringe Preise erzielt. Derartige Leder sind sofort an dem Aussehen zu erkennen.

Vergleichen wir nun die Vorgänge, welche beim raschen Schwellen mittelst Mineralsäure vor sich gehen mit jenen, welche beim Schwellen in den richtigen sauren Treibfarben stattfinden, so läßt sich sehr gut erklären, weshalb die letztere Art des Schwellens eine bessere Qualität Sohlleder liefern muß als nach der ersten Art.

Bei A n w e n d u n g v o n M i n e r a l s ä u r e zum Schwellen werden die einzelnen Fasern, aus denen die Bündel der Lederhaut zusammengesetzt sind, g e w a l t s a m v o n e i n a n d e r g e z e r r t und in dieser Lage durch die sehr rasch vor sich gehende Wasseraufnahme erhalten. Das übermäßig gelockerte Hautgewebe ist bei dem jetzt folgenden Gerbeprozeß allerdings in der Lage, sehr schnell Gerbstoff in sich aufzunehmen und durch die dadurch entstehende Wasserentziehung wieder zusammenzuziehen, aber die beim Schwellen auseinandergerissenen Fasern legen sich nicht mehr dicht aneinander, das Produkt, welches man erzielt, hat stets eine wenig dichte, schwammige Beschaffenheit. Es läßt trotzdem ein leichtes Brechen des Narbens zu und zeigt wenig Festigkeit.

In den Sauerbrühfarben findet beim Schwellen mit den weit weniger stark wirkenden organischen Säuren ein allmähliches Auseinandergehen der Hautfasern statt, wodurch nur ein sorgfältiges Trennen der Fasern voneinander bewirkt wird, ohne daß dieselben merklich aus ihrer ursprünglichen Lage gebracht werden. Beim Übergehen in die gerbstoffreicheren Treibfarben und bei dem weiteren Verlaufe des Gerbeprozesses hat der Gerbstoff hinreichend Gelegenheit, sich auf und um die Fasern, zwischen welche derselbe nur langsam eindringen kann, abzulagern, die Fasern langsam, aber auf vollkommene Weise wieder zusammenzuziehen, so ein kompaktes, volles und zähes Fabrikat entstehen lassend.

Will man eine Mineralsäure anwenden oder glaubt man solches zu müssen, so darf dieselbe unter keinen Umständen in den Schwellfarben der in Gärung begriffenen tannin- und proteïnhaltigen Brühen gegeben werden, sondern in einer eigens dazu angestellten Schwellfarbe, welche aus klarem, kalten Wasser und der betreffenden Mineralsäure angestellt ist.

Unter den Mineralsäuren als Schwellmittel kommen in Betracht: sehr verdünnte Schwefel- oder Salzsäure, **niemals** Salpetersäure.

Auf 1000 Teile Wasser berechnet man 1 Teil Säure. Es ist ein großer Unterschied, ob das Schwellbad mit Mineralsäure den den Farbengang passierten und bereits abgefärbten Häuten gegeben wird oder ob die rohen Blößen nur im Schweller mittelst Mineralsäure geschwellt werden.

Im ersteren Falle genügt die angegebene Menge Mineralsäure hinreichend, wo unter sehr häufigem Aufnehmen dieser Nachschwellungsprozeß in ca. 10 Stunden erledigt sein muß, nach welchem die Blößen in klarem Wasser abgespült und sofort versenkt werden müssen.

Durch den Mineralsäureschweller wird allerdings die abgefärbte Haut noch etwas mehr geschwellt, aber nicht infolge eines neuen

Gärungsprozesses, sondern die Mineralsäure dringt rascher und tiefer in das Innere der Haut und löst von der dort noch nicht berührten leimgebenden Substanz, und dieses macht die Blöße von neuem schwellen.

Ein längeres Verweilen in einem solchen Schwellbade hat die nachteiligsten Folgen für das fertige Fabrikat. Die Eiweißstoffe gerinnen zu einer harten, spröden, brüchigen Masse, und die leimgebende Substanz wird über das zuträgliche Maß gelöst und der Haut, wie wir an anderer Stelle erläutert haben, entführt.

Ein lebloses, brüchiges, blechig hartes Produkt wäre das Resultat.

Will man die reingemachten Blößen sehr rasch schwellen und zu diesem Zwecke nur Mineralsäure anwenden, so soll man dieses Bad aus 1—1½ Teilen Mineralsäure auf 1000 Liter Wasser anstellen, dem Wasser aber etwas Tanninlösung zusetzen, damit die schwellende Blöße Gelegenheit hat, in die Außenpartien etwas Gerbsäure aufzunehmen, wodurch manche Übelstände vermieden werden.

Die Häute verbleiben ca. 1 Tag in diesem Bade, um dann nochmals in eine derartige ganz frisch angestellte Brühe gebracht zu werden, in die die Häute des Morgens eingelassen und des Abends herausgenommen werden, um über Nacht in frischem kalten Wasser zu bleiben und dann in die eigens dazu bereitete Versenkung gebracht zu werden. Für diese Versenkbrühe gilt das Verhältnis von ⅔ Gerbsäuregehalt und ⅓ natürlichem Säuregehalt.

In einzelnen Gerbereien berechnet man die Mineralsäurezugabe nach dem Grüngewicht, und diese geben pro 1 kg Grüngewicht 5—7 g Säure, bei Anwendung von nur Mineralsäure zum Schwellen.

---

# Das Schwellen in reiner Sauerbrühe.

Das Schwellen in sauren Treibfarben, hergestellt mit der Brühe aus der mit Eichenlohe als Streumaterial versetzt gewesenen Sauerlohe vom 3. bis 4. Satze, ist unter den bis jetzt angeführten Schwellarten wohl das rationellste zu nennen, indem es richtig geleitet keine von den Übelständen im Gefolge hat, welche wir bei den übrigen Schwellfarben kennen gelernt haben.

Sind in den Treibfarben die Kräfte richtig verteilt, in den Anfangsfarben mehr schwellende als gerbende Momente vorhanden, im weiteren Verlaufe die ersteren gleichbleibend, während die Gerbsäure stärker auftritt und in den letzten Farben Schwellsäure und Gerbstoff ziemlich gleichen Schritt haltend, so wird eine zu weitgehende Schwellung hintenangehalten, jedoch sind damit alle Vorbedingungen vorhanden, welche für ein genügendes Aufgehen der Blößen nötig sind.

Aber auch gerade hier muß die reingemachte Blöße gleich von Anfang an in die richtig geführten Treibfarben kommen, wo für „gesalzene Häute" nur „geringe Mengen Ammoniaksalze" in der Stinkfarbe vorhanden sein dürfen, während für „getrocknet gewesene Häute" ein „größerer Gehalt" an diesen Salzen wünschenswert ist, und es darf von den aus den vorhergehenden Kapiteln bekannten Erläuterungen nicht abgewichen werden.

Es sollen in den sauren Treibfarben die Eiweißstoffe, sowie auch die leimgebende Substanz der rohen Blöße befähigt werden, in dem nachfolgenden Gerbeprozeß eine möglichst große Menge von Gerbsäure resp. Gerbstoffen in sich aufzunehmen, um dadurch aus der Haut ein kräftiges, volles Leder zu erhalten.

Die erste Bedingung ist, eine gesunde Blöße in die Farben zu bringen, im möglichsten Vollbesitze ihrer Hautsubstanz, wie sie am besten bei der Kaltwasserschwitze zu erhalten ist. Die durch Kaltwasserschwitzen haarlos gemachten Häute enthalten ihre Ursprungsstoffe meistens noch unberührt bei sich und fangen zuerst an zu schwellen.

Die reingemachte Blöße darf nicht länger als nötig im Wasser verbleiben, denn durch längeres Verweilen im Wasser würde eine zu weit gehende Lösung der Haut eintreten, das Beginnen der Fäulnis.

Wird die Blöße nach dem Reinmachen und Abspülen in klarem Wasser in die Farbe gebracht, so quillt sie auf, aber gleichzeitig bedingen die in der Farbe enthaltenen organischen Säuren ein Gerinnen der sich lösenden Eiweißstoffe. Die Blößen bleiben nicht so lange in der schlechtesten Farbe, daß ein Verlust von gelöster leimgebender Substanz eintreten kann, sondern sie werden vor der Zeit in eine stärkere Farbe gebracht, wo die vorhandene Gerbsäure sich mit der gelösten leimgebenden Substanz verbindet.

Je weiter die Treibfarben sich der frischangesetzten nähern, je größer werden die Mengen vegetabilischer Säuren, und diese sorgen dafür, daß ein weiteres Zersetzen der Eiweißstoffe verhindert wird.

Milch- und Buttersäure haben am meisten die Eigenschaft, Eiweiß aufzuquellen und gerinnen zu machen. Die Buttersäure wirkt am kräftigsten auf die Intercellularsubstanz ein. Der Übergang der Buttersäure in Essigsäure wird durch Beigabe von frischem Gerbstoff verhindert.

Durch die Beigabe dieser frischen Gerbstoffe erhalten sämtliche Farben bis zur letzten Farbe das nötige Ferment, um die uns bekannten Gärungsstufen nochmals durchzumachen, ohne daß in den schwächsten Farben die Produkte der fauligen Gärung zu stark auftreten können.

Sobald die frisch eingetriebenen Blößen die schlechteste Farbe passiert haben, wird der Inhalt der ersten Grube entleert und nachdem die Farbe gründlich rein gemacht worden ist, hierin die frische, kräftigste Schwellfarbe angesetzt.

In der Stinkfarbe ist der Gehalt an vegetabilischen Säuren, der Milch- und Ameisensäure zugehörenden Gruppe, beinahe aufgesogen, so daß kaum noch Spuren davon zu entdecken sind, dagegen sind in dem Verhältnis ihrer Abnahme die Produkte fauliger Gärung aufgetreten, und das Zusetzen von frischem Gerbmaterial zu der besten Farbe soll das zu starke Auftreten derselben verhindern.

In der letzten Grube ist keine oder nur äußerst geringe Menge Gerbsäure vorhanden.

Derartig müssen die Gruben beschaffen sein, in denen die zu Sohlleder bestimmten Blößen sich bewegen sollen; es soll ein langsames Fortschreiten geschehen, damit die gärungsfähigen Stoffe Zeit haben, sich auszubilden und auf die zu schwellende Blöße einzuwirken.

---

Die physikalischen Veränderungen, welche die Haut beim Schwellen durchmacht, bestehen, wie wir bereits wissen, hauptsächlich darin, daß die einzelnen Faserbündel der Lederhaut soweit gelockert werden, daß jede Faser offen daliegt, wodurch es ermöglicht ist, dieselbe mit jeder Substanz, mit denen die Haut zusammengebracht wird, in Berührung zu bringen.

Das Gewebe der Haut wird durch das Schwellen derart gelockert, daß nur wenige Verbindungen zwischen den einzelnen Fasern übrigbleiben und Zwischenraum geschaffen wird zum Ablagern von Gerbstoff.

Das Schwellen in den Treibfarben darf nur bis zu einem gewissen Punkte fortgehen. Der Gerbstoff soll allmählich eindringen, damit die Wasserentziehung und dadurch die Umhüllung der Faser langsam vor sich gehen kann.

Jeder Faser soll Zeit gelassen werden, ihre passende Lage in dem betreffenden Faserbündel wieder einzunehmen. Die Struktur des fertigen Leders gleicht dann ziemlich jener der frischen Haut mit dem Unterschiede, daß an Stelle des Wassers, welches die Lederhautfaser umgab, jetzt die fertige Lederfaser mit Gerbstoff umhüllt ist, welcher ein Zusammenkleben mit den angrenzenden Fasern unmöglich macht und dieselben vor Fäulnis schützt.

Die durch den Schwellprozeß stark aufgequollene Haut ist voll mit Wasser gefüllt, welches während des Gerbeprozesses durch die eindringende Gerbsäure entzogen wird. Die Haut trocknet sozusagen ein und füllt sich dafür mit Gerbstoff, und hierin ist das Hauptmoment für eine fest geschlossene Textur des fertig gegerbten Sohlleders zu finden.

Durch das Erhalten der ursprünglichen Struktur wird auch die Zähigkeit, welche der frischen Haut in so hohem Grade eigen war, dem fertigen Leder wiedergegeben.

Beim Behandeln der stark geschwellten Blöße mit starken Gerbstofflösungen werden die letzteren rasch von der Blöße aufgenommen, die äußeren Schichten der Lederhautfasern sehr rasch in Lederfasern umgewandelt und infolge der raschen Wasserentziehung derart stark zusammengezogen, daß ein weiteres Durchdringen der Blöße mit Gerbstofflösung ziemlich unmöglich gemacht wird (Totgerben).

Eine derartig behandelte Blöße kann man in noch so starke Gerbstofflösungen bringen, ein g l e i c h m ä ß i g e s D u r c h g e r b e n kann nicht mehr stattfinden, wenn auch ein etwas tieferes Angerben geschieht, da die an der Oberfläche liegenden zu stark zusammengezogenen Hautgebilde dem weiteren Eindringen in das Innere der Lederhaut ein unüberwindliches Hindernis entgegensetzen.

Schneiden wir eine solche Haut mit einem scharfen Messer durch, so zeigt der Querschnitt unter dem Mikroskop an den beiden äußeren Schichten die stark zusammengezogenen durchgegerbten Lederfasern von brauner Farbe, welche fest aufeinander gekittet zu sein scheinen, und die innere Schicht sieht aus, wie die Blöße vor dem Einlegen in die Gerbstofflösung, elastisch und weich, vollgefüllt noch mit Wasser. Setzt man diese innere Schicht den Einflüssen der äußeren Luft aus, so geht dieselbe sehr rasch in Fäulnis über.

Bei derartig gegerbten Ledern sieht der Querschnitt des getrockneten Produktes an den äußeren Seiten ähnlich wie bei dem ungetrockneten Leder aus, wogegen die innen liegende Schicht wie Leim aussieht und sich auch wie hartgetrockneter Leim anfühlt, so daß es großer Kraft bedarf, um derartige Leder im getrockneten Zustande zu trennen.

Der Gerber nennt diese leimartige Schicht „splissig, hornartig", betitelt auch diese in der Mitte liegende Schicht mit „Seele".

Es ist ja sehr leicht erklärlich, daß Leder mit einer derartigen splissigen Seele keine Dehnungsfähigkeit besitzt, sich nicht elastisch auslängt und wieder zusammenzieht, und die alten Riemenledergerber benutzten diese Eigenschaft bei dem Gerben ihrer Riemenleder, indem sie solche nicht gar machten. Sie erzielten dadurch allerdings ein Fabrikat, welches von äußerst geringer oder beinahe gar keiner Dehnbarkeit war, aber ein Platzen des Riemens mußte sehr bald eintreten, da demselben jede elastische Nachgiebigkeit mangelte.

In unseren gut geleiteten Schwellfarben können derartige Übelstände nicht auftreten, die Blöße wird auf das richtige Maß geschwellt und die Gerbsäure, welche nur in bestimmten Quantitäten vorhanden ist, wird von der gelockerten Blöße allmählich aufgenommen, wodurch ein gleichmäßiges Durchdringen durch die ganze Lederhaut ermöglicht und ein Festgerben der äußersten Schichten, ein „Totgerben", unmöglich gemacht wird.

Dieses rationelle Treiben und langsame Angerben hat unserem alten deutschen Verfahren zur Herstellung von Sohlleder den großen Ruf gebracht. Zu militärischen Zwecken soll sogar kein anders gegerbtes Sohlleder gebraucht werden.

Die Größen für die Schwell- oder Treibfarbengruben sind derartig berechnet worden, daß man die Blößen an den Hinterklauen und dem Schwanze mittels Stricken an einer Latte befestigt einhängen kann. Falls außergewöhnlich große Häute vorliegen, wird der Kopf in den meisten Fällen den Grubenboden nicht berühren, weil in dieser Weise bei vollständig frei hängender Blöße die Einwirkung der Schwellbrühen am gleichmäßigsten erfolgen kann.

In den ersten Farben müssen die Blößen genau beobachtet werden, häufiger aus den Farben genommen, was bei dem Einhängesystem sehr rasch vor sich geht, um dann hinterher gleich wieder eingehängt zu werden. Ein längeres Verweilen an der Luft ist nicht ratsam und auch nicht nötig.

Das Aufnehmen der Blößen soll nur bezwecken, daß die Schwellbrühe an allen Stellen der Farbe möglichst gleich bleibt und bei den Häuten in ihren eventuellen Falten kein Absetzen der Brühe stattfinden kann, wodurch sonst dunkle Schattierungen entstehen, welche noch beim fertigen Produkt zu erkennen sind.

Es müssen allerdings in den ersten Farben namentlich von Zeit zu Zeit die Blößen nachgesehen werden, um sich zu überzeugen, ob die Farben in richtigem Zustande sind, so daß die Blößen in der betreffenden Farbe verbleiben können. Ist z. B. die schlechteste Farbe zu stark mit Produkten fauliger Gärung durchsetzt, so muß dieselbe sofort entfernt und durch eine frische Schwellfarbe ersetzt werden, wodurch dann die Blößen sofort je in eine Farbe höher gebracht werden müssen, und die jetzt schlechteste Grube gleich als beste benutzt werden kann.

Die mit Wasser geschwängerte rohe Blöße kommt in die durch längeren Gebrauch in ihrer Wirkung am schwächsten gewordene Farbe. Weil die darin befindlichen Salze einen lösenden Einfluß auf die Eiweißsubstanzen ausüben, welcher aber nur von kurzer Dauer sein darf, muß sehr bald die Blöße in die nächstfolgende Farbe übergeführt werden, in welcher noch ein kleiner Prozentsatz von Gerbsäure vorhanden ist und gar keine oder nur geringe Spuren von Ammoniaksalzen vorhanden sein dürfen.

Ein merkliches Schwellen der Blöße in den ersten Farben ist noch nicht wahrzunehmen, wohl aber ein Glätterwerden des Narbens und auch ein leichtes Auffüllen der losen Hautpartien, die Hautfarbe ist etwas dunkler geworden, aber immerhin noch von sehr hellgelber Farbe.

In den weiteren Farben fangen die Blößen an, den Einfluß der guten Sauerfarben an ihrem Äußern zu zeigen, der Kern der Lederhaut geht immer mehr auf, er wölbt sich, die Seitenpartien und der Kopf schwellen stark an, die Warzen bei den Kuhhäuten werden vollgefüllt und stehen steif aufrecht, während die Skrotumpartie bei den Ochsenhäuten vollständig mit Wasser gefüllt ist und jede einzelne Runzel geöffnet zeigt und das Ganze steif steht.

Es beweist der glatte, glänzende Narben, daß die Schwellung richtig geleitet vor sich gegangen ist.

Außer dem Schwellen hat auch ein Angerben der Blöße stattgefunden; die in den Treibfarben sich vorfindende unzersetzte Gerbsäure hat sich mit den gelösten und geschwollenen Hautgebilden vereinigt resp. dieselben umhüllt oder zwischen denselben sich abgelagert, wodurch ein Aufpolstern der gelockerten Blöße stattfindet, ein Verfallen der geschwollenen Partien verhindert wird und die einzelnen Fasern vor Fäulnis geschützt werden.

Wie lange die Zeitdauer des Schwellens sein soll, muß der Gerber an den Häuten erkennen, durchschnittlich genügen 16—20 Tage.

Der natürliche Schwellprozeß wird durchschnittlich in 3 Wochen beendet sein, sollte derselbe aber schneller beendet sein müssen, so wird man sich künstlicher Säuren zu bedienen haben.

Da die natürliche Grubensauerbrühe ca. $^7/_{10}$ % Säure enthält, so läßt es sich ausrechnen, wieviel konzentrierte Säure man nehmen muß, um die Schwellung in einem kürzeren Zeitraum zu vollenden.

Jedenfalls ist es aber stets von Vorteil und sicherer für das Resultat, mit weniger starken Säuren und etwas länger zu schwellen, da bei Behandlung mit zu starken Brühen die Leder leicht narbenbrüchig werden.

Wir erkennen beim Durchschneiden einer richtig ausgetriebenen Blöße ganz deutlich, daß der Narben gegerbt ist, ebenso die äußere Kante der Aasseite, während die dazwischen liegende Schicht die aufgequollene Struktur der Lederhaut zeigt, durchzogen von feinen Strichen, welche infolge des Lösens der leimgebenden Substanz und des Lockerns der inneren Blößenpartien der in den Treibfarben vorhandenen Gerbsäure gestatten, sich langsam dort abzulagern und so den Weg bahnten, durch Offenhalten der inneren Blöße für die jetzt stärker zuzuführenden tannin- und proteïnhaltigen Vegetabilien.

Der Schwellprozeß ist beendigt, sobald die angeführten Merkmale vorhanden sind. Es müssen dann die geschwellten Blößen stärkere Zufuhren an Gerbsäure erhalten.

## Das Versenken.

Das Kapitel über Treiben der Blößen ist deshalb so ausführlich behandelt worden, weil diese Operation den Grund zu einem guten Sohlleder legt und in den späteren Stadien des Gerbeprozesses nie wieder gutzumachen ist, was hier versäumt wurde.

Ist nun das Schwellen der Blöße, das Vorbereiten für den folgenden Gerbeprozeß mit der entsprechenden Genauigkeit durchgeführt worden, so gilt es jetzt, das Errungene nicht allein zu erhalten, sondern auch im weiteren Verlauf des Gerbeprozesses es zu ermöglichen, daß die noch ungelösten Teile der leimgebenden Substanz sich lösen und mit der Gerbsäure eine Verbindung eingehen, um das erstrebte Resultat, ein volles, festes, zähes und gewichtiges Sohlleder zu erreichen.

Um dieses zu erzielen, muß der Gerber fortfahren, den geschwellten Blößen tannin- und proteïnhaltige Vegetabilien auf langsamen Wegen zuzuführen, diese sich entwickeln lassen und, nachdem der Effekt ausgenutzt ist, wieder durch neue ersetzen.

Nach der ganz alten Methode wurden die geschwellten Blößen gleich auf den 1. Satz gebracht, sie wurden mit Eichenlohe genügend versetzt, mit klarem Wasser abgetränkt, um dort die tannin- und proteïnhaltige Eichenlohe sich in ihrer mannigfachen Wirkung auf die geschwellte Blöße entwickeln zu lassen, und dann, nachdem die gerbenden Kräfte aufgezehrt waren, aufgezogen, von der benutzten Lohe befreit und auf den 2. Satz gebracht. Derartiges Erneuern dieser gerbstoffhaltigen Vegetabilien wird so oft wiederholt, bis sämtliche Hautgebilde, welche zu einer Umwandlung in Leder befähigt sind, in der zu Sohlleder bestimmten Haut umgebildet sind.

Die auf diese Weise gegerbten Sohlleder haben alle Eigenschaften eines richtig nach saurer Art gegerbten Leders an sich, sie waren satt gegerbt, fest, zähe und trotz ihrer Starrheit nicht brüchig, aber sie waren von ihrem geschwollenen Standpunkt zurückgegangen, waren mehr oder weniger flach und zeigten auf der Narbenseite infolge der vielen Lohgrubeneindrücke eigentümlich marmorierte Schattierungen.

Diese Sohlleder waren sehr widerstandsfähig gegen äußere Einflüsse, aber flach zusammengegerbt und ohne besonderes Gewichtsrendement.

Schöne gesalzene Wildhäute von 25—32 kg Salzgewicht brachten durchschnittlich 60—66⅔ % Leder und getrocknet gewesene Wildhäute von guter Qualität im Bogengewicht von 14—20 kg Rohgewicht ergaben ziemlich 125 % Leder.

Hier ist zuerst eine Verbesserung in dem alten sauren Verfahren zu verzeichnen.

Dem Gerber wurde es klar, daß der Narben der schön geschwellten Blöße noch viel zu wenig fest war, um selbst der fein gemahlenen und vor dem Streuen angefeuchteten Eichenrinde soviel Stand entgegenzusetzen, daß derselbe vor dem Eindrücken der Lohe bewahrt bleiben konnte und daß die geschwellten Blößen zu bald und direkt mit den unzersetzten tannin- und proteïnhaltigen Vegetabilien in Berührung gebracht wurden.

Da aus den Schwellfarben die Blößen gut geschwellt herausgenommen wurden, so lag es für den denkenden Gerber nahe, die noch nicht genügend im Narben gefestigte Blöße weiteren Brühen anzuvertrauen, um sie erst dann, nachdem ein hinreichendes Angerben stattgefunden hatte, zu versetzen.

Legt man die aufgequollene Blöße in eine Brühe, deren größter Gehalt reines klares Wasser ist und gibt derselben kleine Gaben tannin- und proteïnhaltiger Vegetabilien, wie schöne junge Eichenspiegelrinde, so entwickelt sich der Gärungsprozeß sehr bald, nachdem die zuerst ausgelaugte Gerbsäure von den Blößen aufgenommen worden war, welche aber in einem derart minimalen Verhältnisse vorhanden ist, daß sie nicht verfallend auf die Blöße einwirken kann; die so behandelte Haut behält ihr Prallsein und erscheint selbst nach längerem Aufenthalt in dieser Brühe noch ebenso prall, voll und fest wie vorher.

Wollte man die geschwollenen Blößen derart fest angegerbt in den ersten Satz bringen, so hätten mehrere ähnliche Angerbebrühen angewendet werden müssen, um den Narben genügend widerstandsfähig gegen die Loheindrücke zu machen und die Blöße gegen Verfallensein zu schützen.

Es galt hier, die ausgetriebene Blöße in einem weiter entwickelnden Schwellprozeß sich bewegen zu lassen, aber unter Mitwirkung so großer Mengen Gerbsäure, daß ein starkes Angerben der Blöße stattfinden muß, so daß diese in den ersten Satz gebracht werden kann und aus diesem doch voll, fest und nicht im mindesten verfallen hervorgeht, sondern jetzt bis in ihre innersten Hautgefüge zum Durchgerben vollständig vorbereitet sein muß.

Zu dem Zwecke werden die ausgetriebenen Blößen versenkt, d. h. sie werden in einer eigens dazu angesetzten Brühe mit tannin- und proteïnhaltigen Gerbstoffen eingestreut, so daß diese sich gleichsam in schwimmendem Zustande befinden, behütet vor dem eigenen Druck; ein Auslaugen des Gerbstoffes ist leicht möglich, ebenso wie der Gärungsprozeß sich rascher einstellen kann.

Die Versenkbrühe wird aus einer Brühe angesetzt, in welcher sich noch unzersetzte Gerbstoffe befinden müssen, die Anfangsstadien des Gärungsprozesses bereits aber vorhanden sind, so daß die Milch-, eventuell auch schon Buttersäure ihren Einfluß ausüben können, gleichzeitig aber die Gerbsäure gerbend erhalten einwirken kann.

Derartige Brühen können aus dem 2. oder 3. Absud der Sauerlohe hergestellt werden, oder auch aus ganz klarem Wasser, welchem Mengen gärungsfähiger Gerbstoffe beigegeben werden, welche, einige Zeit sich überlassen stehen bleibend, unter dem Einflusse der Luft bald in Gärung übergehen.

Die Versenkgrube wird bis zu ⅔ mit einer solchen Brühe angefüllt, auf diese Brühe ein in die Grube passender leichter Holzrahmen gelegt, mit Langstroh bedeckt, darauf von dem Versenkstreumaterial, fein gemahlener Eichenspiegelrinde, eine Decke darüber gemacht und hierauf die gut geschwellten Blößen, flach ausgebreitet mit dem Narben nach oben vorsichtig eingelegt, mit dem Streumaterial gleichmäßig bestreut und darauf die folgende Haut gelegt usf. bis die Grube gefüllt ist.

Man rechnet auf jede Haut im Salzgewicht von 25—32 kg ca. 20 kg Streumaterial oder pro 100 kg Grüngewicht ca. 69 kg.

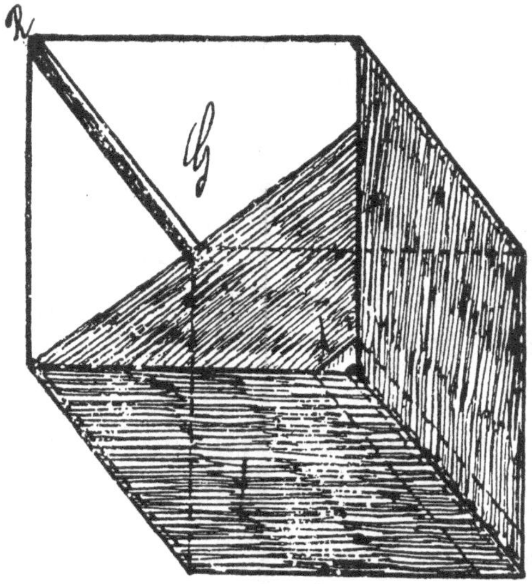

Fig. 16. Versenkgrube.

Fig. 17. Versenkgrube von oben.

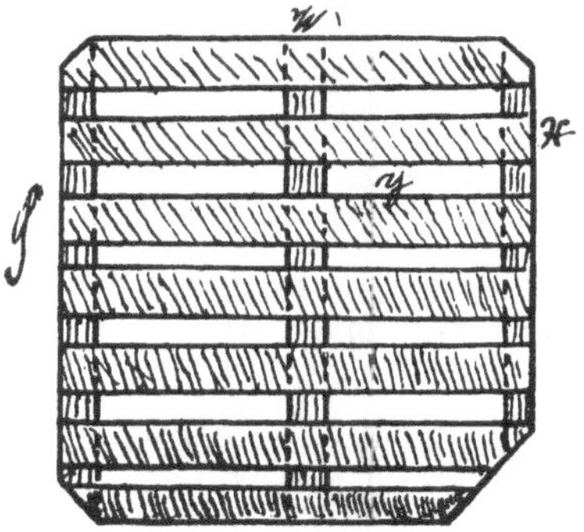

Fig. 18. Doppelter Boden.

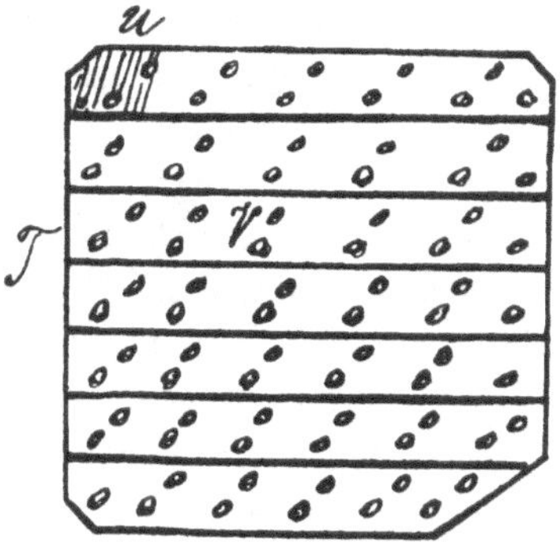

Fig. 19. Versenkboden.

*A* = Pfaffen. *G* = Grube. *R* = Abgerundete Eckhölzer. *S* = Versenkboden. *T* = Doppelter Boden. *U* = Bodenbretter. *V* = Löcher zum Durchlassen der Brühe. *W* = Unterlagsbretter. *X* = Bodenbretter. *Y* = Brühendurchlässe.

Der eingelegte Holzrahmen verhindert, daß die einzelnen Häute ungleich sich zu Boden setzen können, sondern die eingestreuten Blößen senken sich gleichmäßig, und die gefüllte Grube wird mit gebrauchter reiner Sauerlohe überdeckt, um den Einfluß der Luft von den oberen Häuten abzuhalten. Die oberste Haut erhält auch etwas mehr Streumaterial, da die Luft hier mitzehrt. In diesen Versenken bleiben die Häute 14 bis höchstens 21 Tage, um dann in den 1. Satz gebracht zu werden.

Die Versenkgruben haben nicht die Tiefe der Schwellfarben, da einesteils von den oberen Häuten ein zu großer Druck auf die unteren Häute ausgeübt werden würde, anderenteils würde es zu lange dauern, bis die Versenkgrube mit ausgeschwellten Blößen vollgemacht werden könnte, da nur jeden zweiten Tag eine Schwellfarbe herausgenommen wird.

Die Versenkgruben werden auf 50 Haut berechnet, jedesmal zwei Schwellfarben, Wildhäute im Gewicht von 25—32 kg Salzgewicht oder 40 Zahmhäute im Grüngewicht von 40—59 kg.

Die Versenkgruben sind 2,50 m im Quadrat und ca. 1,80 m tief und haben in einer Ecke einen dreikantigen Pfaffen; dort, wo in den Versenkgruben ein Doppelboden angebracht werden soll, damit die Brühe vor dem Aufnehmen abgepumpt werden kann, sollen die Gruben 2 m tief sein.

Die Grube bildet, wie die Abbildung zeigt, einen prismatischen Kasten, dessen scharf rechteckige Ecken behufs besseren und leichteren Reinmachens durch einen genau hineinpassenden Balken von demselben Holze ausgefüllt sind, ebenso am Boden, überhaupt überall da, wo zwei vertikale Flächen zusammentreffen. Derartige viereckige Gruben, bei denen sämtliche scharfkantigen Ecken sowohl an den Seiten wie am Boden abgerundet sind, lassen sich sehr leicht reinigen, und das Reinmachen ist vor jedem Gebrauch, wie wir bereits erläutert haben, eine unbedingte Notwendigkeit. Für gewöhnlich ist es gebräuchlich, die versenkt gewesenen Blößen aus der vollen Brühe herauszunehmen und dann abzuspülen; der Pfaffen dient nur zum Einlassen von Brühe, wenn nicht genügend vorhanden, oder zum Abfüllen, wenn zuviel Brühe in der Grube ist.

Auch kann man während des Versenkens Brühe aus der Versenkgrube in ein Reservegefäß pumpen, wenn sich zuviel Luft zwischen den versenkten Blößen angesammelt hat und diese sich nicht senken wollen, wo dann nach erreichtem Zwecke die Brühe wieder durch den Pfaffen nachgefüllt wird; es kann dann ein Abspülen des Streumateriales an den versenkten Blößen nicht stattfinden.

---

## Die Versatzgruben.

Die Versatzgruben, in welchen die ausgetriebenen Blößen in Leder umgewandelt werden sollen, spielen in der Gerberei eine wichtigere Rolle, als denselben für gewöhnlich zugeschrieben wird. Die Form der Grube, das Material, die Lagen- wie Größenverhältnisse sind lauter wichtige Sachen für den praktischen Sohlledergerber und wollen wohl berücksichtigt sein.

Wie wir aus Erfahrung wissen, übt der Temperaturzustand der äußeren Luft einen großen Einfluß auf den regelmäßigen Verlauf des Gerbens aus, und es ist für das Gelingen durchaus nicht gleichgültig, ob die Wärme um so und so viele Grade höher oder niedriger ist, und ob innerhalb kurzer Zeitabschnitte eine wechselnde Änderung darin eintreten kann. Bei höherer Temperatur geht der Gerbeprozeß schneller vor sich, als bei niedriger, und bei gleichbleibender Temperatur entwickelt sich dieser gleichmäßig.

Um nun für die Versatzgruben eine möglichst stetige, gleichmäßige Temperatur zu haben, sollen Farben, Versenk- und Versatzgruben alle in den Boden eingelassen werden, da bekanntlich die Bodenwärme innerhalb gewisser Grenzen weit weniger veränderlich ist, als dies mit der Lufttemperatur der Fall ist. Aus diesem Grunde ist es ein Gebot der Vernunft, die Gruben in die Erde einzusenken. Ein weiterer Vorteil besteht darin, daß diese Einrichtung ein leichtes Arbeiten an den Gruben gestattet für das Einlassen und Ausheben der Häute und des Streumateriales. Auch die Raumersparnis ist nicht zu unterschätzen.

Was nun die Form der Gruben betrifft, so finden sich in verschiedenen Gerbereien sehr abweichende Formen. Die am meisten vorkommende Form ist die eines länglichen Vierecks, dann die Quadratform, kreisrunde und ovale Gruben.

Von diesen Formen ist für Sohllederhäute die des etwas länglichen Vierecks am passendsten, da die flach ausgebreiteten Häute in ihrer Hauptform ein längliches Rechteck bilden. Man ist bei dieser Grubenform auch am ehesten imstande, die zu versetzenden Häute in einer horizontalen Lage während des Einstreuens zu behalten, und man ist nicht genötigt, durch Ausfüllmaterial diese Lage von Zeit zu Zeit sich wieder zu schaffen, wie dies namentlich bei runden Gruben der Fall ist.

Die Lohgruben älterer Konstruktion waren beinahe alle aus Eichenholz hergestellt; da aber im Laufe der letzten Dezennien der Mitte des vorigen Jahrhunderts die Eichenholzpreise stark gestiegen waren, mußte man sich einem anderen Material zuwenden, und zwar der Kienföhre oder dem Lärchenbaume oder dem Pitchpine-Holz. Diese beiden Holzsorten sind sehr widerstandsfähig und dürften in dieser Beziehung dem Eichenholz nur wenig nachgeben.

Diese Versatzgrube ist 2,50 m tief und 2 m im Quadrat. In der einen Ecke, wo sonst der Pfaffe angebracht ist, befindet sich ein kupfernes Rohr von ca. 5 cm Durchmesser, welches auf dem festen Boden der Grube 3 cm von diesem entfernt auf einem Holzlager aufliegt. Der starke Doppelboden liegt ca. 25 cm vom Grubenboden auf einem kräftigen hölzernen Rahmen, der durch 10—12 hölzerne Pfeilerchen getragen wird.

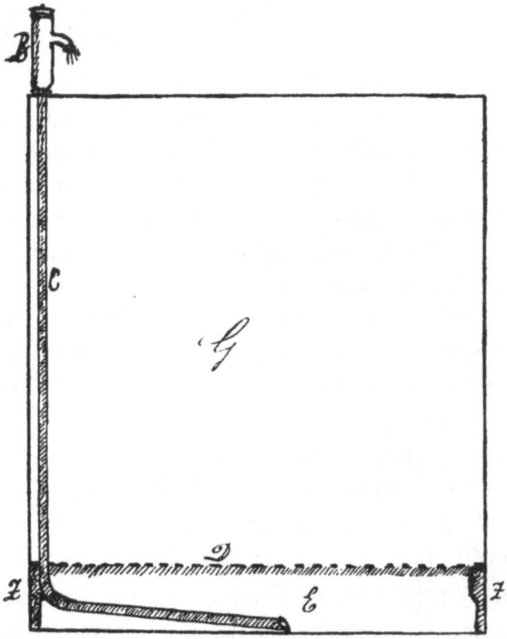


**Fig. 20. Versatzgrube mit doppeltem Boden und festliegendem Kupferrohr.**

*G* = Grube. *C* = Kupferrohr. *E* = Zwischenraum.
*B* = Pumpe. *D* = Doppelboden. *Z* = Pfeiler.

Oben an das kupferne Rohr wird eine Pumpe angeschraubt und ein Teil der unter dem Doppelboden befindlichen Brühe in ein Reservefaß, das oberhalb der Grube steht, gepumpt. Ist so Raum geschaffen, so wird die restierende Brühe umgepumpt und zuletzt die aus dem Reservegefäß wieder nachgefüllt. Dieses Umpumpen findet 1—2 mal wöchentlich statt. Die umzupumpende Brühe wird durch gelösten Extrakt nach Bedürfnis verstärkt. Es wird hierdurch ein beschleunigtes Gerben erzielt, wobei nur dafür Sorge getragen werden muß, die Brühe vor Lufteinfluß möglichst zu schützen.

Hölzerne Lohgruben werden oft wasserundicht. Man hilft durch Kalfatern mit aufgedrehtem Werg nach, das mit heißem Pech in dünner Lage ausgestrichen werden muß. Läßt man die Grube einige Zeit mit Wasser gefüllt stehen und sieht, daß durch Anquellen des Holzes eine Dichtigkeit noch nicht erreicht ist, so schüttet man trockenes Sägemehl auf das Wasser, das dem sinkenden Wasserspiegel folgt und in den undichten Stellen sich festsetzt.

Sollten diese Mittel nicht helfen, so läßt man das in der Grube befindliche Wasser auflaufen resp. entleert die Grube, trocknet Wände und Boden möglichst vollkommen ab. Man erkennt die undichten Stellen an dem Zurücksickern der außenstehenden Flüssigkeit in die Grube, wo alsdann zu dem Kalfatern die Zuflucht genommen werden muß.

Runde und ovale Gruben aus stehenden Dauben sind ziemlich leicht wasserdicht herzustellen, haben aber für den Sohlledergerber die unzweckmäßigste Form von allen.

Das Material der hölzernen Gruben erleidet stetige Veränderungen, weil es zeitweilig mit Flüssigkeiten, mitunter mit der Luft, in Berührung kommt. Nun wissen wir, daß das Holz, welches bald der Einwirkung von Nässe, dann der trockenen Luft ausgesetzt ist, in kurzer Zeit dem Vermoderungsprozesse unterliegt, wenn nicht hiergegen ein Präservativ angewendet wird.

Unsere Gruben sind infolge des Gerbereibetriebes bald der Nässe, bald dem Trockenstehen ausgesetzt und leiden also unter diesen Einflüssen. Wenn ein Zerstören des Grubenholzes nicht so rasch stattfindet, wie bei anderem Holze, so dürfte die widerstandsfähigere Holzsorte dafür ein Moment bilden, andererseits trägt dann die konservierende Gerbflüssigkeit dazu bei, mit der das Holz imprägniert wird.

Ein Imprägnieren der inneren Grubenwände mit irgend einem Antiseptikum (es sei denn das gegenwärtig so viel gepriesene Formalin) ist nicht angängig, weil in derartig behandelten Gruben keine Sauerbrühe gewonnen werden könnte. In den Farben und Versenken würde jegliche Schwellung verhindert werden, da die Antiseptica jedem Gärungsprozeß durch Tötung der Gärungsorganismen entgegenwirken.

Wie oben erwähnt, wird durch die Gerbflüssigkeit das Holz imprägniert und dadurch befähigt, den äußeren Einflüssen größeren Widerstand zu leisten. Diese Widerstandsfähigkeit kann bedeutend vergrößert werden durch Imprägnieren der Außenseiten der Gruben. Dies geschieht am besten und dauerndsten mit Karbolineum, einer leichtflüssigen Masse, mit der die äußeren Seiten der Gruben vor dem Einsetzen in die Erde mehrere Male überstrichen werden. Derartig behandelte Gruben halten sich sehr lange, und es dürfte ein sehr seltener Fall sein, daß ein Sohlledergerber eine von ihm neu gesetzte und gut instand gehaltene Grube durch eine andere ersetzen muß.

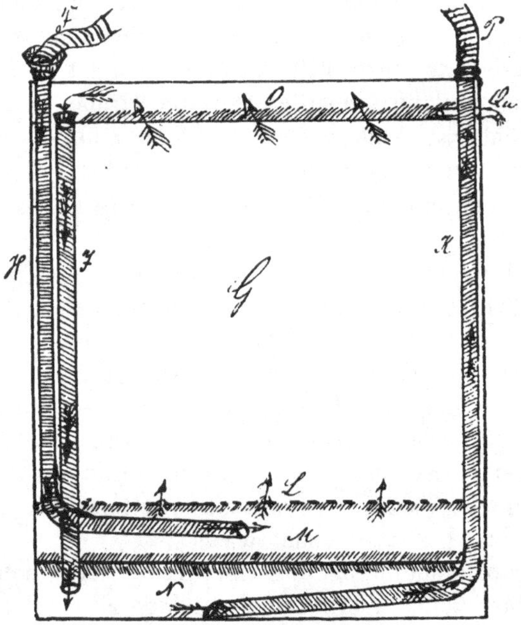

Fig. 21. Versatzgrube zum gleichzeitigen Auffüllen, Umpumpen und Verstärken der Brühe.

G = Grube.
F = Zuleitung.
H = Zuleitungsrohr.
J = Ableitungsrohr.
K = Pumpenrohr.
L = Loser Doppelboden.
M = Fester Doppelboden.
N = Zwischenraum zwischen festem Raum und Grubenboden.
O = Zwischenraum zwischen Verschlußdeckel und Grubendeckel.
P = Abpumprohr.
Q = Notablaufrohr.

Außer dem Karbolineum werden noch verschiedene gut wirkende Mittel angepriesen und auch teilweise angewendet, wie Asphalt, Asphaltlack, Wasserglas, Karbol usw., aber nach den gemachten Erfahrungen ist die beschriebene Methode mit Karbolineum sehr gut und einfach wie auch billig.

Die Grube G hat 3 Böden, deren oberster Boden durchlöchert ist zum Durchlassen der Brühe, die beiden anderen aber sind ganz dicht.

An der einen Seite, bis auf den untersten Boden führend, geht das Pumpenrohr K. An der anderen Seite bis zum zweiten Boden das

Zuleitungsrohr H, und neben diesem bis in den untersten Zwischenraum führt das Ableitungsrohr J. Gleich oberhalb des Grubendeckels geht ein kleines Rohr Q zur Seite hinaus, um die zuviel vorhandene schwache Brühe abzuleiten. Die Auffüllbrühe geht stets von unten herauf. Bei diesem Umpumpsystem findet niemals ein Trockenstehen, wenn auch noch so kurze Zeit, statt.

Nachdem die Grube mit Häuten gefüllt ist, wird durch das Rohr H die Brühe zugeführt, welche durch den losen durchlöcherten Boden langsam in die Höhe steigt. Sobald die Grube genügend abgeträntk ist, fließt die überflüssige Brühe durch das Ableitungsrohr J in den untersten Zwischenraum und, wenn dieser gefüllt ist, bleibt die Brühe oben auf dem Grubendeckel stehen und sammelt sich dort an, von wo diese nötigenfalls durch das kleine Rohr Q abgelassen werden kann.

Der Grubendeckel zum Abschluß der versetzten Häute befindet sich ca. 25 cm vom oberen Grubenrand. Die Grube selbst wird nochmals durch einen luftdichten Deckel abgeschlossen durch einen an der unteren Seite des Deckels angebrachten Nutenrand, der genau in die an der Oberseite der Grube befindliche Fuge, welche mit Wasser gefüllt ist, paßt.

Nachdem die Grube einige Male umgepumpt worden ist, wird die Brühe verstärkt. Das Umpumpen geschieht durch eine fest auf das Pumpenrohr K angeschraubte Pumpe, die durch einen wasserdichten Schlauch mit dem Zuleitungsrohr H möglichst luftdicht verbunden ist. Durch das Pumpen steigt in dem Zwischenraum M die Brühe in die Grube G und wird durch das Ableitungsrohr J stets dem Zwischenraum N zugeführt, wovon die Pumpe stets aufs neue Nahrung erhält. Die verstärkte Brühe wird nach einiger Zeit vollständig gleichmäßig gemacht. Das Verstärken geschieht durch Auffüllen von frisch angesetzter, gereinigter Extraktbrühe. Da nun durch das Nachfüllen zuviel Brühe der Grube zugeführt wird, so dient das an der Seite angebrachte Röhrchen Q zum Abfüllen der obersten schwächsten Brühe in ein anderes Gefäß, bis genügend Raum für die Frischauffüllung vorhanden ist, wo dann das Röhrchen geschlossen wird und das Umpumpen beginnt. Das Ablaufenlassen der oberen Brühe findet nur statt, wenn neue, starke Extraktbrühen der Grube zugeführt werden.

Zum Auffüllen der Grube muß ein höher gelegenes Faß oder Reservoir benutzt werden, welches in direkter Verbindung an das Auffüllrohr H mittels eines Schlauches angeschraubt wird, da zum Auffüllen ein gewisser Druck erforderlich ist, weil die neue Brühe die in der Grube befindliche Brühe nach oben drängen muß, so daß die leichtere Brühe durch das Ablaufrohr Q fortgelassen werden kann.

Das Umpumpen währt so lange, bis die Brühe in der Grube den gleichmäßigen Grad zeigt, welchen man durch öfteres Gradieren erkennt. Durch das Auffüllen der Gruben mit Brühe von unten herauf wird das Trockenstehen der Leder in den Gruben und hierdurch zu gleicher Zeit das feste Aufeinanderliegen resp. Pressen der Leder, welches diese stets mehr oder weniger platt macht, vermieden.

Man braucht nämlich nicht erst einen Teil der Brühe abzupumpen, damit dadurch Platz für das Umpumpen geschaffen wird. So bleiben die Leder stets von der Brühe umgeben, der Gerbeprozeß erleidet nicht den geringsten Aufschub, im Gegenteil, die Gerbung geschieht in kürzerer Zeit und wird eine vollkommenere. Das Verstärken der Brühe liegt in den Händen des Gerbers, sowie auch die Wahl der dazu gebrauchten Extrakte. Ein öfteres Aufnehmen und Frischeinstreuen kann in Wegfall kommen, da der Gerbstoff nach Belieben und in jeder Stärke zugefügt werden kann, und dieser bewirkt ein stetiges und langsames Steigen der Brühenstärke und ein schnelles Sattgerben mit geringen Arbeitsunkosten. Es ist stets nur dafür Sorge zu tragen, daß die zugeführte Brühe klar, hell und nicht sauer ist, da im letzten Fall die Leder hart werden.

Anstatt der Holzgruben benutzt man in einigen Gegenden steinerne gemauerte oder aus Zement geformte Gruben, die, wenn gut angelegt, eine unbegrenzte Lebensdauer haben. Auch die steinernen Gruben haben verschiedene Uebelstände, so daß manche die billigen hölzernen vorziehen.

Bei den Farbgruben ist es zu empfehlen, den Boden nach einer Seite hin leicht geneigt zu legen und dort ein Abflußrohr anzubringen zum Selbstentleeren, eine große Ersparnis, vorausgesetzt, daß die Niveauverhältnisse es gestatten.

---

## Der erste Satz.

Das Gerben durch Versetzen in Lohgruben ist ein sehr altes und auch einfaches Verfahren, welches aber bis auf den heutigen Tag nichts von seiner Vorzüglichkeit eingebüßt hat und seinen Zweck in bezug auf die Qualität des dabei resultierenden Leders so ausgezeichnet erfüllt, daß wir noch kein anderes Verfahren besitzen, welches uns hinreichenden Ersatz liefern könnte, namentlich wenn es sich darum handelt, schwere Häute zu Sohlleder herzustellen.

Wäre nicht die ungebührlich lange Zeit, welche zur Herstellung von sattgegerbtem Sohlleder durch das Versetzen in Lohgruben in Anspruch genommen wird, der wunde Punkt im Verfahren, so würde dasselbe auch gegenwärtig noch in größerem Maße, als es der Fall ist, angewendet werden.

Das Versetzen oder, besser gesagt, ein Einstreuen der Häute geschieht in der Art, daß man in die Versatzgrube abwechselnd Streumaterial bringt, eine geschwellte Haut, dann wieder Streumaterial, abermals eine Haut usw., bis die Grube voll ist, worauf dieselbe abgetränkt und eine Zeit lang ruhig stehen gelassen wird, wobei darauf zu achten ist, daß die versetzte Grube genügend Flüssigkeit hat.

Beim Abtränken muß man in den ersten Tagen nach dem Versetzen die Versatzgruben nachfüllen, da das Streumaterial Zeit gebraucht, bis es sich vollgesogen hat; ist dieses geschehen, so kann man die Grube sich ruhig selbst überlassen.

Die Häute, welche als gut ausgetriebene Blößen in den Versenk gebracht sind, kommen als angehendes Leder aus demselben hervor. Das bauschig aufgequollene Wesen der Blößen ist nicht mehr in dem bisherigen Maße vorhanden, die ganze Haut sieht glattliegender aus, die Dicke ist noch vorhanden, und bei einigen stärker, aber das Anfühlen ist kerniger, fester und voller.

Die Klauen haben sich infolge des weiteren Aufgehens gerollt, und das äußere Ansehen ist mehr lederartig mit angehender Eichenlohfarbe geworden. Die Blößen zeigen ein Fortschreiten in der Gerbung, ohne daß sie dabei von ihrem gut Aufgetriebensein etwas eingebüßt haben.

So sollen und müssen die angegerbten Blößen sein, bevor sie zum festen Versetzen kommen. Jetzt ist der Narben gegen Loheindrücke widerstandsfähig, ein Zurückgehen des Aufgequollenseins ist nicht mehr möglich, denn die äußeren Partien sind gefestigt, und die inneren Hautgebilde haben durch die Verbindung der während des Versenkens gelösten leimgebenden Substanz mit der zugeführten Gerbsäure eine weitere Aufpolsterung erhalten, die geöffneten Hautgebilde stützend und vorbereitend für den fortlaufenden Empfang der frischen Gerbsäuren.

Wir können jetzt die versenkt gewesenen Häute ruhig dem ersten Satz anvertrauen, d. h. dieselben unter den Füßen einstreuen, dabei aber berücksichtigend, daß auch beim ersten Satz ein weiter sich entwickelnder Schwellprozeß stattfinden muß, um die noch nicht gelöste leimgebende Substanz durch Lösen derselben jetzt vollenden zu können, aber unter Hinzugabe so großer Mengen Gerbstoff, daß die Blößen nicht allein bis in ihre innersten Gefüge vorbereitet worden sind, sondern auch durchgegerbt in den zweiten Satz gelangen.

Schneidet man nach dem ersten Satze einen Querschnitt heraus, so muß derselbe ein vollständiges Durchziehen der Gerbsäure durch die Haut erkennen lassen, die ganze Struktur ausgebildet und zum weiteren Empfang der Gerbsäure geöffnet sein.

Große Sorgfalt ist jedesmal auf sorgfältiges Reinigen aller Versatzgruben zu legen.

Beim Versetzen zum ersten Satz kommen die Häute gleichfalls wie bei dem Versenk mit dem Narben nach oben zu liegen. Der Boden der Versetzgrube wird mit fein gemahlenem Streumaterial ca. 2 cm hoch bedeckt und darauf die Haut flach ausgebreitet hingelegt, an den Seiten und, wo es sonst nötig ist, zum Glattliegen passende Falten oder Einschnitte gemacht, welch erstere beim Bestreuen der Haut sorgfältig ausgefüllt werden müssen.

Beim Bestreuen der Haut muß den dickeren Teilen mehr Streumaterial gegeben werden als den dünneren Partien und den Kernteilen besonders stark.

Ein Abwiegen des Gerbstoffes war s. Z. nicht gebräuchlich, es wurde pro Haut ein gewisses Maß angenommen, z. B. 2 oder 2½ Korb mit angemachter Eichenlohe glatt angefüllt pro Haut. Es wurde dann mit der Hand nachgefühlt, ob das Streumaterial richtig verteilt und ob an den Falten oder dort, wo ein Umlegen der Haut stattfinden mußte, ein gutes Auffüllen geschehen war.

Die Lage des Streumateriales war so ziemlich 5 cm dick, bei schweren Häuten stärker, bei dünneren minder.

Das annähernde Gewicht der angewendeten feinen Eichenspiegelrinde zum ersten Satz pro Haut von 25—32 kg Salzgewicht betrug ca. 25—30 kg im Bogengewicht.

Sobald die Versetzgrube gefüllt war, wozu durchschnittlich zwei Versenke gebraucht wurden = 100 Haut, wurde obenauf ein Deckel von reiner gebrauchter Sauerlohe, ein Hut gemacht, darauf ein Holzdeckel gelegt und hierauf nochmals reine gebrauchte Sauerlohe, und der Deckel nur soweit befestigt, als nötig war, um ein Heben der Häute beim Abtränken infolge des Anschwellens des Streumateriales aus der Grube heraus zu verhindern.

Ein Beschweren der auf dem ersten Satz versetzten Leder darf nicht stattfinden.

Die Grube wurde mit frischem kalten Wasser abgetränkt und 3—4 Monate, manchmal auch 6 Monate ihrem Werdeprozeß überlassen.

Das Abtränken der Lohgrube, nachdem dieselbe ohne Flüssigkeitszufuhr voll versetzt und gut verdeckelt worden ist, muß in einer

Weise geschehen, daß die zugeführte Flüssigkeit, ob Wasser oder Brühe, kein Fortspülen des Streumateriales von den äußern Seiten ermöglicht und die zwischen den einzelnen Häuten und dem Streumaterial sich vorfindende Luft allmählich entweichen kann und keine Luftblasen zurückbleiben.

Zu diesem Zwecke geschieht das Abtränken durch den Pfaffen, in welches die Abtränkflüssigkeit in einem mäßig starken, gleichmäßigen Strahle einläuft, von unten auf in der Versetzgrube emporsteigt und die Luft nach oben hinaus verdrängt.

Bei dem Abtränken der Lohgrube von unten herauf wird den am längsten trocken gelegenen Häuten und Streumaterial zuerst Gelegenheit gegeben sich vollzusaugen, und der Druck von oben, welcher beim Ausfüllen von oben aus sonst ausgeübt wird, hat keinen großen Einfluß auf Einprägen von Lohgruben seitens des trockenen Streumateriales auf die unteren Häute.

Ein allzulanges Verbleiben der tannin- und proteïnhaltigen Vegetabilien auf der eingestreuten Haut im ersten Satz ist gefährlich, da sich dann Essigsäure bilden kann, was unter allen Umständen vermieden werden muß.

Wir wissen, daß trockene, gemahlene Eichenrinde einen ganz anderen Geruch von sich gibt, als solche, welche längere Zeit mit Wasser oder leichter Brühe zusammen war, welch letztere einen säuerlichen Geruch, hervorgerufen durch die Bildung flüchtiger Säuren, ausströmt.

Sobald dieser Geruch eintritt, soll man die Häute nicht längere Zeit in der Lohgrube im ersten Satze belassen, da infolge der stets fortschreitenden Gärung sich immer mehr Übergangssäuren bilden, ohne daß genügend Gerbsäure vorhanden wäre, welche Widerstand leisten könnte, und diese entstehenden Säuren würden von nachteiligen Folgen für die Güte des Leders werden, da eine zu stark lockernde Schwellung eintreten muß.

Um dies zu verhindern, werden die Häute aus dieser gärenden Lohe herausgenommen und, von der anhängenden Lohe durch Abfegen befreit, gleich auf den zweiten Satz gebracht, d. h. von neuem mit frischem Streumaterial eingesetzt, und dieses Umsetzen wird so oft wiederholt, bis die Haut an ihrer dicksten Stelle satt durchgegerbt ist.

Gewöhnlich genügen drei Sätze, um das Leder gar zu machen, mitunter muß noch ein vierter Satz gegeben werden und bei ganz schweren Häuten noch ein fünfter Satz.

Eine bestimmte Anzahl von Sätzen zum Garmachen sicher anzugeben ist nicht gut angängig, da es hier auf den Gerbstoffgehalt des Streumateriales, auf die Stärke der Haut und auf das Quantum des den Häuten gegebenen Gerbmateriales ankommt.

In einzelnen Gegenden ist man der Ansicht, daß ein Leder von der besten Qualität erzeugt wird, wenn man zu dem jedesmaligen Satze geringere Quantitäten Gerbstoff anwendet und dafür öfter umsetzt und einen Satz mehr gibt, welches meiner Meinung nach bei guter Spiegelrinde nicht richtig ist, dagegen dürfte es sich bei gröberer Rinde empfehlen.

Man nimmt zum Sattgerben pro 100 kg grüne Haut nach Erfahrung ein Mittel von 450—500 kg Eichenspiegelrinde.

Anstatt die Grube unter trockenem Versetzen voll zu machen, zu verdeckeln und dann abzutränken, wurde während des Versetzens durch den Pfaffen langsam die Abtränkbrühe zugeführt. Nachdem einige fünf Häute eingestreut waren, wurde die betreffende Brühe aus einem oberhalb des Pfaffens stehenden Gefäß, sachte rinnend, zugelassen, so daß die versetzten Häute und die Lohe bald von der Brühe vollgesogen wurden und ein Wasserentziehen aus den versetzten Häuten seitens des trockneren Streumaterials nicht mehr möglich war.

Andererseits wurde einer etwaigen Möglichkeit der Loheindrücke vorgebeugt, da die vollgesogene Lohe nicht mehr hart und scharfkantig war. Auch das Abgeben der Gerbsäure des frischen Streumateriales konnte zeitiger geschehen, und, um dieses so rasch als möglich zu erzielen, wurde nicht mit Wasser abgetränkt, sondern mit der Versenkbrühe, aus welcher die versetzten Häute gekommen waren.

Die aus dem Versenk in den ersten Satz gelangenden Häute vertragen das Abtränken mit der Versenkbrühe sehr gut, wogegen den aus den Schwellfarben direkt auf den ersten Satz versetzten Häuten es zuträglicher ist, mit klarem Wasser abgetränkt zu werden.

Die Blößen, welche nach eben beendetem Schwellverfahren in die Versetzgrube eingesetzt worden sind, befinden sich in jenem Zustande, wo ein weiteres Schwellen vor der Hand nicht weiter vor sich gehen soll, sondern es muß den geschwellten Blößen zuerst, aber in geringen Mengen, Gerbsäure zugeführt werden, damit sich dieselbe in den äußeren Partien ablagern kann, und dann erst darf eine weitere Lösung der Zwischensubstanz vor sich gehen, welche auch infolge der sich entwickelnden Gärungsprodukte dann allmählich stattfindet.

Ein Abtränken mit Lohbrühe, wo sich bereits Milch-, eventuell auch Buttersäuren entwickelt haben, wäre ganz sicher von nachteiligen Folgen für die aus den Schwellfarben direkt versetzten Häute, wie uns aus den Beschreibungen über übermäßiges Schwellen bekannt ist.

Das Auslaugen des Streumateriales beginnt mit dem Augenblicke, wo dasselbe mit Wasser in Verbindung kommt oder mit leichter Brühe und geht anfangs rascher vor sich, als nach einiger Zeit. Je feiner die Rinde gemahlen, desto größer ist die Oberfläche des Gerbstoffmaterials, welche mit dem Wasser oder der Brühe in Berührung kommt, und desto rascher gibt sie den enthaltenen Gerbstoff an die Flüssigkeit ab, welche dann von der Blöße aufgenommen wird.

Der gelöste Gerbstoff, die Gerbsäure, dringt in die geschwellte Blöße und wird sogleich auf die Lederhautfaser niedergeschlagen, resp. umhüllt dieselbe, geht Verbindungen mit der gelösten Zwischensubstanz ein, und die Flüssigkeit kann nun wieder von neuem Gerbstoff auflösen, welche Lösung wiederum von der Haut aufgenommen wird.

Im Anfange ist die Haut für die Aufnahme der Gerbsäure sehr empfänglich, da aber die Hautfaser durch die Gerbstoffverbindung eine Zusammenziehung erleidet, wodurch das Ein- und Austreten der Flüssigkeiten langsamer vor sich geht, ist es natürlich, daß im Anfang des Gerbeprozesses die Lederbildung am raschesten vor sich gehen muß, später, wo auch eine allmähliche Erschöpfung des Gerbmateriales eintritt, dieselbe sich um so mehr verlangsamt, je mehr die Haut sich angerbt und das Streumaterial sich an Gerbsäure vermindert.

Bei diesem Gerbeprozeß darf auch nur ein langsames Angerben der Haut stattfinden, denn sonst würden sich die äußeren Schichten zu stark zusammenziehen und den Zutritt der Gerbsäure zu den inneren Schichten auf eine derartige Weise erschweren, daß ein gleichmäßiges Durchgerben der Haut verhindert wird.

Nachdem das Streumaterial ausgezehrt worden ist, d. h. die Gerbsäure von den Häuten aufgenommen, werden die Häute aufgenommen und auf den zweiten Satz gebracht.

Die gebrauchte Lohe vom ersten Satz kann keine Sauerlohe zum Färben abgeben, da das Ferment fehlt und die übrigen guten Gärungsstufen bereits durchlaufen sind. Man tränkt diese Lohe nur mit kaltem Wasser ab und benutzt den Absud zum Abtränken des zweiten Satzes mit der vom ersten Satz abgepumpten Brühe vermischt.

## Die Operation des Aufziehens.

Die genügend lange auf dem ersten Satz versetzt gewesenen Häute sollen aus der Grube genommen werden und aufs Neue frisches Streumaterial erhalten.

Zu dem Zwecke wird die auf dem abschließenden Holzdeckel befindliche Lohdecke nebst Flüssigkeit entfernt und der Holzdeckel reingefegt; sollte durch ev. Trockenstehen die unter dem Deckel sich befindende Lohschicht dunkel geworden sein, so ist von dem sogenannten Hut noch soviel Lohe zu entfernen, bis die natürliche Sauerlohfarbe an dem restierenden Teile vorhanden ist.

Erst nachdem dieses erledigt, wird die in der Grube befindliche Brühe abgepumpt, bis die gänzliche Entleerung stattgefunden hat. Beim Abpumpen der Brühe ist dieselbe möglichst vor dem Einfluß der atmosphärischen Luft zu schützen, denn durch fortgesetzte Berührung mit der Luft, resp. durch die dadurch bedingte Einwirkung des Sauerstoffes auf die Brühe wird der Wert fortschreitend an ihrem Gehalt geändert, so daß sich selbst bei einer ganz frischen Gerbbrühe an Stelle ihres ursprünglichen Gehaltes an Gerbsäure allmählich und zum größten Teil unlösliche Verbindungen bilden bis zu fauligen Produkten.

Wenn auch in der Praxis ein solch inniges und unausgesetztes Berühren der Gerbbrühen mit der atmosphärischen Luft nicht vorkommt, so leidet die in ihrem Gerbgehalt auf ein ziemlich niedriges Niveau reduzierte Brühe doch auch sehr leicht beim kurzen Berühren mit der Luft; diese Brühen werden schal, schlaff und dunkel in der Farbe und verlieren an Gerbsäure.

Beim Abpumpen der Brühen ist es am besten, ein Saugerrohr in den Pfaffen der Versetzgrube zu legen, welcher bis annähernd auf den Boden der Grube reicht, und die abzupumpende Brühe durch einen an die Pumpe angeschraubten Schlauch bis in das Empfangsgefäß zu leiten, wo die Brühe unter möglichstem Abschluß der Luft bis zur Wiederverwendung aufbewahrt wird.

Die brühenleere Grube wird jetzt von dem restierenden Hut befreit, der für gewöhnlich auf den nächsten Gruben ausgebreitet wird, als reinliche Unterlage für die aufgezogenen Leder.

Zum Abräumen, sowie zu allen Arbeiten an den Versetzgruben dürfen nur Holzschaufeln gebraucht werden, eiserne Geräte sind zu vermeiden; durch die Berührung von Eisen und Eichenlohe entstehen dunkle Produkte, die, wenn sie mit dem Leder zusammenkommen, dort schwarze Flecken hinterlassen.

Nachdem die oberste Haut freigelegt ist, beginnt das Aufnehmen der Häute.

Die Art des Aufziehens der Leder ist in den verschiedenen Gerbereien verschieden, in der einen werden die Leder aufgerollt und dann an dem entgegengesetzten Klauen mittels eines durch ein Seil befestigten Knüttels herausgezogen. Die Lohe bleibt in der Grube zurück und muß besonders herausgeworfen werden. In andern

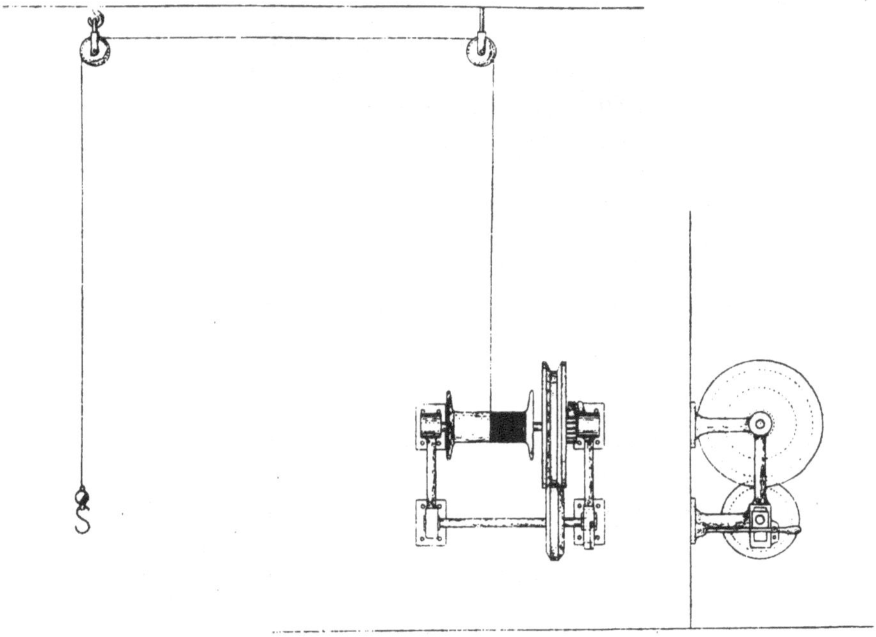

Fig. 22. Grubenzieher.

Gerbereien werden wieder die einzelnen Häute mit der Lohe in Kissenform zusammengeschlagen und aufgezogen, welch letzteres der Arbeitsersparnis halber vorzuziehen ist, vorausgesetzt, daß zu dieser Art des Aufziehens Personal genug vorhanden ist. Dort, wo Maschinenkraft oder überhaupt irgend eine bewegende Kraft vorhanden ist, geschieht das Aufziehen mittels eines eigens dazu konstruierten Flaschenzuges.

G r u b e n z i e h e r (siehe Fig. 22). Dieser kleine Apparat leistet beim Grubenziehen große Dienste.

An der festen Scheibe ist unterhalb eine lose Friktionsscheibe angebracht, die mittels des angebrachten Handhebels gehoben wird, so daß die beiden Friktionsscheiben aneinander gedrückt werden, wodurch die untere Friktionsscheibe in Gang kommt und den kleinen Flaschenzug, an welchem sich ein Haken zum Befestigen der Haut befindet, in Bewegung setzt und das auf einer Rolle laufende Seil aufwickelt, d. h. die Haut aus der Grube herauszieht. Ist die Haut hoch genug, wird der angedrückte Handhebel losgelassen und das Aufwinden hört auf, da die Friktion durch Zurücktreten der unteren Scheibe nicht mehr stattfindet.

Die beiden Scheiben bleiben auf demselben Platze stehen, während das Aufziehseil hingeleitet werden kann, wohin man will. Man braucht nur an bestimmten Stellen Haken anzubringen, an welchen die führenden Rollen aufgehängt werden können, und man kann die freihängende Haut bringen, wohin sie soll. Ein Verstreuen und Zertreten der Lohe kann bei diesem Apparate nicht stattfinden.

Auf welche Art auch das Aufziehen geschieht, immer ist dafür Sorge zu tragen, daß die Leder wie auch die Lohe vor der Lufteinwirkung möglichst geschützt werden und die Lohe bald mit Wasser abgetränkt wird.

Die aufgezogenen Leder werden an Kopf und Schwanz, mit der Aasseite nach außen, hochgehalten und durch Klopfen mit runden, glatten Stöcken von der noch anhängenden Lohe befreit, dann flach, mit der Seite nach oben, auf welcher versetzt werden soll, ausgebreitet hingelegt, zum Abbürsten mit einem Birkenreiser- oder Piasavabesen.

Die abgebürsteten Leder werden in bekannter Kissenform zusammengeschlagen und zur Versetzgrube gebracht, wo dieselben mit der Aasseite nach oben eingelegt werden.

## Der zweite Satz.

Die aus dem ersten Satz aufgezogenen Häute zeigen einen deutlichen Unterschied in bezug auf ihre Umwandlung in Leder. Die Quellung, welche alle geschwellten Häute zeigten, ist jetzt verschwunden, die Leder liegen flach vor uns, sind aber steif geworden und zeigen eine schöne, weiße Eichenfarbe. Schneidet man eins von den aufgenommenen Ledern im Kern an, so muß der Querschnitt an den äußern Seiten eine braune Schnittfläche aufweisen, während das Innere etwas heller gefärbt erscheint, aber vollständig vom Gerbstoff durchzogen sein soll.

Beim genauen Betrachten der aufgezogenen Leder wird es jedem auffallen, daß die weiter nach unten hin versetzt gewesenen

Leder besser gegerbt sind, als die nach oben hin gestandenen. Dieser unterschiedliche Grad der Gerbung rührt von der stärkeren Gerbstofflösung her, welche sich durch ihre größere Dichtigkeit, also auch schwereres Gewicht, durch die in der Grube enthaltenen Flüssigkeiten nach unten senkt. Ferner stehen die unten versetzten Leder unter einem bedeutenden Drucke der in der Grube sich befindenden Flüssigkeitssäule, welche zu einem schnelleren Eindringen in die Haut mitwirkt. Daß die ganz zu oberst gestandenen Leder weniger angegerbt sind, dürfte außer den angeführten Ursachen dem Einflusse der äußern Luft zuzuschreiben sein, welche, soweit der Zutritt reicht, an den Gerbstoffen stark mitzehrt.

Um hier ein gleichmäßiges An- und Durchgerben zu erzielen, werden bei jedem folgenden Satze die zu unterst gelegten Häute nach der oberen Seite hin versetzt, also die Haut, welche zu oberst lag, kommt nach unten und umgekehrt.

Ebenso wird bei jedem Satze die Haut selbst umgedreht, so daß im 1. Satz der Narben oben liegt, im 2. Satz die Aasseite, im 3. Satz wieder der Narben u. s. f.

Die Zeitdauer des Versetztseins auf dem 1. Satz ist, wie wir bereits kennengelernt haben, verschieden, und es ist ratsam, nach einer bestimmten Zeit, wo man glaubt annehmen zu können, daß das Streumaterial an Gerbsäure genügend erschöpft ist, einen Heber von der in der Versatzgrube sich befindenden Flüssigkeit herauszunehmen und auf den Dichtigkeitsgehalt zu untersuchen und dieses einige Male zu wiederholen, wobei man aus der Abnahme der Dichtigkeit oder dem Gleichbleiben derselben den Schluß ziehen kann, ob noch Gerbstoff zur Aufnahme von der Haut vorhanden ist oder nicht.

Im letzteren Falle sollen die Häute der Grube entnommen und mit frischem Streumaterial versehen werden. Wie aus den vorangegangenen Abhandlungen bekannt geworden ist, erfolgt die Aufnahme des Gerbstoffes am raschesten im Anfange des Gerbeprozesses und nimmt mit jedem Weiterumbilden in Leder an Menge ab, während die Zeitdauer der Gerbstoffaufnahme zunimmt.

Das Einlegen der Leder zum 2. Satz, das Bestreuen derselben mit dem durch Anfeuchten staubfrei gemachten Streumaterial geschieht wie beim 1. Satz.

Während aber beim Versetzen auf den 1. Satz die Häute unter dem Bestreben, sie möglichst locker einzusetzen, während des Versetzens bereits abgetränkt wurden, sollen die Leder auf dem 2. Satz ziemlich fest eingesetzt werden, ohne besonders fest zu treten. Das Abtränken erfolgt erst, nachdem die Grube voll versetzt und zugedeckelt ist, wobei der Deckel vor dem Abtränken noch mit Steinen beschwert wird.

Das Abtränken geschieht mit dem Abzug der Lohe vom 1. Satze, welcher mit der vom 1. Satz abgepumpten Brühe vermischt worden ist. Sobald die Grube genügend Brühe erhalten hat, wird ein Lohdeckel als Verschluß darauf gemacht und bis auf weiteres stehen gelassen.

Der 2. Satz dauert durchschnittlich 4—6 Monate, überhaupt so lange, bis man sicher weiß, daß das gegebene Streumaterial vollständig ausgenützt ist, zu welchem Zwecke die beim ersten Satz erwähnte Stichprobe auch hier angewendet wird.

Auf dem 2. Satz wird dem Streumaterial die Gerbsäure nicht so rasch entzogen, wie beim 1. Satze infolge des bereits weit vorgeschrittenen Gegerbtseins der Leder, wo das Eindringen der Gerbsäure in das Innere nur langsam stattfinden kann, und auch hier muß die durch Gärung entstandene Schwellung noch hilfreiche Hand leisten.

Die weitere Entwickelung des mit der Abtränkbrühe verbundenen Gärungsprozesses geht nicht rasch vorwärts, sondern der starke Gehalt an Gerbstoff tritt dem Weiterbilden desselben entgegen und erst, wenn ein ziemlicher Teil Gerbstoff aus dem frischen Streumaterial von den versetzten Ledern aufgenommen worden ist, tritt ein Weiterschreiten des Gärungsprozesses ein. Es bilden sich Milch- und Buttersäure, welche dann lösend einwirken und der Neuaufnahme von Gerbsäure behilflich sind, bis zur Erschöpfung des Streumateriales.

Es darf keine ungelöste leimgebende Substanz zurückbleiben, und der Gerbstoff muß die Haut vollends durchgegerbt haben, dann ist es erst an der Zeit, die Leder aus dem 2. Satze herauszunehmen und zum Sattgerben auf den 3. Satz zu bringen.

Die Manipulationen beim Aufziehen der Häute aus dem 2. Satze sind dieselben wie beim 1. Satze, ebenso das Abpumpen der Brühe und das Reinigen der Grube.

---

## Der dritte Satz.

Im 1. und 2. Satz wurden die geschwellten Blößen in Leder umgewandelt. Der 3. Satz soll nun die durchgegerbten Leder „sattgerben“, das vollständige, gleichmäßige Gegerbtsein des Sohlleders erreichen.

Gleichzeitig sollen sich aber die uns bekannten entsprechenden Gärungsstufen beim Streumaterial entwickeln für unsere frisch anzusetzenden Sauergruben, wie sie in einer rationell betriebenen Sohlledergerberei stets vorhanden sein müssen und auch vorhanden sind.

Wir wissen aus Erfahrung, daß im Beginn des Gerbeprozesses die weitaus größte Gerbstoffmenge von der Haut aufgenommen wird in verhältnismäßig kurzer Zeit; bei jedem ferneren Satz dauert es länger, bis das Streumaterial ausgezehrt ist.

Um sicher zu gehen, daß der 3. Satz den Ledern die satte Gare geben kann, werden an einigen von den kräftigsten Ledern an den dicksten Stellen Querschnitte angebracht, wo man sich von der fortgeschrittenen Gerbung überzeugen kann. Man richtet sich nach dem Stande des Gegerbtseins mit der Gabe des frischen Streumateriales.

Vollständig durchgegerbtes Sohlleder zeigt an dem Querschnitt eine vollkommen gleichmäßige bräunliche Färbung, hingegen noch nicht ganz durchgegerbtes Sohlleder in seinem Innern einen mehr oder weniger hellen Streifen. Solchen Ledern muß eine größere Dosis Gerbstoff gegeben werden. Sie gebrauchen infolgedessen längeres Stehen auf dem 3. Satz, eventuell erhalten dieselben noch einen vierten Satz, denn gutes Sohlleder muß g l e i c h m ä ß i g s a t t - g e g e r b t sein.

Wie auf Seite 166 „das Schwellen in Sauerbrühe" bereits erwähnt, haben zu rasch angegerbte Sohlleder in der Mitte einen h o r n - a r t i g e n S p l i ß , da bis hier die Gerbsäure infolge des „Totgegerbsteins" nicht in das Innere vordringen konnte.

Bei gut geschwellten Häuten haben während des Gerbeprozesses die sich bildenden vegetabilischen Säuren vorbereitend auf die leimgebende Substanz eingewirkt. War nicht mehr genügend Gerbsäure zum Gerben dieser gelösten Substanz vorhanden, so wird beim Auftrocknen derartiger Leder sich zwischen den durchgegerbten äußeren Seiten die allerdings vorbereitete, aber noch ungegerbte Haut ebenfalls in Form einer hornartigen Seele befinden. Derartig sich schwer gerbende Leder, wo ein Totgerben nicht stattgefunden hat, sondern wo nur durch Mangel an Gerbstoff ein Durchdringen der Gerbsäure bis zu dieser Stelle nicht möglich war, müssen durch erneut gegebene tannin- und proteïnhaltige Vegetabilien unter längerer Gerbedauer vollends ausgegerbt werden.

Bemerkt man also im Innern der Haut noch diese hellen Stellen, ein Beweis mangelhafter Gerbung, welcher verschiedenerlei Ursachen zugrunde liegen können, so müssen, um diese auszugleichen, dem 3. Satze um so größere Mengen Gerbstoff gegeben und um so längere Zeit gelassen werden, die Haut ganz zu durchdringen.

Die kernigen und dickeren Hautstellen erfordern, wie bereits beim Besprechen des 1. Satzes angeführt wurde, mehr Gerbstoff, um vollständig durchgegerbt zu werden, als die dünneren und loseren Partien der Haut, und man gibt solchen stärkeren Stellen mehr Gerbstoff durch dickeres Bestreuen mit dem Versetzmaterial, z. B. den schwerer zu gerbenden Kopfteilen, den Rippen und dem Schild.

Findet man nun beim Anschneiden der Leder nach dem beendigten 2. Satze diese mangelhafte Gerbung vor, so kann hieran nur die zu gerbende Haut selber oder die gebrauchten Gerbmaterialien die Schuld tragen, welche nicht den ihnen zugeschriebenen Gehalt an gerbenden Substanzen besaßen.

Unter derartigen nicht regulären Umständen und bei ganz schweren Häuten hat man noch einen 4. Satz notwendig.

Die Leder bleiben auf dem 3. Satz unter normalen Verhältnissen 6—9 Monate stehen, und nach dieser Zeit ist der Gerbeprozeß beendigt, die Sohlleder sind satt und gleichmäßig ausgegerbt und können zur beliebigen Zeit der Grube entnommen werden zum Auftrocknen und Fertigstellen.

Die Menge des Streumateriales, welches die Leder zum 3. Satze benötigen, hängt von den oben angeführten Umständen ab und läßt sich mit Bestimmtheit nicht vorher angeben, aber durchschnittlich wird auf dem 3. Satz weniger als auf dem 1. und 2. Satze verwendet.

Bevor wir das Trocknen und Fertigstellen der satt gegerbten Sohlleder besprechen, muß hier einiger Gewohnheiten gedacht werden, welche von verschiedenen Gerbern als nützlich angewandt worden sind. Diese sind:

## Das Trockenstehen beim Versetzen und das Schleimen der gegerbten Leder.

Das **Trockenstehen** der versetzten Leder besteht darin, daß die regelrecht eingestreuten Leder erst einige Tage nach dem Versetzen abgetränkt wurden. Es sollte hierdurch ein festeres Produkt erzielt werden.

Wir wollen uns aber die Folgen des Trockenstehens klar machen.

Das nur leicht angefeuchtete Streumaterial entnimmt der feuchteren Haut das Wasser und läßt dieselbe sich in ihren äußeren Partien ziemlich stark zusammenziehen, welches für ein gleichmäßiges Fortschreiten des Gerbeprozesses nicht förderlich ist, denn es sollen unter normalen Verhältnissen keine zu starken Gerbstofflösungen angewendet werden, um ein Zusammenziehen der äußeren Partien zu vermeiden, es soll die Haut stets offen sein, damit der Gerbstoff leicht und vollständig durchdringen kann.

Ist aber die Haut noch ziemlich mit Wasser gefüllt, so bildet sich unmittelbar an der Oberfläche eine höchst konzentrierte Lösung von Gerbstoff, welche eine starke Zusammenziehung der Hautfasern bewerkstelligen muß.

Das Trockenstehen zu dem angeführten Zwecke ist eine irrige Auffassung seitens der ausübenden Praktiker und eine Operation, welche nur von Nachteilen begleitet ist.

Das **Schleimen** der zum Trocknen bestimmten, satt gegerbten Leder ist eine ebenso unpraktische Operation, wird aber von einigen Gerbern für unentbehrlich gehalten zur Erzielung eines schönen Aussehens des Leders.

Das „Schleimen" geschieht, indem man die satt gegerbten Leder direkt aus der Grube heraus zusammenrollt, mit der Aasseite nach außen und sie so dicht mit gebrauchter frischer Lohe bedeckt, bezw. umhüllt, daß die Luft keinen Zutritt hat. Das Ganze überläßt man für 10—14 Tage sich selbst. Bereits nach einigen Tagen tritt eine Erwärmung ein. Nach dem Auseinanderrollen fühlen sich die Leder schlüpfrig, schleimig, ja schmierig an. Die Leder sehen durch das Austreten des Mud an die Oberfläche weiß aus. Die geschleimten Leder werden jetzt mit Messingschlicker bearbeitet, bis sie ganz glatt geworden sind.

Die Erwärmung ist nur eine Folge einer entstandenen Gärung, also durch einen Zersetzungsprozeß herbeigeführt. Ein solcher kann niemals von Vorteil, sondern nur von nachteiligen Folgen für die Dauerhaftigkeit und Festigkeit des Leders sein.

Der Zweck des Gerbens ist, die rohe Haut so zuzubereiten, daß sie äußeren Einwirkungen Widerstand leisten kann. Bei dem Verfahren des Schleimens jedoch zwingt man das kaum gar gewordene Leder, wieder in Zersetzung überzugehen und einen Teil der Widerstandsfähigkeit aufzugeben. Bei nicht genügender Aufmerksamkeit müssen die Leder in ihrer ganzen Dicke leiden, was von dem Gerber mit „Verbrennen des Leders" bezeichnet wird.

# Das Erkennen der Gare.

Sohlleder, welches als vollkommen gar bezeichnet werden kann, muß eine vollkommen gleichmäßige, bräunliche Färbung im frischen Lederschnitt zeigen, es muß sich hin und her biegen lassen ohne an der gebogenen Stelle Falten zu werfen oder gar feine Risse im Narben zu bekommen.

Legt man gut gegerbtes Leder längere Zeit in warmes Wasser, so färbt sich dieses rötlichbraun, und kocht man dasselbe, so wird die Flüssigkeit dunkelrotbraun, jedoch bleibt die Brühe beim Erkalten flüssig und wird nicht gerinnend, welch letzteres auf Vorhandensein von Leim schließen lassen müßte. Das ausgekochte Leder ist nach dem Trocknen bedeutend eingeschrumpft, jetzt vollständig undurchsichtig und läßt sich leicht zerbröckeln, zerreiben.

Der praktische Gerber schneidet mittelst eines sehr scharfen Messers, in einem Schnitte, einen ganz dünnen Lederstreifen ab und hält denselben gegen das Licht, wo sowohl im auffallenden, als im durchfallenden Lichte, sowie auch beim Betrachten unter der Lupe sowohl in bezug auf Farbe, als auf die Beschaffenheit der Hautstruktur vollkommene Gleichmäßigkeit sich zeigen muß, es ist dieses ein Beweis dafür, daß das Leder in seiner ganzen Stärke von dem Gerbstoff vollständig durchdrungen ist.

Ist dieses nicht der Fall, so läßt sich dieses an dem Aussehen des Querschnittes sofort erkennen. Derselbe zeigt sich an den Rändern dunkler gefärbt, als in der Mitte, und gegen das Licht gehalten erscheint die Mitte wie ein heller Streifen, welcher allerdings durchgegerbt, aber nicht genügend satt gegerbt ist, was in bezug auf das Rendement für den Gerber nachteilig ist.

Leder, welche nicht durchgegerbt sind, zeigen im ungetrocknet gewesenen Zustande in der Mitte einen weißen Streifen. Legt man derartiges Leder in kaltes Wasser, so quillt der Streifen auf, da diese mittlere Schicht sich noch teilweise im Zustande der Blöße befindet. Läßt man sie bei öfterem Wasserwechsel und Luftzutritt wässern, so geht diese mittlere Schicht in Zersetzung über. Kocht man derartiges Leder, so quillt es so stark auf, daß es durchscheinend wird. Diese Schicht wird bei längerem Kochen glasig, sie sieht wie von einem bräunlichen Rahmen umsäumt aus.

Die dabei erhaltene Flüssigkeit wird beim Erkalten trübe und dickflüssig und hinterläßt beim Eindampfen Leim.

## Das Trocknen des garen Leders.

Das Austrocknen der satt gegerbten Sohlleder war bei dem alten sauren Grubenverfahren die letzte Operation, welche zu den Arbeiten gehörte, die man noch zu dem Gerbprozeß rechnete. Das Austrocknen der Sohlleder ist eine sehr wichtige Operation, die, richtig ausgeführt, zu einem schönen Aussehen beitragen kann. Das Trocknen in freier Luft sollte nirgends mehr ausgeführt werden.

---

## Das Trocknen des Sohlleders im bedeckten Raum.

Die Übelstände beim Trocknen im Freien fallen beim Trocknen in gedeckten Räumen fort, da eine unmittelbare Einwirkung der Sonnenstrahlen und des Regenwetters nicht stattfinden kann.

Bei „Trocknen in gedeckten Räumen“ sollen aber nicht bloß offene Schuppen zu verstehen sein, welche überdacht sind, sondern es sollen durch zweckmäßige Einrichtung Trockenräume vorhanden sein, wo ein gleichmäßiges Trocknen in gewissem Maße in beschleunigter Weise vor sich gehen kann.

Die Trockenräume müssen frei liegen, damit der Luftzug überall hinkommen kann, im Innern geräumig und nicht niedrig und an den Außenseiten mit verstellbaren Jalousien versehen sein, so daß man nach Belieben mehr oder weniger Luft durchlassen, sowie die Leder gegen eindringende Sonnenstrahlen als auch vor einschlagendem Regen schützen kann.

Durch Öffnen und Schließen der Jalousien an der einen oder andern Seite des Trockenraumes kann man den Luftzug leicht regulieren und die Luft bald von der einen, bald von der andern Seite zwischen den Ledern, die nicht zu dicht aneinander hängen dürfen, hinstreichen lassen und so ein gleichmäßiges Trocknen bewirken.

Das Trocknen auf den Trockenböden gestattet einen längeren Zeitraum des Jahres auszunutzen, als das Trocknen im Freien, da durch Abschließen der Räume die Leder vor Gefrieren durch Nachtfröste geschützt werden können, sowie auch bei andauernden Niederschlägen nicht abgenommen zu werden brauchen.

Aber es ist für einen regelmäßigen Betrieb erforderlich, auch zur Winterszeit Sohlleder trocknen zu können, wozu dann Räume vorhanden sein müssen, in welchen durch künstliche Wärme das Trocknen bewerkstelligt werden kann.

---

# Die Lederpresse.

An das Trocknen des garen Leders schließt sich das Richten in einer Lederpresse, die in neuerer Zeit zu großer Vollkommenheit gebracht worden ist.

Eine einfache, überall anzubringende und sehr leistungsfähige Lederpresse hat die Gerbereimaschinenfabrik E. Meister in Hof a. S. in Bayern in der Lehrgerberei der Deutschen Gerberschule in Freiburg i. Sa. aufgestellt, verblüffend einfach und billig.

Eine kleine Beschreibung der Presse will ich folgen lassen.

Um die Leder während des Trocknens und namentlich nach dem Walzen ganz flach zu bringen, wird diese Presse benutzt, welche aus zwei Einpreßspindeln, einer Bohlenlage und einem starken Balken

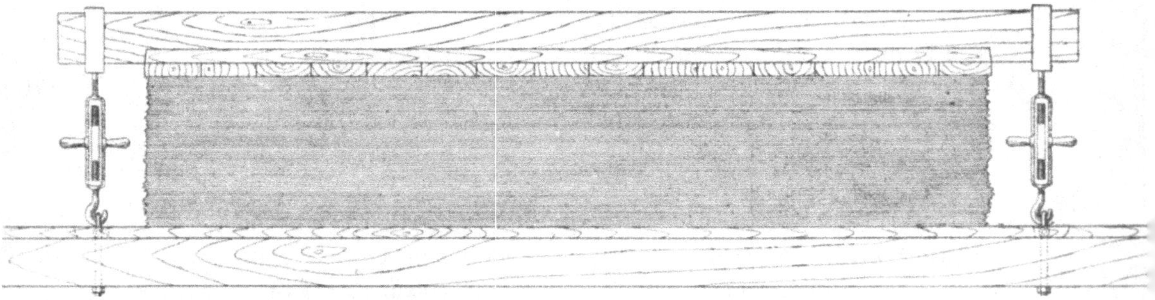

Fig. 23. Lederpresse.

besteht. An entsprechender Stelle werden im Fußboden, durch die Balken, zwei Ösen festgeschraubt, in welche der Haken der Spannvorrichtung eingehängt wird. Die Leder werden nach ihrer ganzen Größe am Fußboden aufgeschichtet, sodann zum Abschluß mit einer Bohlenlage überdeckt. Ueber diese wird nun der Balken gelegt und mit seinen beiden Enden in die viereckigen Gehäuse der Spannschrauben eingezogen resp. eingeschoben, worauf die letzteren nach Bedarf angezogen werden.

Ist die Presse gebraucht, so kann man die Spindeln wieder aushaken und irgendwo hinhängen, wie auch Bohlen und Balken bei Seite gelegt werden können, wodurch der Preßraum wieder frei geworden ist. Die Ösen sind im Fußboden eingelassen und, wenn diese umgelegt sind, sind sie in nichts hinderlich. Durch Einschrauben von Ösen in den Fußboden kann die Presse überall, wo genügend Raum vorhanden ist, benutzt werden.

Ein Beispiel für neueste Konstruktion einer Lederpresse gibt die nachstehende Abbildung der Abwelkmaschine „Essora“.

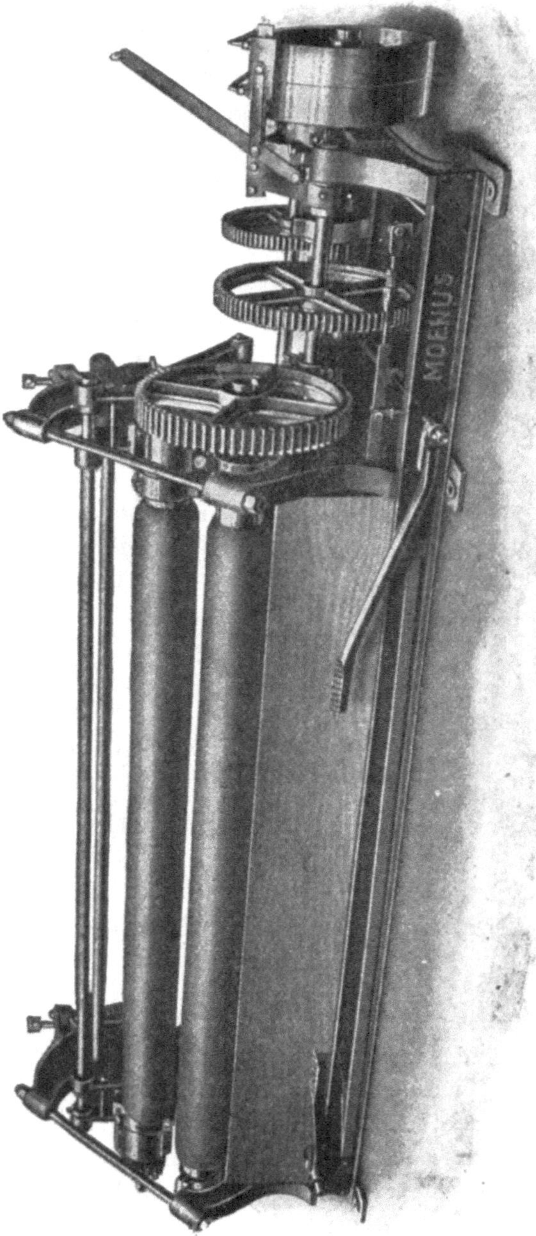


Fig. 24. Leder-Abwelkmaschine „Essora" der Maschinenfabrik Moenus A.-G. Frankfurt a. M.

Während also das Abwelken von Leder in den Gerbereien meistens durch Aufhängen der Häute im Trockenraum vorgenommen wurde, benutzt man in neuerer Zeit mit Vorteil Maschinen, die entweder als hydraulische Pressen einen größeren Stoß Häute auf einmal abwelken bezw. abpressen, oder man benutzt sogenannte Walzenabwelkmaschinen, wie aus beifolgender Abbildung ersichtlich ist.

Die Einrichtung der Maschine ist derart, daß das Leder zwischen zwei Filzwalzen hindurchläuft, die unter kräftigem Druck stehen. Damit das Leder faltenlos in die Walzen einläuft, streicht vor den beiden Preßwalzen eine Ausreckwalze das Leder aus. Wie bei den meisten Gerbereimaschinen, so wird auch bei dieser jede Haut auf zweimal bearbeitet. Die einzelnen Arbeitsoperationen leitet der Arbeiter durch einen Fußtritt ein. In geöffnetem Zustande legt er die Haut ein, die Maschine schließt sich und das Fell wird zwischen den Walzen hindurchtransportiert. Die Walzenabwelkmaschinen haben den großen Vorteil, daß sie gleichzeitig mit dem Abwelken auch eine gewisse Ausreckarbeit leisten. Unter den heutigen Verhältnissen wird natürlich die Maschine große Ersparnisse an Brennmaterial mit sich bringen, da durch das Abwelken die Trockenzeit wesentlich verkürzt wird.

# Das Zurichten.

Die nachfolgenden, für Qualität und Aussehen sehr wesentlichen Arbeiten sind nur mechanischer Art und haben einzig den Zweck, dem Leder Geschmeidigkeit, gefälliges Aussehen und eine entsprechende Form zu geben.

Mit dem fertiggegerbten Sohlleder wurde nichts weiter vorgenommen als sein Gefüge mechanisch verdichtet, und zwar durch Hämmern vermittels schwerer Kupferhämmer, womit das trockene Leder geklopft wurde, oder glatt gestoßen mittels Aussetzen. Es soll sich verdichten, größeren Stand, erhöhte Widerstandsfähigkeit bekommen und an Elastizität zunehmen.

Diese mechanischen Arbeiten, die man unter dem technischen Ausdruck des Zurichtens zusammenfaßt und die früher durch Handarbeit bewerkstelligt werden mußten, können durch geeignete Maschinen ausgeführt werden, und die Mechanik hat es in dieser Beziehung weit gebracht. Nachstehend folgen einige Abbildungen nebst Beschreibung der jetzt am meisten gebräuchlichen Verdichtungsmaschinen, welche eine ausgezeichnete Arbeit liefern.

Die abgebildete Karrenwalze dient zum Walzen der verschiedensten Ledersorten, sie glättet und dichtet Sohl-, Vache-, Riemen- und

Fig. 25. Karrenwalze der Maschinenfabrik Johs. Krause G. m. b. H.

Zeugleder, gleichviel welcher Gerbung, schnell und tadellos. Die Bauart ist stark. Die Walze läuft selbsttätig hin und her, kann aber auch von der Hand auf jeder beliebigen Stelle umgesteuert werden oder zum Stillstand gebracht werden. Die Umsteuerung funktioniert sehr leicht und geräuschlos und ist dem Arbeiter an jeder Stelle leicht zur Hand. Die Laufrollen sind möglichst groß gewählt, um die Reibung zu vermindern.

Die zum Zurichten bestimmten Sohlleder werden nach dem Aufziehen tüchtig abgeklopft und dann auf einem eigens großen Tisch von beiden Seiten aufgerieben. Zu dem Zwecke taucht man große grobe Lappen in klare Sauerbrühe und reibt mit diesen angefeuch-

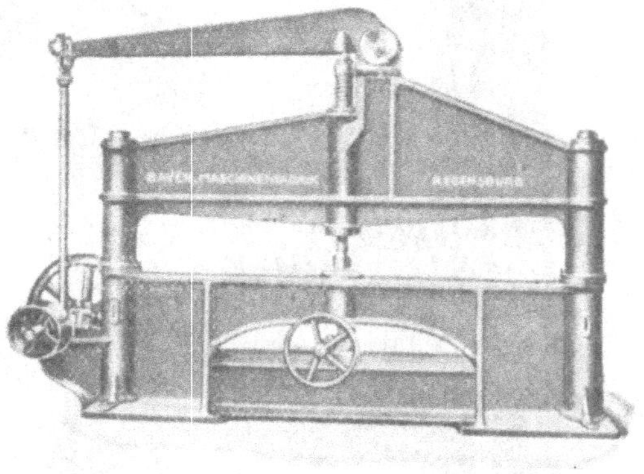

Fig. 26. Lederhammer „Goliath“ der Bayerischen Maschinenfabrik Regensburg.

teten Lappen die betreffende Seite auf, besprenkelt die aufgeriebene Seite mit Leinöl oder hellem Tran, sowie auch noch etwas Sauerbrühe, je nach dem Stande der Feuchtigkeit nach dem ersten Aufreiben und reibt das Ganze nochmals auf, worauf die Leder zum Trocknen aufgehängt werden, dabei besonders darauf achtend, daß das Aufgeriebene beim Aufhängen nicht darunter leidet. Nach kurzer Zeit ist diese Aufreibung eingezogen, beide Seiten zeigen eine schöne helle Farbe; die Stelle, die auf der Stange gelegen hat, wird leicht nachgerieben und die Leder etwas umgehängt.

Die Leder werden vollständig ausgetrocknet, bevor irgend eine mechanische Bearbeitung damit vorgenommen wird. Nach dem gänzlichen Austrocknen werden die Leder passend angefeuchtet durch Besprengen mit klarem Wasser und zum Durchziehen in die Presse gelegt, woraus dieselben nach ca. 12 Stunden auf ihr gleichmäßiges Durchfeuchten nachgesehen werden und, wenn gut befunden, zum Walzen oder Hämmern gegeben oder nochmals an den zu trocknen

Stellen durch Sprenkeln nachgefeuchtet und gepreßt, um dann zugerichtet zu werden. Die gewalzten oder gehämmerten Leder werden zum Austrocknen aufgehängt und dann in die Presse gelegt zum Glattliegen und Fassonhalten.

Vorstehend abgebildeter Lederhammer repräsentiert eine extra starke Bauart und dient zum Hämmern von Sohl- und Vacheleder, wodurch ein festes Leder und glänzende Appretur erreicht wird. —

Eine wesentliche Verbesserung besteht in der patentierten Einrichtung, daß der Druck des Hammerhebels stets genau vertikal auf die obere Hammerwelle drückt, wodurch die auftauchenden Mängel des Auslaufens des Hammerbolzens, der Führung der oberen Hammerwelle, der Druckpfanne und des Druckkegels vermieden und ein leichter, zwangloser Gang des Hammers erreicht wird.

Fig. 27. Lederwalzmaschine „Patent" der Bayerischen Maschinenfabrik Regensburg

Dieser erhebliche Vorteil wird dadurch erzielt, daß auf der oberen Welle ein Support angebracht ist, in welchem die Spurpfanne den Bewegungen des Druckhebels durch seitliche Verschiebung in der Längsrichtung ohne Zwang folgen kann. Besonderer Wert wurde bei dem neuen Hammer auf eine große Basis gelegt, um Erschütterungen möglichst zu reduzieren. Alle beweglichen Teile sind aus dem besten Material gewählt und die Abmessungen so reichlich, daß der natürliche Verschleiß auf ein Minimum beschränkt ist. Die Lager der Kurbel wie auch der Pleuelstange sind geteilt und daher auch leicht zu korrigieren, und der Scharnierbolzen läuft in Büchsen, die schnell ausgewechselt werden können. Es ist überall darauf Bedacht genommen, daß, wenn jemals eine Reparatur sich notwendig erweisen sollte, diese gut möglich ist, ohne eine längere Betriebsstörung hervorzurufen, weil jeder Mechaniker am Orte oder in der Nähe die Ersatzteile beschaffen kann, ohne den Hammer selbst demontieren zu müssen. Die Einstellung des unteren Hammerkopfes behufs Regulierung der Schlagwirkung geschieht bequem und rasch durch Drehen des Handrades, das ein Schneckenrad in Rotation bringt und dadurch einen mit Zahnstangen versehenen Keil, der in einem Support liegt, entsprechend verschiebt. Ein selbsttätiges Zurückgehen des Keiles findet nie statt. Der Gang der Hämmer ist bei der größten Schlagwirkung ein äußerst ruhiger. Ein geübter Arbeiter vermag die Leistung pro Tag auf 140 Hälften zu bringen, dabei muß die Appretur des gehämmerten Leders den höchsten Anforderungen genügen.

Ein vollständiges Austrocknen der Sohlleder vor dem mechanischen Bearbeiten soll verhindern, daß durch den ausgeübten Druck der Walze oder des Hammers ein zu starkes Zusammenpressen des noch feuchten, inneren Leders stattfinden kann. Das gänzlich ausgetrocknete Leder läßt sich im Innern nicht mehr zusammenpressen, es behält seinen Stand, und es ist der Zweck des Zurichtens, der Haut Geschmeidigkeit, Dichtigkeit, Glätte der Aas- und Narbenseite sowie schönes Aussehen zu verleihen, was bei den aufgeriebenen Sohlledern in hohem Maße der Fall ist.

Eine Lederwalzmaschine neuester und schwerster Bauart, welche allen Anforderungen entspricht, zeigt die vorstehende Abbildung der Walzmaschine „Patent".

Die beiden Traversen bestehen aus schwersten Breitflanschträgern, welche der Walzbahn eine breite, kräftige Auflage und im Verein mit den seitlichen Führungsrollen dem Karren eine feste, schnurgerade Führung sichern.

Die Druckrollen des Walzzylinderkarrens sind sehr groß ausgeführt. Der Druck wird durch hohe, elastische Pufferfedern erzeugt und ist durch das am Wagen angebrachte Handrad leicht regulierbar.

Walzbahn und Walzzylinder bestehen aus härtestem Material. Letzteres ist hochglanzpoliert und erteilt dem Leder eine tadellose gleichmäßige Appretur ohne Streifenbildung.

Eine besondere Vorrichtung erleichtert das Auf- und Absteigen des Walzzylinders und verhütet das Schwärzen und Abdrücken der Lederkanten.

Die Umsteuerung erfolgt automatisch oder von Hand. Durch die patentierte, achsial elastische Lagerung der Schraubenspindel vollzieht sie sich völlig ruhig und äußerst leicht, da die bei jeder Walze auftretenden seitlichen Stöße durch Federn aufgefangen und vernichtet werden.

Dadurch wird die ganze Maschine, vor allem Spindel und Spindelmutter, außerordentlich geschont, was namentlich für das Ausland und die Übersee von größter Bedeutung ist, wo ein Maschinenschaden oft wochen-, ja monatelange Betriebsstörungen verursachen kann.

Die Maschine kann in jedem Stockwerk zur Aufstellung gelangen und erfordert an Kraft ca. 5 PS.

Zur Herstellung von Lederballen für den Transport und zum Lagern von Boden- und Sattlerledern benutzt man Aufroll-Maschinen, mit denen eine schnellere und sorgfältigere Arbeit als von Hand möglich ist. Dabei sind weniger Arbeiter erforderlich; auch hat der Arbeiter bei Aufroll-Maschinen nur ganz geringe Kraft aufzuwenden.

Beim Aufrollen legt man zuerst zwei Hälften Leder mit der Narbenseite nach oben und mit der geraden Rückenseite gegen die seit-

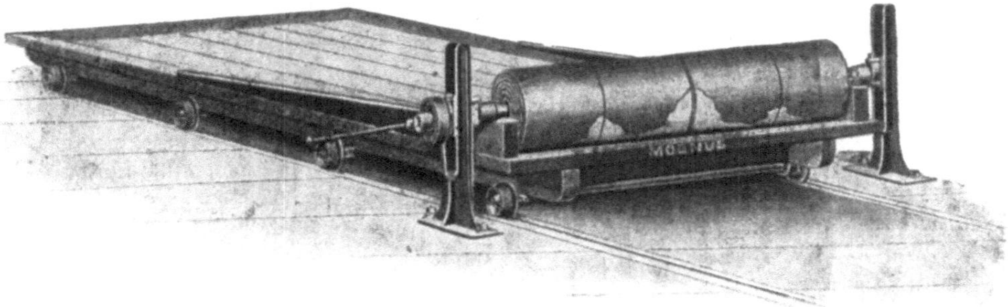

Fig. 28. Lederaufrollmaschine der Moenus A.-G. Frankfurt a. M.

lichen Führungsleisten auf den fahrbaren Tisch und steckt die Enden soweit durch die Aufrollbacken, daß das Leder noch etwas darüber hinaussteht. Es werden nun soviel Häute auf den Tisch so aufgelegt, daß die Rückenkante nach außen und außerdem die Narbenseite nach oben liegt. Durch Betätigen des Ratschenhebels wird dann die Lage Häute gerollt, wobei der Tisch sich unter der Wickelwalze hindurch bewegt. Zum Umschnüren der Ballen werden vor dem Auflegen der Häute die notwendige Anzahl von Schnüren am Ende des Tisches aufgelegt und nach vollendetem Aufrollen der Häute oben gebunden.

Ist der Ballen vollständig fertig und geschnürt, so werden die Aufrollbacken gelöst aus dem Lederballen herausgenommen und für die nächste Leder-Rolle wieder in die Maschine eingesetzt.

# Sohlleder nach gemischtem System gegerbt.

Es ist ein allgemeiner Glaube, daß das alte, eben beschriebene saure Grubenverfahren das beste, festeste und dauerhafteste Leder liefere.

Bei den neueren Gerbmethoden ist ein besseres Auslaugen der Gerbstoffe ermöglicht, und wir sind in der Lage, mittels Auslaugebrühen, den Extraktbrühen, sehr schönes und gutes Leder herzustellen.

Die Verwendung von Extrakten hat eine große Bedeutung in der Herstellung von Sohlleder. Gegen früher haben sich bei einem großen Teile des konsumierenden Publikums die Ansprüche, die an ein gutes Unterleder gestellt werden, bedeutend geändert. Hierzu hat die Herstellung des Schuhwerkes mittels Maschinenbetrieb am meisten beigetragen.

Früher genügte es, wenn das Sohlleder dick, satt gegerbt, aber nicht zu hart, nicht blechig und nicht brüchig war. Heute muß zuerst ein glattes schönes Aussehen vorhanden sein, bei heller Farbe und schönem Narben. Ferner muß es sich leicht mit der Maschine nähen lassen, gut gefüllt, kompakt, von feiner Faser, stark, zähe und billig sein.

Eine richtige Schwellung wird immer als Grundlage des ganzen Prozesses der Sohllederfabrikation zu betrachten sein, und deshalb muß dieser Operation die größtmögliche Aufmerksamkeit geschenkt werden.

Die Praxis lehrt, daß in Sauerbrühen, welche wenig Gerbstoff enthalten, die Schwellung rascher vor sich geht als in gerbstoffreicheren, aber wenige Grade Temperaturerhöhung oder etwas zu starke Gerbbrühen lassen die Blößen sofort verfallen, wie auch im entgegengesetzten Falle eine Ueberschwellung eintreten kann.

Die mangelhafte Angerbung der geschwitzten Sohlleder ist die Hauptursache, warum deren Durchgerbung in der Grube eine so relativ lange ist.

Erst bei Anwendung der Versteckfarben resp. Versenke wurde diesem Mangel, welchen die ungenügende Angerbung erzeugte, abgeholfen, weshalb diese sehr rasch Anklang fanden. Eben diese Versuche sind als ein Übergang vom alten Gerbsystem zur Brühengerbung anzusehen.

Daß eine Lücke beim alten Verfahren, wo die intensive Grubengerbung auf die leichte Angerbung in den Sauerfarben folgte, vorhanden war, darauf wurde man durch verschiedene Uebelstände und

Mängel, welche dem fertigen Produkt anhafteten, aufmerksam gemacht, und diese schwanden mehr oder minder nach Einschaltung der Versteckfarbe oder des Versenkes, so daß es sogar Gerber gegeben hat, welche eine ganze Anzahl von Versteckfarben einschalteten, diese jedoch später auf ein oder zwei Stück reduzierten.

Die „Versteckfarbe“ hat denselben Durchmesser wie die Versenkgruben, nur ist sie weniger tief, da man keinen Druck auf die untersten Leder ausüben soll und höchstens 30 Häute in eine solche Grube bringt; die Häute sollen in der Grube schwimmen mit einer leichten Lohlage zwischen jeder Haut. Die Häute verbleiben hierin je nachdem 6—10 Tage; die Zugabe an Gerbmaterial richtet sich nach der Dauer des Verbleibens; eine möglichst niedrige Temperatur und größtmöglicher Abschluß der Luft schützen mit vor dem Verfallen der Blößen.

Der Vorteil der Versteckfarbe oder des Versenkes basiert auf der rascheren Aufnahme des Gerbstoffes seitens der Blöße, die, wie bekannt, in den Farben leichter vonstatten geht als in der Grube, weshalb denn auch die Blößen schneller durchgerben. Allerdings ist die Art der Durchgerbung in beiden Fällen eine sehr verschiedene. In den Farben ist der Gerbstoff in weniger konzentrierter Lösung als in den Gruben vorhanden, er dringt daher leichter in das Innere der Haut ein und bindet sich, allerdings nur oberflächlich, an die Hautfaser, so daß die Blöße in verhältnismäßig kurzer Zeit, nachdem sämtliche Fasern, aus denen sie gebildet, mit Gerbstoff überzogen sind, als gegerbt erscheint. Dadurch aber, daß jede Faser in ihrer äußersten Schicht mit Gerbstoff imprägniert ist, wird sie von den Nachbarfasern, mit denen sie früher zusammenklebte, isoliert; es bilden sich hier kleine Zwischenräume zwischen den einzelnen Fasern, durch welche die folgenden schärferen Gerbstofflösungen in das Innere, den Kern der Haut, vordringen können, dort ihren Gerbstoffgehalt abgeben, und zwar in der Weise, daß dieser langsam in das Innere der Faser dringt, bis diese gefüllt ist, und dann ebenso die Zwischenräume ausfüllt, dem Leder Dichtigkeit, Festigkeit und Gewicht gebend.

Will man die Gerbung noch mehr beschleunigen, so gibt man anstatt eines Versenkes deren zwei oder drei, wovon der erste mit schwacher Brühe, wie die frische Sauerfarbe, unter Zugabe von wenig frischer Lohe, mit Sauerlohe vermischt angesetzt wird und acht Tage stehen bleibt, die zweite Versenkfarbe oder Versenk erhält verstärkte Brühe und mehr frische Lohe und bleibt vierzehn Tage stehen. Man erhält dann ein schön getriebenes und regelmäßig angegerbtes Leder.

## Sauerbrühe aus Fichtenrinde.

Die Fichtenrinde ist ein sehr gutes Substrat zum Erzielen von Säurebildung und führt den Farben nebst der Säure einen vorzüglichen Gerbstoff für die Angerbung zu; diese enthält relativ viel Kohlehydrate in ihren Extraktivstoffen, welche leicht vergären und Milch- und Buttersäure liefern. Zu diesem Zwecke mischt man gut angefeuchtete, fein gemahlene Fichtenrinde, welche nicht borkig ist, mit dem benutzt gewesenen Streumaterial, und zwar gebraucht man hierzu mindestens die Hälfte des Mischungsquantums an frischer Lohe, besser noch drei Viertel. Dieses wird mit lauwarmem Wasser aufgefüllt und 6—8 Wochen stehen gelassen, ohne festzutreten, worauf dieselbe als Sauerbrühe oder als Sauerlohe verwendet werden kann.

Für den befriedigenden Ausfall des Fabrikats ist aber Bedingung, daß nur eine normale Säurebildung stattfinden darf. Die Fichtengerbung lehrt, daß ein ausschließlich mit Fichtenrinde gegerbtes Leder nie allen Ansprüchen, welche an gutes Sohlleder gestellt werden, genügt, während dieses Material, in richtigem Verhältnis gemischt, ausgezeichnete Dienste leistet. Ausschließlich angewendet, verursacht Fichtenrinde zu intensive Säurung und infolgedessen Ueberschwellung, wodurch das Leder lose und schwammig wird. Die Angerbung bei der Grubengerbung ist noch immer viel zu lang, denn nur um das Material ganz auszehren zu lassen, den ersten Satz so lange stehen zu haben, ist ein Hungergerben, wenn auch das Gerben möglichst vollständig vor sich geht. Frisch versetzte Leder haben je nach der Temperatur in ca. 4 Wochen die Stärke der Abtränkbrühe bis auf die Hälfte, wenn nicht mehr ausgezehrt, bei welchem nun die Stärke der Brühe stehenbleibt und nur noch langsam sich ändert, bis der Stagnationspunkt erreicht ist.

Kurze Sätze, Verstärkung der Abtränkbrühen, wenig Streumaterial. Im fortschreitenden Stadium Verstärkung der Brühen. Zusätze von schweren Gerbstoffen. 4—6 Sätze anstatt 2—3 Sätze.

## Das Extrahieren.

Der erste Schritt zur Abkürzung des Gerbeprozesses war der naheliegende, daß man das wirksame Element zum Gerben, die Gerbsäure, für sich herstellte. Den Extrakt aus den zu verwendenden Gerbstoffen kann man je nach Bedarf den färbenden und gerbenden Häuten zur Brühe zusetzen, diese zur richtigen Zeit verstärken, damit ein Stillstehen im Gerben oder gar ein Hungerleiden beim Gerben vollständig ausgeschlossen ist.

Die Herstellung der Extraktbrühe geschieht durch einen Auslaugungsprozeß, indem man möglichst zerkleinertes Rohmaterial mit Wasser so lange behandelt, bis es an löslichen Substanzen erschöpft ist. Man benutzt die letzten schwächeren Gerbstofflösungen zum Auslaugen von frischem Gerbmaterial. Das Auslaugen des frischen Gerbmaterials geschieht auf kaltem Wege und nur, wenn auf kaltem Wege keine löslichen Substanzen erzielt werden, wird durch Auskochen dem gänzlichen Auslaugen nachgeholfen. Dieser zuletzt gewonnene Absud aus den schwer löslichen Gerbstoffen ist, im Gegensatze zu der aus den leicht löslichen Gerbstoffen gewonnenen Brühe, welche von heller Farbe ist, von intensiv dunkler Färbung und enthält die eigentlichen Farbstoffe des ausgelaugten Gerbmaterials. Je mehr von den schwer löslichen Gerbstoffen in Lösung gebracht werden, um so dunkler muß der Absud sein; da dieses aber nur auf warmem Wege geschehen kann, so werden die zum Gerben benutzten Brühen nur auf kaltem Wege gewonnen.

Die Bildung der Farbstoffe in den Gerbmaterialien siehe Seite 80.

Wie weit das Auslaugen der Gerbstoffe stattfinden soll, darüber sind die Ansichten geteilt, der eine Teil möchte die Auslaugung bis auf den letzten Rest ausdehnen, während die Gegner einer allzu intensiven Ausnutzung behaupten, daß diese für die Praxis wertlos ist.

Bei schärfstem Auslaugen werden die meisten Gerbstoffe bis auf 1½ bis 2 % extrahiert werden können, Quebracho 2½—3 %; aber dieser gewonnene Absud, welcher einen hohen Prozentsatz an schwer löslichem Gerbstoff besitzt, wird lange nicht von den Häuten aufgenommen, da diese schwer löslichen Stoffe in kaltem Zustande sich nicht in Lösung erhalten, es sei denn in sehr verdünntem Maße. Da es aber untunlich ist, mit derartig schwachen Brühen zu gerben oder mit heißen Brühen, so scheiden sich die schwer löslichen Gerbstoffe von selbst wieder aus. Diesen Ausscheidungprozeß können wir täglich in der Praxis bei einem Extraktionsprozeß beobachten.

Der aus dem letzten Bottich gewonnene Absud wird jetzt auf das schwächste Gerbematerial gefüllt und passiert so die sämtlichen Geschirre der Extraktionsbatterie, wo man von Geschirr zu Geschirr ein Hellerwerden der Brühe bemerken kann. Dieses Hellerwerden beruht auf dem Ausscheiden der dunkelnden, schwer löslichen Gerb- und Farbstoffe.

Während des Passierens der verschiedenen Bottiche erhält die Brühe unter allmählichem Erkalten immer mehr Gehalt an leicht löslichem Gerbstoff, die extrahierende Brühe wird immer konzentrierter und auch heller, so daß aus dem letzten, stärksten Auslaugegeschirr die Brühe tadellos hervorgeht. Der Praktiker bezeichnet diesen Werdegang gewöhnlich mit: die Brühe filtriert sich; in Wirklichkeit gibt die Brühe diejenigen Stoffe wieder ab, welche wir durch Auskochen als Gerbematerial zu gewinnen trachteten.

Diesen Vorgang können wir sehr deutlich bei einer scharf ausgelaugten Quebrachobrühe erkennen. In heißem Zustande ist diese klar, beim Erkalten wird sie milchig trübe, und in ziemlich erkaltetem Zustande scheidet sich bei einigem Stehen ein ziemlich bedeutender Niederschlag von schmutzigbrauner Farbe aus, welcher ebenso wie die Trübung seine Entstehung nur der Ausscheidung des schwer löslichen Gerbstoffes verdankt.

Hieraus ist zu folgern, daß durch scharfes Auslaugen zwar ein geringer Rückstand an Gerbstoff verbleibt; aber dieses ist nur scheinbar, da die schwer löslichen Stoffe bei dem Passieren der Extraktionsgeschirre durch Ablagerung doch wieder verloren gehen, und es dürfte am zweckmäßigsten sein, durch Zusetzen von Dampf auf kurze Zeit das von den leicht löslichen Gerbstoffen befreite Gerbmaterial noch zu extrahieren und die ganz schwer löslichen Gerbstoffe mit zur Lohpresse wandern zu lassen.

Zur Herstellung selbstbereiteter Extrakte oder zum Auslaugen der aus den Versenken oder aus den Versätzen kommenden Gerbmaterialien, welche bei der Fabrikation von Halbsohl-, Brandsohl- und Vacheleder nur teilweise ausgenützt werden, dienen offene hölzerne Bottiche, deren Anzahl nicht zu gering sein darf, 6 Stück sind genügend. Je größer die Anzahl der Gefäße in einer Extraktionsbatterie sind, um so viel mehr Flüssigkeit passiert ein gewisses Quantum Auslaugematerial, um so besser das Auslaugeresultat.

Die Größe der Bottiche muß dem Betriebe angepaßt sein, damit den Brühen genügend Zeit gelassen ist, lösend auf das Auslaugematerial einzuwirken. Wollten wir die Brühen hintereinander, ohne eine gewisse Ruhe zu geben, von Geschirr zu Geschirr laufen lassen, so würde das Resultat ein nicht genügendes sein.

Die Geschirre müssen derart eingerichtet sein, daß die Brühe selbsttätig in das folgende Gefäß überläuft und zwar mittelst eines Rohres unter den Doppelboden geleitet wird, damit die Brühe von unten herauf durch das auszulaugende Material aufsteigen muß, wodurch das Material gleichmäßiger durchdrungen wird und das Auffüllen von unten herauf ein Mischen der auffüllenden Brühe mit der zu verdrängenden nicht in dem Maße stattfinden kann, wie wenn das Auffüllen von oben geschähe, obschon auch im ersteren Falle das Mischen nicht ganz vermieden werden kann.

Sobald das Material in Grube 1 der Extraktbatterie hinreichend entlaugt ist, was der Fall ist, sobald alle 6 Gruben durch Ueberlaufen gefüllt worden sind, so daß in 6 sich dann die stärkste Brühe befindet, wird das Rohr zu 2 mittelst Schlußdeckels geschlossen. 1 wird mittelst Dampf erhitzt und nachdem die Brühe erkaltet, wird an dem Rohr 1 der Schlauch angeschraubt und mittelst Zentrifugal-Pumpe und Schlauch an das Rohr 2 angeschlossen und die Brühe von 1 in 2 gepumpt.

Sobald 1 von der Flüssigkeit entleert ist, wird das ausgelaugte Material zur Lohpresse geschafft, die Grube gereinigt und mit frischem Gerbmaterial gefüllt.

An der Außenseite der 6 Extraktgefäße befindet sich ein kupfernes Rohr, welches mit jedem Extraktgefäß durch ein verschließbares Rohr

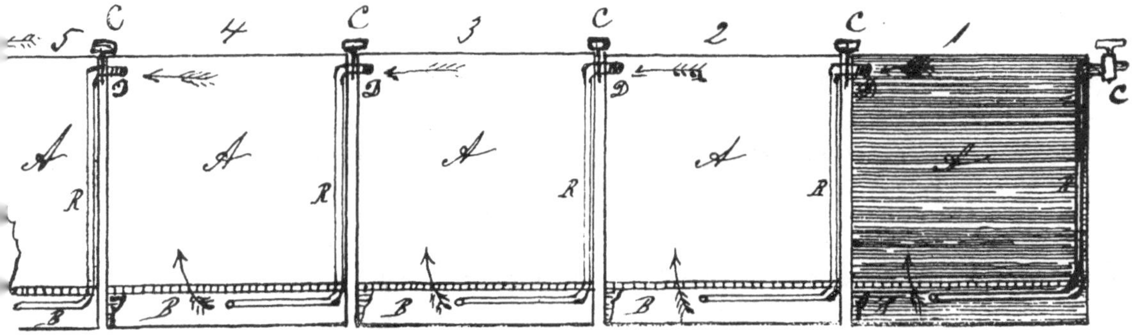


Figur 29. Extraktbottiche.

A = Extraktbottich. B = Zwischenraum unter dem Doppelboden. C = Abschlußhahn. D = Gewinde zum Anschrauben des Schlauches. R = Zuführungsrohr.

verbunden ist und je nach Oeffnen des verschließenden Krahnes die verschiedenen Gefäße unter sich verbindet. Um die Brühe von Nr. 6 zu Nr. 1 zu leiten, wird der Krahn an Nr. 6 geöffnet und ebenso an Nr. 1, wo dann in diesem Falle die Brühe von oben zugeführt wird. Nr. 2 wird dann wie Nr. 1 behandelt, gekocht, entleert, gereinigt, frisch gefüllt usw.

Die gewonnene selbstbereitete Extraktbrühe wird in ein eigens dazu bestimmtes, im Boden befindliches Reservoir geleitet und von etwaigen leichteren Brühen getrennt gehalten.

Statt der obigen einfachen früheren Einrichtungen schafft man in neuerer Zeit besser Extraktionsapparate nach dem unübertrefflichen Soxlet-Verfahren an, bei welchem unter geringstem Raumbedarf die äußerste Ausnutzung des Extraktionsmateriales gesichert ist.

## Alaunzusatz beim Reinigen der Extraktbrühen.

Der Alaunzusatz hat den Zweck, die Gerbung zu erleichtern resp. zu fördern und eine starke Färbung bei starkfärbenden Gerbmaterialien zu verhindern und wird bei Quebracho-Extraktlösungen häufig angewandt. Es genügen 2—3 kg Alaun auf 1 cbm Brühe; der Alaun wird vorher in warmem Wasser gelöst.

Das Erleichtern des Gerbens durch den Alaun geschieht durch seine lockernden Eigenschaften, jedoch muß hier Maß gehalten werden, weil sonst eine Art Weißgerbung eintritt; beim Abspülen resp. Abwalken wird der Alaun ausgeschwemmt, und es entstehen leere Stellen, so daß nach dem Trocknen die Leder hungrig und rappelig sind.

Bei Anwendung dieses Entfärbungsmittels muß die Brühe sich vor dem Gebrauche erst vollständig abgesetzt haben.

# Kombinierte Grubengerbung für Sohlleder.

Nach den üblichen Vorarbeiten und dem Schwellen in sauren Farben kommen die geschwellten Blößen in eine frisch angesetzte saure Farbe, der man auf 1/1 Haut 3½ kg frisch gemahlene, proteinhaltige Rinde zusetzt. Die Blößen verbleiben darin 5 Tage, täglich einmal aufnehmend und gleich wieder einlassend, nach welcher Zeit sie versenkt werden mit 9 kg Eichen- und Fichtenrinde 1 : 2 und 14 Tage stehen gelassen, um dann, je nach dem Grade der Angerbung, noch einen Versenk zu erhalten oder versetzt zu werden. Da in den meisten Fällen die Angerbung kaum genügen wird, ist es zweckmäßiger, noch ein Versenk folgen zu lassen und pro Haut 15 kg Eichen- und Fichtenrinde 1 : 2 zu geben und hierauf 21 Tage stehen zu lassen, dann zu versetzen.

## 1. Eichen- und Valoneagerbung.

Will man mit reiner Eichenrinde gerben, wobei immer etwas Valonea gebraucht wird, so ist folgendes Verfahren zu empfehlen:

Vorarbeiten und Schwellen, sowie 5 Tage übersetzen in die besonders angesetzte Farbe bleibt genau wie bisher; dann erhalten die Blößen zwei Versenke und drei Sätze, wie folgt: Auf 100 kg Grüngewicht:

| | | | | | |
|---|---|---|---|---|---|
| 1. Versenk | 40 kg Eiche | Brühe | 2° | Bé | ca. 3 Wochen |
| 2. „ | 55 „ „ | „ | 2,5° | „ | „ 4 „ |
| 1. Satz | 70 „ „ | „ | 3° | „ | „ 6—8 „ |
| 2. „ | 80 „ „ | „ | 3,5° | „ | „ 8-10 „ |
| | 10 kg Valonea | | | | |
| 3. „ | 60 kg Eiche | Brühe | 4° | „ | „ 10-12 „ |
| | 20 kg Valonea | | | | |

Auf diese Weise gegerbt, haben die Häute 37 Wochen, incl. 3 Wochen Schwellfarbe, zum Umwandeln in Leder gebraucht. Dieses Verfahren ist nur sehr wenig von der alten Grubengerbung unterschieden, aber das Rendement ist ein bedeutend besseres, und die Sohlleder sind sattgar geworden, ohne in der Gerbstoffaufnahme unterbrochen worden zu sein. Das Material ist allerdings nicht so rein ausgelaugt wie bisher, aber das Restierende kommt den folgenden Partien zu gute. Wir erhalten hieraus die zum Abtränken nötigen Brühen, welche durch frischen Gerbstoffabzug oder durch Extrakt auf die nötige Stärke gebracht werden.

An Gerbstoffmaterial ist pro 100 kg Grüngewicht verbraucht worden:

| | | | | |
|---|---|---|---|---|
| 305 kg Eichenrinde | à 10 %—3 % | gleich 7 % | gleich 21,35 kg | Gerbstoff |
| 30 „ Valonea | à 28 %—4 % | „ 24 % | „ 7,20 „ | „ |
| | | | Zusammen 28,55 kg | Gerbstoff |

oder auf 100 kg Blöße 34,26 kg Gerbstoff.

Es stellt sich mithin wie folgt:

Auf 100 kg Grünhaut

305 kg Eichenrinde, 30 kg Valonea gleich 28,55 kg Gerbstoff.

Auf 100 kg Blöße

364 kg Eichenrinde, 36 kg Valonea gleich 34,26 kg Gerbstoff.

Da Eichenrinde durchschnittlich 10 % Gerbstoff enthält, und sich dieser auf 7—8 % ausnutzen läßt, so würden danach laut Vorstehendem 28 kg Gerbstoff erforderlich sein zum Umwandeln von 100 kg Grünhaut in Leder.

Durchschnittlich geben 100 kg Grünhaut 32 kg lufttrockene Blöße.

## 2. Das Gerben mit Eichen-, Fichtenrinde, Myrobalanen Mimosa und Valonea.

Bei diesem kombinierten Gerbverfahren für Sohlleder werden die Vorarbeiten zur Erlangung der Blößen wie bei dem alten Verfahren gehandhabt, nur sollen die Blößen in den Farben nicht nur geschwellt, sondern auch besser angegerbt werden.

Die Farben sind zum Ueberlaufen eingerichtet, in ein und demselben Gefäß verbleibt stets die stärkste Farbe und am entgegengesetzten Ende die schwächste. Der Farbencyklus besteht aus 12 Farben und dauert durchschnittlich 3 Wochen. Bei diesen zum Ueberlaufen eingerichteten Farbgruben braucht nur die oberste Grube stets mit frischer Sauerbrühe angestellt zu sein, die schwächste wird ablaufen gelassen. Das Auffüllen der frischen stärksten Farbe dauert so lange, bis die entleerte und gereinigte Farbgrube sich aus der nächstoberen vollgefüllt hat. Von Zeit zu Zeit werden die einzelnen Farben entleert und gereinigt.

Beim Ansetzen der frischen Farbe wird mit dem Dichtigkeitsmesser die Brühe gemessen, sie soll 2 Grad Bé halten. Jede nachfolgende Farbe wird um $^{1}/_{10}$ Grad Bé schwächer gehalten, so daß die schwächste Farbe 0,9 Grad Bé enthält. Sollten die Blößen nicht genügend aufgehen, so wird der stärksten Farbe frische Sauerbrühe zugesetzt und von der schwächsten Brühe fortgelassen, ebenso wird den Farben Gerbstoff resp. Gerbbrühe zugesetzt, wenn der Gerbstoffgehalt sich als zu niedrig erweist.

Bei einer systematischen Behandlung der Blößen in den Farben, wo sie nicht nur geschwellt, sondern auch angegerbt werden, können nach dem Auffärben sofort stärkere Gerbbrühen angewendet werden, ohne befürchten zu müssen, daß ein Verfallen eintreten wird. Um in dieser Beziehung ganz sicher zu gehen, erhalten die genügend gefärbten Leder jetzt noch eine lockere Versteckfarbe mit reiner Fichtenlohe und frischer Sauerbrühe von 2° Bé, worin dieselben ca. 2 Wochen ruhig stehen bleiben.

Nach dieser Versteckfarbe folgen 2 Versenke und 2—3 Sätze.

Der 1. Versenk dauert ca. 3 Wochen in Brühe von 2,5° Bé und ¾ Fichten-, ¼ Eichenrinde;

der 2. Versenk dauert ca. 4 Wochen in Brühe von 3° Bé und ¾ Fichten- und ¼ Eichenrinde.

Mit diesen Versenken sind die Blößen auf eine leichte und intensive Gerbstoffaufnahme vorbereitet, da durch die zwei rasch wechselnden Versenke den Blößen steigend stärkere Gerbstofflösungen zugeführt wurden. Es ist aber bei diesem Verfahren darauf zu achten, daß die Versenkbrühe genügend Säuregehalt hat, sonst könnte es vorkommen, daß die geschwellten Blößen verfallen.

Nach diesen Versenken erhalten die Leder noch 2—3 Sätze, je nach Bedarf.

| | | | |
|---|---|---|---|
| Der 1. Satz | auf | 6—8 Wochen | Dauer, |
| „ 2. „ | „ | 8—10 „ | „ |
| „ 3. „ | „ | 10—12 „ | „ |

so daß die Umwandlung der Blößen in Sohlleder ca. 40 Wochen beansprucht.

Auf 100 kg Grüngewicht werden gegeben im:

| | | | | |
|---|---|---|---|---|
| 1. Versenk | 30 kg Fichtenrinde, | Brühe von 2,5° Bé auf ca. | 3 Wochen | |
| | 7½ „ Eichenrinde | | | |
| 2. „ | 30 „ Fichtenrinde | „ „ 3° „ „ „ | 4 | „ |
| | 10 „ Eichenrinde | | | |
| 1. Satz | 20 „ Mimosa | „ „ 3,5° „ „ „ | 6—8 | „ |
| | 15 „ Eichenrinde | | | |
| | 10 „ Fichtenrinde | | | |
| 2. „ | 10 „ Valonea | „ „ 4° „ „ „ | 8—10 | „ |
| | 15 „ Eichenrinde | | | |
| | 10 „ Fichtenrinde | | | |
| | 15 „ Mimosa | | | |
| 3. „ | 30 „ Eichenrinde | „ „ 4,5° „ „ „ | 10—12 | „ |
| | 15 „ Valonea | | | |

Mithin 37 Wochen Gerbezeit incl. 3 Wochen Schwellfarbe bei einem Gesamtverbrauch von:

| | | | | |
|---|---|---|---|---|
| 70 kg Eichenrinde | à 10%—3% Verlust*) | = 7% | = rund 5 kg | Gerbstoff |
| 80 „ Fichtenrinde | à 11%—3% „ | = 8% | = „ 6,5 „ | „ |
| 35 „ Mimosa | à 35%—4% „ | = 31% | = „ 11 „ | „ |
| 25 „ Valonea | à 28%—4% „ | = 24% | = „ 6 „ | „ |

oder auf 100 kg Blöße 34,5 kg Gerbstoff.

Auf 100 kg grüne Haut 70 kg Eichenrinde, 80 kg Fichtenrinde, 35 kg Mimosa, 25 kg Valonea = 28,5 kg Gerbstoff.

Auf 100 kg Blöße 84 kg Eichenrinde, 96 kg Fichtenrinde, 42 kg Mimosa, 30 kg Valonea = 34,3 kg Gerbstoff.

Nach diesem Verfahren wird ein dem eichengegerbten ähnliches Leder hergestellt, und die zum Abtränken der Sätze nötigen Brühen können aus frischem Material hergestellt werden, wozu auch Trillo zu empfehlen ist.

Die angeführte, sich ziemlich eng an unsere alte Grubengerbung anschließende kombinierte Gerbung von Sohlleder ergibt einen großen Vorteil in kaufmännischer Beziehung. Während die Gerbedauer nach dem sauren Grubensystem sich auf 18—24 Monate ausdehnte, gebrauchen wir hier bei 2 Versenken und 3 Sätzen 9—10 Monate, ersparen also an Kapitalzinsen allein 9—14 Monate.

*) D. i. Rückstand im ausgelaugten Gerbmaterial.

Hier muß bemerkt werden, daß diese Ersparnis hauptsächlich nur bei den schweren Sohllederhäuten zutrifft, dieser Abstand aber immer geringer wird, je leichter die eingearbeiteten Häute sind.

In den späteren Stadien des Gerbeprozesses ist es, wie dies die Erfahrung gelehrt hat, von außerordentlicher Wichtigkeit, die gut durchgegerbten Leder nur langsam mit dem Gerbstoff zusammen zu bringen, will man eine gute Qualität Sohlleder bei der kombinierten Gerbung erzielen.

Es wird deshalb jeder Sohllederfabrikant, welcher schweres Sohlleder in tadelloser Qualität herstellen will, noch stets das Versetzen der schweren Häute beibehalten, um diesen dort die satte Durchgerbung zu geben. Das Versetzen trägt sehr zur Gleichmäßigkeit des Produktes bei.

Die beiden angeführten Kombinationsgerbungen sollen nicht als einzig geltende Muster dienen, sondern es sollte nur gezeigt werden, auf welche Art man mit den verschiedenen Gerbstoffen und in kürzerer Zeit ein der alten Grubengerbung ähnliches Produkt herstellen kann. Jeder Gerber ist in der Lage, sich seinen eigenen Modus zu schaffen. So gebrauchen einzelne Gerber nach dem Schwellen der Blößen süße Rindenextraktbrühen wie folgt:

Nach dem Schwellen sind die Blößen in eine süße Brühe aus Eichenrinde zu bringen, darin 6 Tage zu belassen, dann in einer stärkeren Brühe 12 Tage und in einer vierten noch stärkeren Brühe 15 Tage, dann zweimal zu versetzen auf 4—6 Wochen, und dann mit starker gemischter Brühe abzutränken.

---

## 3. Sohlleder mittels Schwefelnatrium enthaart

**(und in kombinierter Gerbung gegerbt mittels Fichte, Quebracho, Mimosa und Myrobalanen. Alle Angaben auf 100 kg grüne Haut berechnet.)**

Die Vorarbeiten bis zum Haarlosmachen sind dieselben, wie vorhin angeführt, nur anstatt des Schwitzens tritt das Lockern der Haare mittels Anschwöden mit Schwefelnatrium ein. Alle Angaben auch beim Gerben sind pro 100 kg Grüngewicht oder aufgeweichte Wildhaut berechnet.

400 g Schwefelnatrium werden in 4 Liter heißem Wasser gelöst, ferner 4 kg gebrannter Kalk in 16 Liter Wasser abgelöscht und in diesen kochenden Kalkbrei das gelöste Schwefelnatrium unter tüchtigem Rühren zugegossen. Mit dem erkalteten Schwödebrei wird die Haarseite angestrichen, die Häute zusammengeschlagen und auf

Haufen hingelegt, worauf diese nach 18—24 Stunden zum Enthaaren fertig sind. Vor dem Bearbeiten auf dem Baum werden die Häute in

Fig. 30. Entfleischmaschine „Goliath".

25° warmem Wasser abgespült, gewalkt oder gehaspelt, damit der ätzende Schwödebrei fortgespült wird, bei dieser Manipulation gehen die Haare größtenteils mit ab. In einigen Fabriken werden die angeschwödet gewesenen Häute in einem eigens dazu eingerichteten Walkfaß vollständig von den Haaren befreit, so daß ein Enthaaren auf dem Baume nicht mehr nötig ist.

Nach dem Haaren kommen die Häute auf mindestens eine Nacht in frisches Wasser, nachdem diese vorher in zulaufendem frischen Wasser rein abgespült worden waren. Sie gelangen dann zum Scheren, sei es mit der Hand oder mit der Maschine.

Bewährt hat sich hierzu die Entfleischmaschine „Goliath". Diese liefert eine ausgezeichnete Arbeit und ist besonders für schwere Häute, wie Stier-, Ochsen- und überhaupt große Häute zu verwenden.

Das Entfleischen geschieht außerordentlich schnell, ohne jeden Nachteil für die Haut, die Maschine legt die Adern vollständig bloß.

Die Handhabung der Maschine ist die denkbar einfachste und leichteste, der Arbeiter hat dabei die bearbeitete Hautfläche stets vor Augen und kann eventuell unsaubere Stellen sofort nachholen, während bei anderen Systemen der bearbeitete Teil der Haut nicht sichtbar ist.

Zur Bedienung der größeren Maschinen (1280, 1540, 1820, 2220, 2720 mm Walzenlänge) genügen 2 Arbeiter und 1 Bordierer.

Betriebskraft 1,5—4 HP.

Raumeinnahme 2040×2000—3500—4500 mm.

Gewicht 1400—4300 kg. —

Nach dem Scheren erhalten die Häute ein Anticalciumbad, und zwar pro 1 Hektoliter Wasser ¼ kg Anticalcium, worin die Blößen 24 Stunden unter häufigem Aufschlagen oder Bewegen verbleiben.

Die entkälkten Blößen werden auf Grundhaare nachgesehen ev. geputzt, in klarem Wasser abgespült und auf den Bock zum Abtropfen gehängt zwecks Feststellung des Blößengewichtes, um dann zur Farbe gebracht zu werden.

Das Färben und Schwellen, letzteres beinahe ausschließlich mit Schwefelsäure zu dieser Lederart, geschieht wie auf Seite 161 angegeben.

Nach dem Auffärben und Schwellen erhalten diese Häute resp. Blößen ein mehrstündiges kaltes frisches Wasserbad, dann 2 Versenke und 3 Sätze und werden mit stets stärker werdenden Brühen abgetränkt. Der Arbeitsgang stellt sich wie folgt:

1. Versenk. 30 kg Fichtenrinde, Brühe 4,5° Bé, 2 Wochen

2. „ 30 „ „ }
10 „ Quebracholholz } Brühe 5° Bé, 4 Wochen

| | | | | |
|---|---|---|---|---|
| 1. Satz | 20 „ | Fichtenrinde | | Brühe 5,5° Bé, 6 Wochen |
| | 15 „ | Quebrachoholz | | |
| | 10 „ | Mimosarinde | | |
| 2. „ | 10 „ | „ | od. Myrobalanen | Brühe 6° Bé, 8 W. |
| | 20 „ | Quebrachoholz | | |
| 3. „ | 20 „ | „ | | Brühe 6,5° Bé, 8 Wochen. |
| | 20 „ | Myrobalanen | | |

Schwächere Häute sind mit dem 2. Satz bereits genügend durchgegerbt.

Verbraucht werden dabei:

| | | | |
|---|---|---|---|
| 80 kg Fichtenrinde | à 11 % — 3 % = 8 % = | rund | 6,5 kg Gerbstoff |
| 65 „ Quebrachoholz | à 20 % — 4 % = 16 % = | „ | 10,5 „ „ |
| 20 „ Mimosarinde | à 35 % — 4 % = 31 % = | „ | 6 „ „ |
| 20 „ Myrobalanen | à 32 % — 4 % = 28 % = | „ | 5,6 „ „ |
| | | | 28,6 kg Gerbstoff. |

Auf 100 kg Grüngewicht 28,6 kg Gerbstoff
„ 100 „ Blößengewicht 34,3 „ „
Gerbedauer incl. Farben ca. 30 Wochen.

Die zuletzt angeführte Art zum Gerben von Sohlleder soll nicht zu den Kombinationsgerbungen gehören, wie sich solche mit unserer alten Grubengerbung vereinigen lassen, sondern ich habe diese Methode zur Herstellung von Sohlleder hier wiedergegeben, weil gegenwärtig auf diese resp. ähnliche Art fabriziert eine große Masse von Sohlleder an den Markt gebracht wird, zu welchen auch noch andere Gerbstoffe verwendet werden können und auch verwendet werden. Derartig gegerbte Sohlleder müssen vor dem Auftrocknen eine Appretur erhalten, damit eine gleichmäßige Farbe erzielt wird und die Aasseite hübsch glatt erscheint, denn bei dieser Art Gerbung wird die Aasseite nur von dem gröbsten Fleisch befreit, das übrige wird mittelst der Appretur verdeckt und glatt gemacht. Die innere Struktur solcher Sohlleder ist bei weitem nicht so schön gelagert, wie bei der alten Grubengerbung, und zwar aus Gründen, die Seite 160 beschrieben sind. Schneidet man eine derartige Sohllederhaut an, so sehen wir das Fasergewebe platt aufeinander gedrückt. Derartige Sohlen, wie auch Absätze, pflegen nach einiger Zeit des Gebrauches namentlich bei feuchtem Boden Bärte zu tragen, d. h. die Sohlen resp. Absätze treten sich aus, es erscheinen an den äußeren Rändern die so sehr verhaßten Fransen.

Die Widerstandsfähigkeit gegen äußere Einflüsse ist bei diesem Leder im Vergleiche zum eichengegerbten Grubenleder weit geringer, und einmal durchnäßte Sohlen sind kaum wieder trocken zu bekommen. Aber für Handelsware ist diese Art des Gerbens einträglich, die Gerbung geht rasch vor sich bei Verwendung billigen Gerbmaterials und liefert ein sehr gutes Rendement.

---

## 4. Zusammenfassung.

1. In frischem klaren Wasser einweichen etc., wässern.
2. Vorsichtiges rationelles Schwitzen, nach dem Enthaaren irgend eine antiseptische Behandlung.
3. Herstellung von Sauerbrühen aus der letzten Versatzlohe; ebenso auf beschleunigtem Wege durch Hinzuziehung von zuckerhaltigen Gerbstoffen wie Fichtenrinde etc., auch mittels Stärke, Traubenzucker etc., oder durch Benutzung von käuflichen organischen Säuren, wie Milchsäure etc.
4. Anfärbung und Schwellung mittels Sauerbrühfarben oder mittelst käuflicher organischer Säuren, ev. auch mit mineralischen Säuren gleich zu Anfang und auf einmal oder auch nach den Anfärbe- und Schwellfarben.
5. Versenken und Versetzen: Kurze Versenke mit wenig Streumaterial und Abtränkung mit starker, saurer Gerbstoffbrühe. Versetzen mit steigenden Materialmengen und Verstärkung der Abtränkbrühe in Bezug auf Gerbstoff und Säure, zum Schluß süße aber kräftige Abtränkbrühe.
6. Benutzung von billigem Gerbstoffmaterial, bei richtiger Auswahl, Zusammenstellung und Anwendung (Quebracho, Myrobalanen etc.) Anwendung hell machender Gerbstoffe wie Valonea, Eiche, Myrobalanen etc. in den letzten Sätzen.

---

Anschließend an die Fabrikation des Sohlleders gibt es noch verschiedene Methoden zur Herstellung von Unterleder in mehr oder weniger dem deutschen Leder ähnlichen Ledern. Als ein solches kann man das österreichische Pfundleder bezeichnen, welches ähnlich wie unser deutsches Sohlleder hergestellt wird. Hieran reihen sich die Terzen, wohl mit unserem Halbsohlleder zu vergleichen, aber beinahe einem guten Sohlleder ebenbürtig. Der Name Terz bezeichnet dreijähriges Leder; in neuerer Zeit wird aber fast alles Terzen genannt, wie leichte Einsatz-, mittlere Zweisatz- und starke Dreisatzterzen.

In Böhmen wird eine Spezialität „Fichten-Terzen resp. Fichtenschilder" gearbeitet, welche nur mit Fichtenrinde gegerbt ist; der rote

Ton, der diesem Leder eigen, ist in Böhmen beliebt, wird dagegen bei uns vermieden. In Norwegen wird das Birkensohlleder von den Konsumenten geschätzt. Das Terzenleder wird ähnlich wie unser schweres Vacheleder gearbeitet, jedoch werden die Terzenleder in den Farben zum Zwecke der größeren Festigkeit mehr geschwellt und aus demselben Grunde während der Zurichtung scharf getrocknet.

Weiter kommen noch das englische Büffelsohlleder und die nach englischer Art mittels Brühen gegerbten Unterleder in Betracht. Diese werden kurz gekälkt, erhalten nach der Brühengerbung kurze Versenke, wodurch aber an der Natur der Brühengerbung wenig geändert wird, da die Versenke sehr kurz und mit starken Brühen beschickt sind.

Unser Sohlleder, das Pfundleder und die schweren Terzen werden langsam getrocknet, dann gewalzt oder gehämmert. Die leichteren Terzen werden wie unser Vacheleder gestoßen und gewalzt.

# Halbsohlleder.

Unter Halbsohlleder sind alle Unterleder zu verstehen, welche ohne Schwitzverfahren, also mit Zuhilfenahme des Äschers oder sonstiger Enthaarungsmittel, haarlos gemacht sind.

Der Vorwurf über ungenügende Angerbung vor dem Versetzen, welcher bei der alten und zum Teil auch der neueren Sohllederfabrikation seine Berechtigung hatte, kann hier nur in geringem Maße zutreffen, denn die Angerbung der Halbsohlleder wurde bereits bei dem alten Verfahren viel nachhaltiger betrieben.

Während bei den Sohllederfarben die Blößen der fast alleinigen Einwirkung von Säure ausgesetzt waren, werden bei der Halbsohllederfabrikation die Häute, welche bereits durch den Kalk eine Schwellung resp. eine Lockerung des Fasergewebes erhalten haben, in eine Reihe von Farben gebracht, welche sowohl Säure als auch Gerbstoff in einem fast gleichmäßigen Verhältnis enthalten und hierin viel längere Zeit behandelt, als die Sohlleder in den Treibfarben. Es soll so viel Säure in den Farben vorhanden sein, daß die Blößen nicht verfallen, und außerdem so viel Gerbstoff, daß dieselben sich anfärben können und dann die Eiweißkörper nicht aufs neue durch einen Schwellprozeß gehoben oder wohl gar der Haut entführt werden.

Bei dem Anwenden von Grünkalk, Rhusma, Schwefelnatrium etc., wo die Häute weniger den Einflüssen des Ätzkalkes unterliegen, dürfen in den Farben von Anfang an Säuren vorhanden sein, aber nur in geringem Maße, um erst in den späteren Gerbstadien die Blößen durch einen ähnlich geleiteten Schwellprozeß, wie bei Sohlleder, zu treiben und sie starr und fest zu machen.

Beim Schwellen der zu Halbsohlleder bestimmten Häute ist aber nicht außer Acht zu lassen, daß Gerbstoff in den Schwellfarben dem Säuregehalt entsprechend vorhanden sein soll, damit die leimgebende Substanz stets genügend Gerbstoff vorfindet, um sich mit demselben zu einer unlöslichen Verbindung zu vereinigen und nicht durch Überschwellen der Haut verloren geht.

Die Farben beim alten System waren nahezu gleich stark; mitunter wurde eine Partie bei stetiger Zubesserung in einer und derselben Farbe an- und durchgefärbt. Die Blößen erhielten ein bestimmtes Quantum Gerbmaterial, welches nach einer gewissen Zeit ausgefischt und durch frisches ersetzt wurde, und zwar wurde dies so oft wiederholt, bis die Häute die vorgeschriebene Menge Gerbstoff erhalten hatten, um dann versetzt zu werden.

Ein Versenken fand nicht statt.

Wenn hier nun auch genügende Zeit für Angerbung und hinreichend Gerbmaterial verwendet wurde, so fehlte bei dem alten System die rationelle Anwendung der stufenweise verstärkten Brühen. Eine mit gemahlener Rinde zugebesserte Farbe hat stets ihre größte Stärke kurze Zeit nach dem Auffüllen der Lohe, da sich sämtlicher Gerbstoff, der auf der durch das Verkleinern der Rinde entstandenen Bruchfläche offen daliegt, sofort löst, während der in den hinteren Rindenzellen eingeschlossene erst durch Diffusion nach längerer Zeit in die Brühe gelangt. Werden nun Blößen in solche frisch gemachten Farben eingetrieben, so finden sie in diesem Momente die stärkste Brühe vor, welche immer schwächer und schwächer wird. Die Blößen dürfen durchschnittlich hierin höchstens acht Tage verbleiben.

Hieraus resultiert, daß die Blößen gleich nach dem Frischmachen sehr rasch den vorhandenen Gerbstoff aufnehmen müssen, die Gerbung also in reger Art stattfindet, nach einigen Tagen aber nur noch äußerst langsam und die hungrigen Blößen dann Not leiden müssen.

Das Entfernen der in den Gruben befindlichen Mengen tannin- und proteïnhaltiger Vegetabilien muß eben so zeitig geschehen, bevor solche den der Haut schadenden Säurungsgrad erreichen und durch neue Gerbstoff-Gaben ersetzt werden. Würde man hiermit zu lange warten, so würden die in den Farben doch noch verbleibenden Proteïnkörper durch die neu hinzutretenden Gärungskörper verändert, sich zu Säuren entwickeln, wodurch das richtige Verhältnis zwischen Gerbstoff und Säuregehalt alteriert werden würde.

Je langsamer die Zubesserung resp. Erneuerung der Gerbstoffe erfolgt, desto stärker wird die Entwicklung der Gärungskörper sein, und es muß die Sache des Gerbers sein, hier das richtige Maß zu treffen.

Würde hier anstatt mit Gerbstoff mit dazu bereiteter Brühe in demselben Stärkeverhältnis zugebessert, so könnte die Gerbung gleichmäßiger und nicht stoßweise fortschreiten.

Auch das Prinzip, die Gerbung mit schwachen Brühen zu beginnen und in stärker werdenden fortzuführen, ist bei Anwendung von ganzen Materialien sehr schwierig, dagegen bei Benutzung von Brühen sehr leicht zu bewerkstelligen und mit Genauigkeit zu regulieren, indem man diese täglich kontrolliert und auf den bestimmten Grad bringen kann.

So verhältnismäßig leicht die Anfärbung und Angerbung in den durch Brühe verstärkten Farben möglich ist, so liegt hier wieder die Schwierigkeit in dem Vorhandensein der zum Schwellen nötigen Säuremengen. Würde hier nur mit süßen Brühen angegerbt werden, in welchen der Säuregehalt gering ist, so würde eine sehr rasche Angerbung, aber durchaus keine Schwellung erfolgen und der Zweck würde nicht erreicht werden. Es muß demnach für eine richtige Angerbung einerseits, aber auch für eine richtige Schwellung andrerseits Sorge getragen werden, und dieses ist für den nachdenkenden Praktiker ganz gut möglich.

Ebenso wie ich durch Zugeben von Gerbstoff eine entsprechende Vermehrung desselben in den Brühen herbeiführe, ebenso gut kann durch Zusetzen von passenden Säuren der Säuregehalt der Brühen in dem entsprechenden Verhältnis zum Gerbstoff erhöht werden, und es dürfte für den Effekt gleichgültig sein, ob die Schwellung durch in den Farben erzeugte Säure vor sich geht, oder ob die Milch- etc. Säure außerhalb der Brühe auf irgend eine Weise hergestellt worden ist.

Die gut abgefärbte Blöße kann nunmehr durch beliebige Mengen vegetabilischer Gerbstoffe ausgegerbt werden, analog den Angaben bei der Sohlledergerbung.

Die Lederspezialität „Halbsohlleder", welche gegenwärtig unter anderem Namen, meist Brandsohlleder, im Handel vorkommt, war einstens eine berühmte Berliner Spezialmarke, wurde mittelst Grünkalk haarlos gemacht und, wie vorhin beschrieben, zum Gerben vorbereitet und gegerbt.

Seitdem die Schuhfabriken den Markt beherrschen, ist diese Art Leder weniger gefordert worden, es sind auch andere Gerbmethoden an die Reihe gekommen, sowie auch andere Unterledersorten, welche von dem konsumierenden Publikum mehr begehrt wurden, weil solche „billiger" sein sollen, so daß von den vielen Berliner Sohlledergerbereien keine einzige mehr übrig ist, welche nach dem früheren System arbeitet. Sie sind beinahe alle eingegangen und die einzig noch bestehende Gerberei aus der damaligen Zeit gerbt jetzt wie der größte Teil der Gerber „Vacheleder".

## Brandsohlleder.

Zu Brandsohlleder können abfällige und schadhafte Häute verwendet werden, da man an dieses Produkt weniger hohe Anforderungen zu stellen gewohnt ist.

Brandsohlleder wird in ähnlicher Weise wie Vacheleder eingearbeitet. Es wird aus der Grube aufgetrocknet, rein gebürstet, gepreßt, ausgetrocknet, angefeuchtet, gewalzt und getrocknet, womit die ganze Prozedur beendet ist.

Zur Angerbung wird hauptsächlich nur Eichenrinde verwandt, für die Grubengerbung solche allein oder mit einem geringen Zusatz von Valonea oder sonst einem gerbstoffreichen Material.

Die vorbereitenden Operationen sind die gleichen wie beim Vache- und Halbsohlleder, schwaches Aeschern, gründliche Reinmachearbeit und ein Eintreiben der Blößen in ganz verfallenem Zustand.

Die Angerbung erfolgt in einer Reihe von Angerbefarben, welche je nach dem Betrieb in Serien von 6 bis 12 benutzt werden können, und es wird immer die schlechteste Farbe frisch gestellt.

In der Eintreibfarbe verbleiben die Blößen 1 Tag und in den folgenden Farben je 2 Tage. In den stärkeren Farben, der 4. 5. etc. aufwärts, wird bei jedesmaligem Umsetzen der Häute Sauerbrühe, welche aus der Versenklohe hergestellt wird, zugefüllt, damit die Blößen sich zu heben beginnen können.

Die Brühe, welche zur Neuanstellung der Farbe benutzt wird, stammt von dem gezogenen ersten Versenke her, wird auch teils durch Extrahieren der Versenklohe gewonnen.

Auch dem Brandsohlleder müssen wenigstens 2 Versenke gegeben werden, damit die Angerbung in den Farben und die nachfolgende Grubengerbung einen Übergang haben.

Bei dem beschriebenen Gang der Angerbung, bei welchem die Farben sukzessive in ihrem Gerbstoffgehalt vermindert werden und zuletzt die fast vollständige Erschöpfung der Farben an gerbenden Stoffen beobachtet werden kann, wird gar kein frisches Gerbmaterial verwendet, sondern nur die aus den Versenken erhaltenen Brühen, welche zu diesen Zwecken auch noch stark genug sind.

Bei dieser Art der Angerbung wird zwar das rasche Prallwerden der Häute vermißt, welches vom Sohlledergerber in den Farben so gern gesehen wird, aber es soll in diesen Farben kein besonderes Schwellen bezweckt werden. Es sind bei diesen Ledern die Versenke für das eigentliche Aufgehen der Blößen berechnet, nachdem sie bereits eine leichte Angerbung und Durchfärbung erhalten haben und die nötige Hebung bei gleichzeitig stärkerer Angerbung eintritt, wodurch die Hebung auch nicht mehr zurückfallen kann, wie dieses bei einer Schwellung in den ersten Farben, wo keine derartige Angerbung stattfinden kann, möglich ist und auch oft genug geschieht.

1. Versenk pro Haut 8—10 kg Eichenlohe (¼ kg pro 1 kg grün) 14 Tage.
2. Versenk etwas stärkere Brühe 10 kg Eich. 3 Wochen; hier kann noch ein 3. Versenk gegeben werden auf 4 Wochen.

Versetzen. 20 kg pro Haut mit frisch ausgelaugter Brühe, ev. mit Extrakt verstärkt, abgetränkt. 2 Sätze je 8—10 Wochen.

Läßt man die Versenke kürzere Zeit stehen, dann tritt ein Verfallen der Häute erst recht nicht ein, sondern es wird im Gegenteil ein Beibehalten des Geschwollenseins stattfinden unter gleichzeitiger Angerbung, welche hier gut gefördert wird; etwa wie folgt:

1. Versenk. ⅓ Brühe von dem 2. Versenk, ⅔ von dem Absud des Versetzmaterials 12—14° Bark.*), 4—6 kg Lohe (ev. Fichtenlohe) pro Haut, 8—10 Tage.
2. Versenk. Brühe vom Versetzmaterial 15—20° Bark. 6—8 kg Lohe. 14 Tage.

Ein längeres Verbleiben in den Versenken ist nicht zuträglich, da die Lohe nur sehr wenig und langsam den Gerbstoff nach dieser Zeit noch abgibt und die Häute hungern müßten.

Nach dem Versenken muß der blaue Ton, welchen das Fasergewebe infolge der Schwellung angenommen hatte, verschwunden sein und dem gelblich-braunen Ton Platz gemacht haben, das Fasergewebe muß sich gut markieren und die Haut bereits von einer gewissen Festigkeit, nicht aber Steifheit, sein.

---

*) 1° Beaumé = $7^1/_2$ Barkometer.

Grubengerbung.

Hier ist von Vorteil, dünn zu streuen, aber stark abzutränken.

| | | | | | |
|---|---|---|---|---|---|
| 1. | Satz | 25° | Bark | 4 | Wochen |
| 2. | „ | 30° | „ | 4 | „ |
| 3. | „ | 40° | „ | 8 | „ |

Gegenwärtig werden die Brandsohlleder, sobald sie aus minderwertigem Rohmaterial hergestellt werden, mit dem billigsten Gerbmaterial und im Fasse gegerbt. Besseres Rohmaterial wird wie leichtes Halbsohlleder gegerbt, allerdings auch mit billigeren Gerbmaterialien, dabei aber stets im Auge behaltend, daß sich das fertige Produkt bei der Schuhfabrikation mit der Nähmaschine verarbeiten lassen muß.

---

# Quebracho-Gerbung für Sohlleder.

### Weichen und Wässern.

Um auf dem schnellsten Wege eine gründliche Erweichung zu erzielen, müssen die Einweich- oder Entwässerungsgefäße genügend groß sein, und zwar haben sich für 100 Häute folgende Dimensionen bewährt:

Beim Einhängen der Häute an den Hinterklauen:

3 m lang, 2 m breit, 2,50 m tief = 15 cbm Inhalt.

Beim Doppelthängen, mit dem Rücken nach oben:

4,50 m lang, 2,50 m breit, 1,50 m tief = 16,90 cbm Inhalt.

100 Häute von ca. 4000 kg Salzgewicht gebrauchen 14—16 cbm Wasser. Zwischen je zwei Häuten soll beim Hängen ein Zwischenraum von ca. 4—5 cm vorhanden sein. Die gesalzenen Häute müssen vor dem Einhängen mechanisch so gut wie möglich vom Salz befreit werden, sie sind dann in frischem Wasser einzuweichen, dessen Temperatur je nach der Jahreszeit zwischen 7 und 15° schwankt. Die Häute müssen wiederholt frisches Wasser bekommen, sie verbleiben im 1. Wasser am besten nur 3—4 Stunden, sind dann aufzuschlagen, unter zulaufendem Wasser rein abzuspülen und ins 2. Wasser zu bringen, wo sie 12—18 Stunden verbleiben. Hierauf werden sie von noch anhängendem Fleisch, Blut, Fett und Schmutz gründlich gereinigt und auf 12—18 Stunden in das 3. Wasser gebracht. Aus diesem werden sie aufgeschlagen, nochmals abgespült, gut ablaufen gelassen und dann angeschwödet.

Bei anormaler, d. h. verstunkener, seebeschädigter, haarlässiger Ware oder im Sommer bei hoher Temperatur setzt man dem 3. Wasser je 1 Liter 33%ige Chlorzinklösung auf 1 cbm Wasser zu.

## Anschwöden.

Man rechnet auf eine Haut von ca. 40 kg Salzgewicht 125 g Schwefelnatrium. Je nach der Stellung und dem Alter der Häute bleiben dieselben 12—20 Stunden im Schwödebrei liegen. Auf diejenigen Stellen, welche sich erfahrungsgemäß am schlechtesten enthaaren lassen, wie Kopf, Klauen etc., wird der Brei besonders kräftig aufgetragen. Das Anschwöden selbst besteht darin, daß die flach auf die Erde — Haarseite nach oben — ausgebreiteten Häute mit Kalkbrei, dem beim Löschen das Schwefelnatrium zugesetzt worden ist, bestrichen werden. Nach dem Anschwöden schlägt man Kopf, Klauen, Schwanz, dann die Seiten ein, faltet die ganze Haut zusammen und legt sie auf Haufen. Ein Antrocknen darf aber nicht stattfinden. Man bedeckt deshalb den Haufen mit einer nassen Haut, oder füllt beim Einlegen in ein Gefäß dasselbe soweit mit Wasser, bis die oberste Haut davon bedeckt ist.

## Enthaaren.

Zur Entfernung der Haare werden die Häute dann im Walkfaß mit zu- und ablaufendem Wasser von 25° R. ca. 10—15 Minuten gewalkt und, wenn nötig, auf dem Baum mit dem Eisen nachgehaart.

Das aus Kiefernholz hergestellte, nachstehend abgebildete Walkfaß wird mittels vier schmiedeeisernen Reifen zusammengehalten, die an ihren Enden mit Spannschlössern versehen sind. Im inneren Faßumfange ist eine Anzahl Hartholzzapfen unlöslich in den Dauben befestigt. Die Tür an der Einwurföffnung ist mittels Verschlußvorrichtung zum Festschrauben eingerichtet und durch eine Filzpackung wasserdicht abgeschlossen. In der Mitte der Seitenwände sind die beiden gußeisernen Zapfenscheiben des Walkfasses mittels durchgehender Schrauben an den Böden befestigt. Jeder dieser Lagerzapfen ist durchbohrt, so daß ein Rohr für die Zuleitung von Wasser usw. hindurchgeführt werden kann. Die beiden Walkfaßzapfen laufen in kugelartig beweglichen Lagerschalen. Diese Bauart bietet den Vorteil, daß die Lagerungen bei evtl. eintretender Formveränderung der Holzbestandteile bezw. beim Werfen und Verziehen des Fasses mit Leichtigkeit nachgeben, wodurch eine hohe Bruchsicherheit der Eisengarnitur gewährleistet ist. Der Antrieb des Walkfasses erfolgt durch feste und lose Riemenscheibe, einen großen Zahnkranz und ein kleines Stirnrad von der Vorgelegewelle aus.

Wo die Häute nur auf dem Baum — also ohne Benutzung des Walkfasses — enthaart werden müssen, können dieselben über Nacht in lauwarmes Wasser von ca. 25° R. gelegt werden zum Lösen und

Entfernen des Schwödebreies, damit die Arbeiter nicht unter dem ätzenden Brei an den Händen zu leiden haben. Im Sommer genügt auch ein tüchtiges Spülen in naturwarmem Wasser.

Fig. 31. Walk- und Farbfaß.

## Wässern.

Nach dem Enthaaren werden die Blößen in frischem Wasser gut gespült und dann 12—18 Stunden in frischem Wasser von natürlicher Temperatur belassen. Es folgt dann das

### Scheren.

Dies ist eine wichtige Manipulation, von deren Gelingen das Rendement und damit der Erfolg der ganzen Fabrikation mit abhängt. Man darf deshalb nur leicht das grobe Fleisch fortnehmen. Die Köpfe sind zu egalisieren, ebenso die dicken Außenteile, Kanten etc. Die Adern brauchen nicht freigelegt zu werden, es soll vielmehr der Haut soviel wie möglich Substanz erhalten werden, soweit sich dies mit der Glätte der Aasseite verträgt, und bei Bearbeitung des Narbens dieser keinen Schaden erleiden kann.

### Entkälken.

Nach dem Scheren werden die Blößen ca. 24 Stunden in gewöhnlicher Temperatur gewässert und dem Wasser Anticalcium, pro Kubikmeter Wasser etwa 2½ kg, zugesetzt, dabei häufig bewegt oder mehrmals aufgeschlagen und aufgerührt. Dann werden sie in frischem Wasser von gewöhnlicher Temperatur gut abgespült, hierauf schließlich die Blößen auf Grundhaare genau untersucht, solche auf dem Baume sauber entfernt, abermals gespült und durch das Salzsäurebad gezogen, wie solches bereits weiter vorn beschrieben wurde. Die Lösung soll nicht stärker als ½ %ig sein. Aus diesem Bade kommen die Häute abermals auf ca. 12 Stunden in frisches Wasser, werden daraus auf den Bock geschlagen, ablaufen gelassen und zur Blößenrendementsermittelung gewogen. Dieselben sind dann zur Gerbung bereit.

## Das Anfärben und Schwellen.

Die nur wenig oder gar nicht gelockerten Blößen müssen vor dem Gerben einem Hebungs- oder Schwellungsprozeß unterworfen werden, damit Raum für den Gerbstoff geschaffen wird und die Blöße in ihrer vollen Stärke ausgefüllt werden kann, ohne daß Hautsubstanz verloren geht oder ein Verschieben der Textur stattfindet. Da nun bei der Quebrachogerbung keine oder nicht genügende Sauerbrühen zur Verfügung stehen, so müssen andere Schwellmittel angewandt werden. Hierzu leistet die Schwefelsäure, in richtiger Weise angewandt, gute Dienste; diese muß mit Vorsicht und unter guter Aufsicht angewendet werden. Ist die Blöße hinreichend gehoben, so dienen die folgenden Farben zum Anfärben und Angerben, wobei jedoch stets so viel schwellende Kraft in den Farben vorhanden sein muß, daß nicht ein einseitiges Gerben eintreten kann, wodurch die geschwollene Blöße sich zusammenziehen, verfallen und ein unansehnliches Leder liefern würde. Zu viel Säure darf in der Farbe jedoch auch nicht enthalten sein, da die Aufnahme der Säure durch die Blöße viel rascher vor sich geht, als die Aufnahme des Gerbstoffes. Eine normale Säurebildung ist für den befriedigenden Verlauf des Gerbprozesses Bedingung, da jede zu intensive Schwellung eine Überschwellung verursachen muß, wodurch ein loses und schwammiges Leder erzielt wird. Um nun der gut gehobenen Blöße die Eigenschaft des hinreichenden Gehobenseins zu erhalten, müssen die Farbbrühen demgemäß zusammengesetzt sein, daß sowohl schwellende als auch gerbende Körper in richtigem Mengenverhältnis vorhanden sind. Um nun dieses Verhältnis herzustellen, muß man wissen, welches Gerbematerial man dem Quebracho beizumischen hat, um die schwellende Wirkung der Brühe zu erzielen, da Quebracho das an säurebildenden Stoffen ärmste Material ist. Den Gegensatz hierzu bildet die Fichtenrinde, namentlich die junge. Man ist deshalb in der Lage, aus diesen beiden Gerbmaterialien die richtige Farbbrühe zusammenzusetzen.

Bevor die Blößen in die Schwefelsäurefarbe kommen, werden sie in einer ganz frischen süßen Brühe von ca. 2° Bé angefärbt, damit der empfindliche Narben der frischen Blößen angegerbt und widerstandsfähiger wird. Das Anfärben geschieht am besten in Hängefarben, wo die Brühe bewegt werden kann und ist in ca. 1 Tag vollendet. Kann die Brühe nicht bewegt werden, so dauert der Prozeß 2 bis 3 Tage. Die Blößen müssen dann häufiger aufgenommen und die Brühen umgerührt werden.

Die süße Brühe wird auf kaltem Wege aus Quebrachoholz hergestellt, damit sie eine schöne helle Farbe zeigt. Es kann derselben auch etwas Fichtenrindenabzug zugesetzt werden, und zwar im Verhältnis von 2 : 1, besser aber ist reine Quebrachobrühe. Fichte allein liefert eine zu rasch säuernde Brühe.

Beim Bewegen der Brühen muß im Anfang jede Stunde, dann nach 2—3 Stunden die Stärke der Brühe festgestellt und die fehlenden Stärkegrade durch Zusatz frischer Brühe ergänzt werden. Bei stillhängenden Farben werden die Blößen alle zwei Stunden herausgenommen, die Brühen gradiert und entsprechend zugebessert, so daß die Stärkegrade in gleicher Höhe bleiben.

Diese süßen Angerbebrühen können häufiger benutzt werden, namentlich wenn dieselben aus reiner Quebrachobrühe angesetzt worden sind; nach 4 oder 5 maligem Gebrauch muß jedoch ganz frisch angesetzt werden. Mit Fichtenbrühen vermischte Farben können höchstens 2 bis 3 mal benutzt werden. Bei nicht kontinuierlichem Gebrauch ist es besser, stets frische Anfärbefarben zu nehmen. Die gebrauchten Brühen läßt man über benutzte Versenk- oder Versatzlohe laufen, um sie zwecks weiterer Verwendung zu reinigen.

Die an den Außenflächen leicht angegerbten Leder werden nun in das mit Schwefelsäure schwach angesäuerte Wasser eingehängt, worin dieselben bald anschwellen. Den Gerbebrühen direkt darf Schwefelsäure nicht zugesetzt werden, weil sonst Niederschläge zu befürchten wären. Dies Schwefelsäurewasser soll nicht höher als ½ %ig angewendet werden. Die Blößen gebrauchen ca. 10 bis 12 Stunden zum Schwellen. Anfänglich sind dieselben ½ stündlich, später stündlich herauszunehmen und zu bewegen, und zwar ist dabei genau darauf zu achten, wann die passende Schwellung erreicht ist. Man erkennt dies am Griff und am Durchsichtigwerden der Haut. Sobald der Schwellpunkt erreicht, gelangen die Blößen zum Abspülen in reines Wasser und dann in die Angerbefarben. Zur Herbeiführung der genügenden Schwellung genügen auf 10 große Häute ca. 1 Liter Säure, länger als 10 Stunden soll der Schwellprozeß aber nicht dauern. In dem kalten frischen Wasser verbleiben die Blößen nur kurze Zeit.

Die nun folgenden Farben werden aus den ausgelaugten Brühen des gebrauchten Versenk- und Versatzmateriales angesetzt, welches aus Quebracho, Fichten- und Eichenrinde, Myrobalanen und Valonea bestanden hat. Diese Brühen sind gerbstoffreicher als reine Fichten- oder Eichenrindebrühen, dagegen ärmer an Säure. Um nun den Brühen etwas mehr säurebildende Stoffe zuzuführen, wird den Farben grobgeschnittene Fichtenrinde zugesetzt, welche den Gerbstoff langsam abgibt, dafür aber um so rascher Säurebildung hervorruft. Man rechnet 15—20 kg Fichtenrinde per Farbe.

Diese Farben, 12 an der Zahl, müssen nun so gehalten werden daß steigende Gerbstoff- und große Säuremengen darin enthalten sind, um ein allmähliches Angerben herbeizuführen und ein Verfallen der Blößen zu verhindern; ein weiteres Schwellen soll nicht stattfinden. Den Stärkegraden nach würde Nr. 1 die schwächste und Nr. 12 die stärkste Farbe sein. Die schlechteste Farbe wird nach dem Gebrauch jedesmal weglaufen gelassen und in deren Gefäß die neue, stärkste angesetzt, so daß die beste Farbe, durch das stete Nachrücken, nach zwölf Partien die schlechteste wird. Ist der Farbengang einmal eingerichtet, so sind bei guter Instandhaltung sowohl die Säure- als Gerbstoffmengen in richtigem Maße vorhanden, nur beim Neuansetzen einer Farbenserie muß alles genau beobachtet werden.

Dann müssen die Farben täglich mindestens einmal durchgradiert und dort, wo zu wenig Säure oder zu wenig Gerbstoff vorhanden ist, zugebessert werden. Zum Frischansetzen der Farben wird Brühe genommen, welche bereits 6 bis 8 Tage vor dem Gebrauche in der Auslaugegrube abgezogen worden ist und welche durch häufiges Aufrühren mit der atmosphärischen Luft in Verbindung gebracht worden war, wodurch sich die Säurebildung beschleunigt. Beim Ansetzen der Farbe hat man es in der Hand, die Brühe durch Zusatz süßer Brühe weniger säurehaltig und durch Zusatz von junger Fichtenrinde säurehaltiger zu machen. Jeder frisch angesetzten Farbe wird 1 Korb junge Fichtenrinde zugesetzt. Um stets einen Vorrat an Sauerbrühe aus Fichtenrinde zu haben, setzt man eine Grube mit Fichtenrinde und Wasser an und läßt sie bis zum Gebrauch mindestens 14 Tage alt werden.

Der Gerbstoffgehalt der Farben soll durchschnittlich nach folgender Skala eingerichtet sein, wobei es in der Hand des Gerbers liegt, die besten Farben etwas schwächer oder stärker zu halten. Bei den Anfangsfarben darf nicht unter die angegebene Stärke gegangen werden, da sonst die bereits gelockerten Eiweißkörper, anstatt gegerbt zu werden, infolge Einwirkens der Säure aus der Blöße heraustreten und der Haut verloren gehen. Ebenso ist darauf zu achten, daß die Farben stets sauber gehalten und nur mit reinen, klaren Brühen angesetzt werden, damit keine Verschlammung der Farben stattfinden kann, was den Blößen sehr nachteilig ist, da die feinen Schlammteilchen sich in den Poren festnisten und dieselben verschließen.

Bei richtig geführten Farben tritt ein Zurückgehen der geschwellten Blößen nicht ein, weder in den Farben, noch den Versenken usw.

Farbenskala.

(1° Beaumé = 7½° Farkometer.)

| Farbe | Stärke | | Dauer | |
|---|---|---|---|---|
| 1. | 5° | Bark. | 12 | Stunden. |
| 2. | 5—7½° | „ | 24 | „ |
| 3. | 7½—10° | „ | 24 | „ |
| 4. | 10—12½° | „ | 24 | „ |
| 5. | 12½—15° | „ | 36 | „ |
| 6. | 15—17½° | „ | 36 | „ |
| 7. | 17½—20° | „ | 36 | „ |
| 8. | 20—22½° | „ | 36 | „ |
| 9. | 22½—25° | „ | 36 | „ |
| 10. | 25—27½° | „ | 48 | „ |
| 11. | 27½—30° | „ | 48 | „ |
| 12. | 30—32½° | „ | 48 | „ |

In der ersten Farbe verbleiben die Häute vom Abend bis Morgen oder ca. 10—12 Stunden, nicht länger, dann ist die Brühe ausgezehrt und wird fortgelassen. In der zweiten, dritten und auch noch vierten Farbe verbleiben die Leder von einem Tag zum andern, die Farbbrühe wird während dieser Zeit aufgebessert, sobald diese auf die Minimalstärke heruntergegangen ist. In den weiteren Farben können die Leder, ebenfalls unter Zubesserung, ev. auch etwas länger verweilen, je nach den Betriebsverhältnissen. Das längere Verweilen in den stärkeren Farbbrühen ist unter Umständen den Häuten sogar nützlich.

Das Einhängen der Leder in die Farben ist dem Einlegen bedeutend vorzuziehen, da beim Hängen sich keine Falten bilden können, in denen sonst sehr leicht Ablagerungen stattfinden und dadurch bunte Stellen entstehen. Beim Überführen von einer Farbe zur anderen sind die Leder jedesmal in der letzten Farbbrühe rein abzuspülen und abtropfen zu lassen, bevor dieselben weitergeführt werden.

Die Farbenskala führt in den besseren Farben Stärkegrade, welche durch Auslaugebrühe nicht zu erzielen sind, und dazu müssen Extrakte angewendet werden. Augenblicklich werden fast nur noch Extrakte angewendet und zwar fabrikmäßig hergestellte. Die betreffenden Extrakte werden jeder für sich gelöst und vor dem Gebrauch absetzen gelassen, am besten schon 8 bis 10 Tage vor dem Gebrauche angesetzt und durch häufiges Umrühren mit der Luft in Verbindung gebracht. Das Verdünnen geschieht mit guter Schwellbrühe.

Bei dem täglichen Herausnehmen der Häute aus den Farben sind dieselben genau zu betrachten, denn dabei kann der Gerber am ehesten bemerken, wenn etwas nicht in Ordnung ist, und in einem solchen Falle muß sofort Remedur geschaffen werden. Das geübte Auge des Gerbers muß an dem Aussehen des werdenden Leders sofort erkennen, was zu geschehen hat, ob dem Farbengang säurebildendes oder gerbendes Material zuzusetzen ist.

Bei Kombination verschiedener Gerbematerialien kommt es darauf an, daß der Gerber die Eigenschaften eines jeden Materiales kennt und sich bei Feststellung des Mischungsverhältnisses klar ist, welche Wirkung erzielt werden soll.

Würde man ein an Säurebildnern reiches Material mit ebenfalls zuckerreichen Gerbstoffen in Mischung bringen, so würde durch den Einfluß zu starker Säurebildung eine übermäßige Schwellung und dadurch eine Lockerung eintreten und das Fabrikat nicht mehr die nötige Festigkeit besitzen. Wollte man umgekehrt nur gerbstoffreiche, aber zuckerarme Materialien vermischen, so würde die erforderliche Säure fehlen und ein flaches, nicht gehobenes Fabrikat resultieren.

Wie bereits bemerkt, bilden Quebracho und Fichte, ersteres als das an Gerbstoffen reiche, letzteres als das an säurebildenden Stoffen reichste Material zwei Extreme, welche sich sehr gut ergänzen und mit denen gute Resultate erzielt werden können. Außerdem sind als reich an säurebildenden Stoffen zu bezeichnen: Myrobalanen, Divi Divi, Cajota, Canaigre, weniger reich ist die Eiche und noch weniger Mimosa und Valonea. Eichenholz- und Kastanienextrakt, Quebracho und Knoppern enthalten nur ganz geringe Mengen von Säurebildnern. Für die Herstellung des Quebracho-Sohlleders würden in erster Linie junge Fichtenrinde und Myrobalanen als die am zuckerreichsten Materialien als Ergänzung des Quebracho in Betracht kommen, und es sind auch diese beiden Stoffe, welche am meisten angewendet werden.

Bei Auswahl der Zusatzstoffe ist das Färbungsvermögen und der Farbenton, welchen das Leder dadurch erhält, auch sehr zu berücksichtigen. Wenn auch die Qualität des Leders durch die Färbung in den meisten Fällen leidet, so ist doch mit diesem Faktor zu rechnen, so lange der Konsument den speziell gewohnten Farbenton wünscht, und eine Mißfarbe kann einem sonst sehr guten Leder sehr nachteilig sein. Also auch nach dieser Richtung hin muß der Gerber es verstehen, die Mischung so zu stellen, daß das Färbevermögen der einzelnen Gerbstoffe ausgeglichen wird und der gewünschte Farbenton erscheint. Um diese stark färbenden Gerbstoffe nicht mit dem Narben in Berührung zu bringen, ist es rationeller, diese Materialien zu extrahieren und die gewonnenen und abgesetzten Brühen zu verwenden, oder bei stark färbenden Extrakten die Brühen mittelst Alaunzusatz zu entfärben.

Zu jeder frisch angesetzten Farbe kann man, wenn kein genügender Säuregehalt vorhanden, zum Zweck des besseren Schwellens der Sohlhäute reine Milchsäure zusetzen. Dieser Zusatz reiner Milchsäure kann aber nur geschehen, wenn die Farben im täglichen Gebrauch stehen, da sonst durch die fortschreitende Gärung bei längerem Stehen der Farben die Säuerung in den niedrigeren Farben derart zunehmen würde, daß solche den Blößen zum Verderben gereichen müßte, während solche sonst innerhab eines begrenzten Zeitraums sehr gute Dienste zu leisten imstande ist. Stinkfarben und diesen sich nähernde alte Farben sind bei dieser Prozedur nicht zu verwenden.

## Die eigentliche Gerbung.

Die durchgefärbten Leder gelangen nun zum Versenk. Je nach der Stärke der Leder erhalten dieselben zwei oder drei Versenke. können auch anstatt des zweiten und dritten, oder auch nur des dritten Versenkes fest eingestreut, also versetzt werden.

Für die Führung der Versenke etc. könnte nachstehende Aufstellung als Unterlage dienen:

**I. Versenk** (pro Haut von 40 kg).

3,500 oder 4,000 kg Quebrachoholz
1,500 „ 2,000 „ Myrobalanen
1,000 „ Fichtenrinde
1,000 „ 1,000 „ Eichenrinde

B r ü h e: 35° Bark., aus ½ Quebracho, ½ Fichte,
oder ½ „ ½ Myrobalanen,
„ ½ „ ¼ „ ¼ Divi Divi.

D a u e r 18—21 Tage.

**II. Versenk.** Dasselbe Streumaterial.

B r ü h e: 45° Bark., aus ½ Quebracho, ¼ Fichte, ¼ Eiche,
oder ½ „ ¼ Myrobalanen, ¼ „
„ ½ „ ¼ „ ¼ Divi Divi.

D a u e r 21—24 Tage.

**III. Versenk.** Dasselbe Streumaterial.

B r ü h e: 60° Bark., aus ⅔ Quebracho, ⅓ Eiche
oder ⅔ „ ⅓ Divi Divi.

D a u e r 24—30 Tage.

Aus jedem Versenk ist rein abzuspülen, namentlich aus dem letzten vor dem Versetzen.

**I. Satz.** 4,500 kg Valonea,
1,500 „ Myrobalanen.

B r ü h e aus dem letzten früheren Satz, also reine Valoneabrühe.
Stärke nicht unter 60° Bark.

D a u e r 30—40 Tage.

**II. Satz.** 7,500 kg Valonea.

B r ü h e wie zum I. Satz oder frisch angesetzt.

D a u e r 40—50 Tage.

Die Dauer der Versenke richtet sich nach dem Betriebe, wobei ein längeres Stehen der Qualität zu Gute kommt. Die Gerbedauer läßt sich noch abkürzen, wenn man die letzten Farbbrühen etwas stärker nimmt und dementsprechend auch die Versenkbrühen. Kommt es auf die Färbung nicht so sehr an, so kann der Eichenextrakt auch fortgelassen, in den ersten zwei Versenkungen zu gleichen Teilen Quebracho und Fichte, im letzten Versenk ⅔ Quebracho und ⅓ Fichte genommen werden.

Anstatt die Leder nach dem Versenk oder Versatz mit Valonea einzustreuen, kann man sich eine Valoneabrühe anstellen aus Valonea und Wasser, in welche die Leder auf ca. 14 Tage gelegt werden, während welcher Zeit ein einmaliges Aufschlagen der Leder und Aufrühren der Brühe stattfindet. Diese Brühe kann häufiger benutzt werden, wenn stets etwas Valoneamehl zugebessert wird.

Will man nicht ein so weißes Leder erzielen, so werden die aus der Valonea kommenden Leder in einer klaren Brühe abgespült, mit Leinöl besprenkelt, aufgerieben und getrocknet.

---

## Zurichtung.

Aus dem Valonea-Satz werden die Leder herausgenommen, leicht abgeklopft und einige Tage glatt aufeinander gelegt und gut zugedeckt liegen gelassen. In dieser Zeit findet ein leichtes Erwärmen statt, und die anhängende Valonea bildet sich zu einer schleimigen Masse um, welche sich mit etwas Feuchtigkeit leicht auf dem Leder verreiben läßt. Zu diesem Zwecke werden die Leder, 5 bis 10 Stück, auf einen Tisch gelegt, das unterste Leder mit der Fleischseite auf den Tisch, die übrigen mit der Fleischseite nach oben. An jeder Längsseite des Tisches steht eine Schüssel mit klarer Valoneabrühe. Hierin taucht man eine Bürste und besprenkelt damit das Leder; dann bespritzt man mittelst einer Bürste die Leder ganz leicht mit rohem Leinöl und reibt die Fleischseite auf, bis sich eine gleichmäßige weiße Schicht gebildet hat. Dann wird das Leder mit der Narbenseite nach oben gekehrt und dasselbe Verfahren ausgeübt, schließlich das Leder zum Trocknen an dem Kopfe aufgehängt. Zuviel Feuchtigkeit darf nicht angewendet werden, da sonst die verriebene Masse während des Hängens zum Trocknen ablaufen und sich auf dem Leder Streifen bilden würden. Der aufgeriebene Valoneaschleim trocknet mit dem Leinöl sehr fest auf und bildet nach dem Rollen einen weißlichen, glänzenden Überzug. Ein Aufhängen auf Stangen ist auch nicht zu empfehlen. Die Leder bleiben bis zum völligen Trocknen hängen und werden dann auf eine Nacht gepreßt, des andern Tages mit reinem Wasser von der Aasseite eingesprenkelt, aber nicht gerieben, zum gleichmäßigen Durchfeuchten wiederum liegen gelassen, und dann zur Walze oder zum Hammer gebracht.

Bevor die Leder unter die Walze kommen, werden dieselben von beiden Seiten mit einem langhaarigen Besen abgestaubt und dann von der Aasseite gewalzt oder gehämmert.

Bei der nachstehend abgebildeten Maschine ist sowohl der obere als auch der untere schmiedeeiserne Träger mit den beiden gußeisernen Ständern verschraubt und außerdem noch durch vertikale Zugtraversen verbunden. Die auf dem unteren Träger befestigte Walzbahn besteht aus härtestem Stahl, ebenso ist der auf seiner Ar-

Fig. 32. Lederwalze „Kosmos“ der Badischen Maschinenfabrik.

beitsfläche hochglanzpolierte Walzcylinder aus härtestem Diamant-Hartguß hergestellt.

Die Lagerung des Walzzylinders ist nachgiebig federnd im Wagen eingebaut, wobei besonders hoch dimensionierte Pufferfedern mit ihrem Druck auf die Achsenlager wirken.

Der Wagen mit dem Walzcylinder wird durch eine Schraubenspindel hin- und herbewegt und letztere durch die an ihrem Ende sitzenden Riemenscheiben in abwechselnde Drehrichtung versetzt. Der Antrieb bei dieser Maschine erfolgt mittels eines offenen und eines gekreuzten Riemens.

Zur Aufnahme des Seitendruckes, den die Schraubenspindel beim Walzen der Leder auf ihre Lagerungen ausübt, sind die beiden äußeren Spindellager als „Stützkugellager“ ausgebildet, wodurch jede Stoßwirkung aufgehoben wird.

Die Lederwalze ist in ihrer neuesten Bauart mit einer patentierten Umschaltung ausgestattet, die eine spielend leichte Bedienung der

Maschine erlaubt. Da bei dieser Anordnung die bisher über der Maschine vorstehenden, mit Gegengewichten versehenen Hebelarme in Wegfall kommen, läßt sich diese Lederwalze selbst in Räumen von geringer Höhe aufstellen.

Um das Schwärzen und Abdrücken der Lederkanten beim Auf- und Absteigen des Walzcylinders auf dem Leder zu vermeiden, ist jedes Achsenlager mit einer Reguliervorrichtung versehen.

Wenn der ganze Stapel gewalzt resp. gehämmert ist, wird derselbe gewendet und mit dem ersten Leder begonnen, vom „Narben" zu walzen und dann zum Austrocknen aufgehängt. Aber nur trocknen dürfen die Häute, nicht „dörren"; dann ist abzunehmen, in die Presse zu legen, 18—24 Stunden zu pressen, nochmals auf dem Narben zu walzen und, wenn nötig, nochmals zum Trocknen aufzuhängen.

Bei dunklen Ledern kann der Valoneaschleim auch mit leichter Seifenbrühe und weißer Kernseife, mit etwas Talcum vermischt, resp. aufgekocht, im erkalteten Zustande aufgerieben werden.

Diese leichte und einfache Appretur liefert ein Leder von eichenweißer Farbe und sehr schönem Glanz.

## Abgekürztes Verfahren.

Es läßt sich das Gerbeverfahren bedeutend abkürzen, indem man von dem Versenken und Versetzen absieht, die Leder in Brühen ausgerbt oder ihnen nur zum Schluß einen Versenk oder Versatz gibt. Zu diesem Zwecke müssen die Farben andere Stärkegrade haben. Die ersten 6 Farben bleiben, wie vorhin angegeben; die zweiten 6 Farben erhalten steigend bedeutend höhere Stärkegrade, in welchen die Leder sich ganz ausgerben können. Noch besser ist aber, man läßt die 12 Farben wie bisher und gibt anstatt der Versenke steigend stärkere Brühen, die stets zugebessert werden, sobald der Minimalpunkt erreicht ist.

Bei diesem System würden folgende Stärken notwendig sein:

| | | | | | | | |
|---|---|---|---|---|---|---|---|
| 1. | Farbe | 5° | Barkometer | 7. | Farbe | 20—25° | Barkometer |
| 2. | „ | 7½° | „ | 8. | „ | 25—30° | „ |
| 3. | „ | 10° | „ | 9. | „ | 30—35° | „ |
| 4. | „ | 12½° | „ | 10. | „ | 35—40° | „ |
| 5. | „ | 15° | „ | 11. | „ | 40—50° | „ |
| 6. | „ | 17½° | „ | 12. | „ | 50—60° | „ |

Die Farben 7—12 müssen, je nach dem Einarbeiten, mehrfach vorhanden sein, damit die Häute in diesen Farben resp. Brühen mehrere Tage verweilen können; so in 7 und 8 je 2—3 Tage, 9 und 10 je 3—4 Tage, 11 und 12 je 4—8 Tage.

Da nun eine derartige Einrichtung bei einem großen Betriebe mit Schwierigkeiten verbunden ist, ist die folgende Art der Brühengerbung vorzuziehen: Die Farben bleiben wie bei dem Versenken angegeben, und die ausgefärbten Leder kommen in eine Brühe, welche aus 3 Teilen Quebracho, 2 Teilen Fichte, 1 Teil Myrobalanen angesetzt ist und einen Anfangsstärkegrad von 35° Barkometer hat. Diese Brühe wird tagtäglich verstärkt um 2½—3°, bis die Höhe von 45° erreicht ist, dann steigert man um 5°, bis die zum Ausgerben nötigen 60° erreicht sind. Ein Heruntergehen unter die Minimalgrenze muß vermieden werden. Die Leder würden nach den Farben in Brühen von folgenden Stärkegraden gebracht werden, wobei die erste Brühe stets durch die Original-Extraktmischung, welche sorgfältig vor dem Berühren mit der atmosphärischen Luft geschützt und in ihrer Originalstärke aufbewahrt wird, zugebessert wird. Jede Lösung bleibt zunächst in einem besonderen Gefäß, und man entnimmt nach dem angegebenen Mischungsverhältnis die nötige Menge.

| | | | |
|---|---|---|---|
| Ansatzbrühe: | 35—37° | Barkometer | 2—3 Tage |
| | 37½—40° | „ | 2—3 „ |
| | 40—42½° | „ | 2—3 „ |
| | 42½—45° | „ | 2—3 „ |
| | 45—50° | „ | 4—6 „ |
| | 50—55° | „ | 4—6 „ |
| | 55—60° | „ | 6—8 „ |

Ein Gradieren der Brühen hat täglich stattzufinden, nimmt der Gerbstoffgehalt nicht mehr ab, so ist dies ein Beweis, daß die Leder gesättigt sind.

# Vacheleder.

Die hauptsächlichsten Konsumenten für diesen Artikel sind die Schuhfabriken. Es wird von demselben wohl ein gewisser Grad von Festigkeit, nicht aber die starre Härte wie beim Sohlleder verlangt. Das letztere ist zu Maschinenarbeiten deshalb auch nicht gut verwendbar. Dagegen wird vom Vacheleder ein hoher Grad von Elastizität verlangt, die man dadurch erreicht, daß man ihm eine kurze Äscherung und auch eine weniger intensive Schwellung als bei Sohlleder gibt. Im übrigen sind aber bei der Gerbung von Vacheleder dieselben Regeln zu beachten.

Wenn wir im Laufe der Beschreibung der Vacheleder-Fabrikation die Brühengerbung besprechen, so ist diese ebenfalls für Sohlleder maßgebend und, wo etwaige Verschiedenheiten eintreten sollten, werden wir dieselben einschalten.

Zu Vacheleder eignen sich am besten gut gestellte Kalbin- und Kuhhäute im Gewichte von 30—40 kg, ev. auch darüber, ferner Ochsenhäute, welche zu Sohl- oder Riemenleder zu leicht sind, und zwar werden sowohl Wild- als Zahmhäute dazu verarbeitet. Die ersteren werden als Wildvache, die letzteren kurz als Vacheleder im Handel geführt.

## Wässern und Weichen.

In der Regel wird diesem Prozeß leider nicht die nötige große Bedeutung beigelegt, welche dieser Operation zukommt. Mancher Gerber hält die grünen und frisch gesalzenen Häute schon für weich genug und reif für den Äscher, wenn sie nur kurz abgespült worden sind. Dieses Vorgehen ist jedoch vollständig falsch, denn der Zweck des Wässerns grüner oder frisch gesalzener Häute ist nicht nur der, die Häute weich zu machen, sondern es soll außerdem Schmutz, Blut etc. entfernt werden, welches die vielen Blutgefäße noch füllt. In der Haut zurückgebliebenes Blut kann bei allen Operationen hinderlich sein, sogar noch in der fertigen Ware besonders auf der Narbenseite festgestellt werden.

Das Blut ist ein Stoff, welcher leichter in Fäulnis übergeht, als die anderen Teile der Haut. Die Fäulnis kann von dem Blute aus deshalb leicht über die ganze Haut verbreitet werden. Das Blut muß deshalb so schnell wie möglich entfernt werden, und zwar schon bei dem Reinigen der Haut vor dem Salzen.

Um die gesalzenen Häute beim Einweichen vor Fäulnis zu schützen, ist es nötig, die Häute in frischem, kühlem Wasser zu wässern. Das Blut kann auf dem Baum durch mechanisches Bearbeiten leicht entfernt werden. Dabei ist noch einem anderen Stoffe besondere Aufmerksamkeit zu schenken, welcher ebenfalls entfernt werden muß, wenn man sich Ärger ersparen will. Dieses ist das Fett. Kommen die Häute nämlich mit dem Fett in den Äscher oder die Schwitze, so verseift sich dasselbe und bildet Kalk- und Ammoniakseife, welche in den Häuten zurückbleibt. Kommen dann bei der späteren Behandlung während des Gerbeprozesses die Häute mit organischen oder mineralischen Säuren zusammen, so werden diese Seifen zersetzt und das Fett wieder frei. Beim Trocknen der Leder tritt das freigewordene Fett dann an die

Oberfläche und verursacht die dunklen Flecke, deren Entstehungsursachen dann oft ganz wo anders gesucht werden und die dem fertigen Produkt ein unschönes Aussehen geben. Das Fett muß deshalb ebenso wie das Blut unbedingt vor dem Einbringen in den Äscher oder in die Schwitze entfernt werden.

## Der Enthaarungsprozeß.

Nach dem Wässern, welches bei warmem Wasser möglichst rasch, trotzdem aber gründlich geschehen muß, kommen die Häute entweder in einen bereits gebrauchten, aber noch reinen Weißkalkäscher oder in einen einmal benützt gewesenen Schwefelnatriumäscher, werden am nächsten Tage aufgeschlagen, um an dem darauf folgenden Tage in einen frischen Äscher übergesetzt zu werden. Die Häute werden täglich aufgeschlagen und nach 3—5 Tagen enthaart. Man kann die Häute auch durch Anschwöden zur Haarlockerung bringen, wie wir dies früher beschrieben haben, oder auch durch Einbringen in starke Schwefelnatrium-Brühe, worin dieselben bei steter Bewegung in 8--12 Stunden haarlassend gemacht werden können. Bei letzterem Verfahren empfiehlt es sich, die Häute nach dem Enthaaren auf 24—36 Stunden in frischen Weißkalk zu bringen, um einerseits das Schwefelnatrium auszuziehen und andererseits das Gewebe der Haut etwas zu lockern. Werden die Häute im Schwefelnatriumäscher haarlassend gemacht, so nimmt man pro Kubikmeter Inhalt 1 kg Schwefelnatrium und 6—7 kg gebrannten Kalk.

Man hat es nun schon beim Äschern in der Hand, auf mehr oder weniger große Festigkeit beim fertigen Leder hinzuarbeiten. Will man ganz festes, dem Sohlleder sich näherndes Vacheleder erzeugen, so werden die Häute angeschwödet und erhalten nach dem Enthaaren dann keinen frischen Weißkalkäscher mehr; sollen die Leder weniger starr sein, so werden die enthaarten Häute noch auf kurze Zeit in einen frisch angesetzten Weißkalkäscher gebracht oder ganz im Schwefelnatriumäscher gekälkt. Bei ganz milden Vacheledern, wie solche für feine Damenschuhe gewünscht werden, findet die Haarlockerung im Weißkalkäscher statt. Zum Äschern gebraucht man gewöhnlich:

auf 100 kg Grünhaut ca. 3¼ kg gebrannten Kalk,
oder

auf 1 Kubikmeter Äscherbrühe ca. 9 kg gebrannten Kalk.

Diese Lösung ist aber für einen frisch angestellten Äscher zu schwach.

Zum Frischanstellen eines normalen Äschers werden:

5 kg gebrannter Weißkalk auf 100 kg Grünhaut, oder

16 kg gebrannter Weißkalk auf 1 Kubikmeter Flüssigkeit gerechnet.

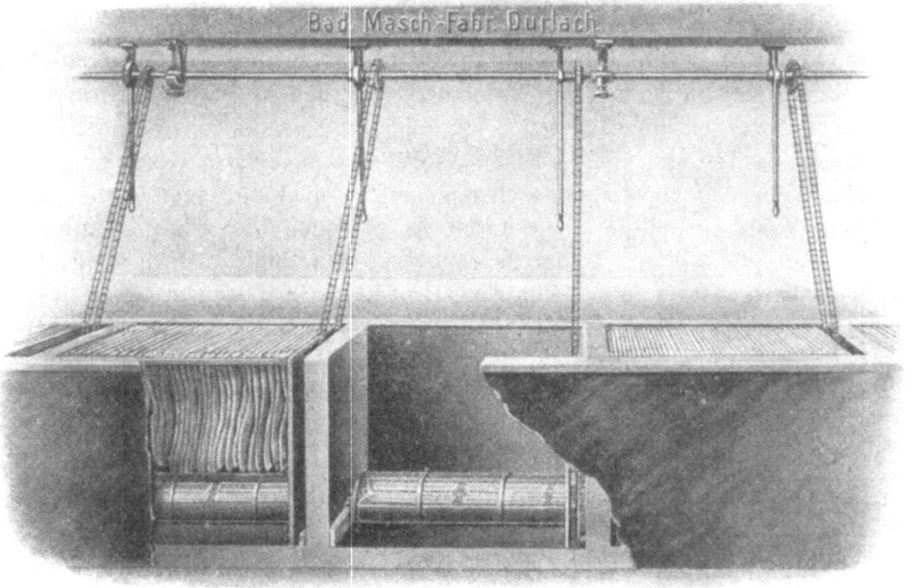


Fig. 33. Rühräscher „Agitator."

Die Äscherzeit des Vacheleders beträgt 3 bis 5 Tage. Soll in einer kürzeren Zeit geäschert werden, so muß eine Verschärfung des Äschers mit Schwefelnatrium stattfinden.

Beim Äschern mit reinem Weißkalk wird mit der Lockerung der Haare auch gleichzeitig eine Hebung des Hautgewebes erzielt, während beim Äschern mit Schwefelnatrium zur Hebung der Faser ein Nachäschern im frischen Weißkalk nötig ist.

Um eine gleichmäßige Wirkung des Kalkes auf die Haut zu erzielen, hat man die verschiedensten Versuche gemacht. Man hat versucht, die Häute zu bewegen, indem man mit Hilfe eines Krahnes den in den Einhängäscher genau eingepaßten Rahmen, an dem die Häute angehängt sind, wiederholt hochhob, die Brühe aufrührte und die Häute wieder hineinließ. Man hat damit ganz gute Resultate erzielt. Eine noch vollkommenere Wirkung des Äschers erreicht man aber mit der Bewegung der Brühe. Durch eine geeignete, aus der nachstehenden Abbildung ersichtliche Vorrichtung wird die Brühe in stetiger, nicht zu starker Bewegung erhalten und ein Absetzen des Kalkes am Boden des Gefäßes oder in den Falten der Häute verhindert. Der Rühräscher „Agitator" der Badischen Maschinenfabrik zu Durlach hat sich gut bewährt.

Die Bauart dieses Rührwerkes wird in der Weise ausgeführt, daß auf dem Boden der Aeschergrube eine Schaufelwelle mit vier Flügeln rotiert, die seitlich durch Kettenräder und Kette ihren Antrieb erhält. Zwischen der Kette und den eingehängten Häuten ist eine Schutzwand aus Flacheisen mit Drahtgeflecht eingesetzt. Ebenso sind die Rührflügel mit einer halbrunden Schutzvorrichtung aus Flacheisen mit Drahtgeflecht umgeben.

An den beiden Längsseiten der Äschergrube werden zwei mit Schlitzen versehene Winkeleisen befestigt, welche die zum Tragen der Häute bestimmten Flacheisenstäbe aufnehmen. Letztere liegen in regelmäßigen Abständen auf den Winkeleisen zueinander parallel.

Die zu äschernden Häute kommen mit der Haarseite nach außen, mit Kopf und Schwanz nach unten über die Stäbe zu hängen.

Die Zeit der Äscherung wird bedeutend abgekürzt, und die Weichteile der Haut bleiben geschont.

Es empfiehlt sich, die zum Enthaaren fertigen Häute über Nacht in lauwarmes Wasser zu bringen und sie daraus am folgenden Morgen zu enthaaren. Das Grundhaar kann auf diese Weise vollkommen mit entfernt werden. Das Enthaaren kann sowohl von Hand als mit der Maschine besorgt werden. In größeren Betrieben bedient man sich heute vielfach der letzteren. Die Arbeit geht dabei nicht nur schneller von statten; bei der Benutzung von starf ätzenden Stoffen, wie sie heute vielfach zur Haarlockerung benutzt werden, ist der Arbeiter dabei auch nicht so Verletzungen an den Händen ausgesetzt. Die Enthaarmaschine „Konus" der Moenus-Gesellschaft-Frankfurt (Main), welche wir nachstehend im Bilde vorführen, bewährt sich aber nicht nur zum Enthaaren, sondern auch zum Streichen bezw. Entkalken.

Diese, von der Handarbeit auf dem Baum ausgehend, bearbeitet die Häute oder Felle durch Einzelstriche nach außen.

Als Unterlage dient ein auf einer Schlittenbahn verschiebbar gelagerter Kegel, auf den die Haut oder das Fell zentral aufgelegt wird, und der durch Umdrehung um seine Achse die Haut selbsttätig unter die Werkzeuge bringt, ohne daß dieselbe durch Klemmvorrichtung festgehalten werden muß, da der senkrecht herabhängende Teil als genügendes Gegengewicht dient. Die Werkzeuge sind an einem endlosen Riemen befestigt und gleiten, durch Schienen geführt, von dem Mittelpunkt nach außen über die Haut. Mit der Geradführung ist

**Fig. 34. „Konus", Enthaar- und Reinemachmaschine der Maschinenfabrik Moenus A.-G. Frankfurt.**

gleichzeitig eine Federung verbunden, so daß an stärkeren Teilen der Haut oder bei tieferem Einführen des Conus unter die Werkzeuge die Spannkraft des Riemens als Federung wirkt. Der Arbeiter hat es vollständig in der Hand, durch stärkeres oder schwächeres Einführen des Conus den Druck zu verstärken oder zu vermindern; ein Wundstoßen der Häute ist ausgeschlossen. Der Conus hat in der Regel eine Länge von 1,50 oder 1,75 m. Bei 80 Umdrehungen der Antriebswelle wird eine Haut in ein bis zwei Minuten in der gesamten Fläche, bis auf diejenigen Teile, die über den Conus herunterhängen, bearbeitet. Das Ab- und Wiederauflegen der Haut erfordert bei einiger

Übung ca. 15—20 Sek., so daß bei einmaliger Bearbeitung eine Leistungsfähigkeit von ca. 30 Häuten in der Stunde und bei zweimaliger Bearbeitung von 20 Häuten in der Stunde erzielt wird. Wenn man demgegenüber die tägliche Leistung des Handarbeiters mit ca. 25—30 Häuten berücksichtigt, so kann man wohl annehmen, daß die „Conus“-Enthaarmaschine das ca. 6—7 fache Quantum vom Handarbeiter leistet.

## Reinemacharbeiten.

Nach dem Enthaaren werden die üblichen Reinigungsarbeiten vorgenommen, welche aber recht rasch, und zwar möglichst innerhalb 36 Stunden beendet sein sollen. Der Zweck der Wasserarbeiten ist, die Häute von Fleisch und Kalk zu befreien, was vor dem Glätten durch Salzsäurelösung resp. Anticalcium, wie bereits beschrieben, bewerkstelligt wird.

Das Lackmuspapier versagt hier manchmal, weil die Haut stets neue Säuremengen absorbiert, aber Phenolphtaleïnlösung prüft sehr gut. Es wird dazu ein Stückchen Narben abgeschnitten und mit Phenolphtaleïnlösung betupft, dieses färbt sich so lange rosarot, bis der Kalk neutralisiert ist.

Gestrichen werden die Häute aus lauwarmem Wasser, damit der Narben recht glatt ist. Während man früher die Häute auf dem Baume durch Bearbeiten mit dem Streicheisen kalkrein machen mußte, bedient man sich neuerdings auch hierzu maschineller Einrichtungen.

Die unter Fig. 13 abgebildete Maschine eignet sich zum Entfleischen, Enthaaren und Glätten von Kalbfellen, Kipsen, halben und ganzen Häuten, von den leichtesten bis zu den schwersten Sorten.

Infolge der selbsttätigen Arbeitsweise ist die Bedienung dieser Maschine äußerst bequem, da der Arbeiter die Haut nur einzuwerfen hat. Alles übrige, das Schließen der Walzen, das Anpressen der Haut an den Arbeitszylinder, das Herausziehen der Haut und das Wiederöffnen der Walzen besorgt die Maschine selbsttätig.

Die Haut wird auf eine Gummiwalze aufgelegt und durch eine mechanische Vorrichtung gegen die feststehend gelagerte Arbeitswalze angedrückt. Der Gummiwalze sind zwei Förderwalzen vorgelagert, von denen die mittlere aus- und einschwingt. Während der Bearbeitung wird die Haut durch die beiden Förderwalzen selbsttätig herausgezogen, so daß der Arbeiter nur einzulegen und beim Herauskommen der Haut diese abzunehmen hat.

## Die Grüngewichtskontrolle.

Die gereinigten Häute werden nun behufs Feststellung des Blößengewichtes auf den Bock zum Abträufeln gehängt und gelangen dann von hier aus in die Farben. Vorher nimmt man aber in einem rationell geleiteten Betriebe die Herstellung des Blößenrendements vor. Man bezweckt damit eine Kontrolle des Grüngewichtes der Häute, sie ist aber auch eine Notwendigkeit für eine richtige Kalkulation. Solange wir noch die Häute nach dem Eingangsgewicht, d. h. Grüngewicht, einkaufen müssen und einzig und allein auf die Ehrenhaftigkeit des Verkäufers angewiesen sind, ist diese Kontrolle notwendig. Die Blößengewichtskontrolle gibt dem Gerber ferner ein untrügliches Mittel zur Bewertung der Häute aus den verschiedenen Gegenden. Der Gerber muß deshalb das Blößengewicht bei jeder Partie feststellen und auf Grund desselben den Kostenpreis für das Kilo Blöße berechnen, denn nur daran sieht er, welche Häute billig und welche teuer sind. Eine Bedingung ist dabei natürlich, daß eine Partie **genau so** gearbeitet wird, wie die andere und das Blößengewicht jeder einzelnen Haut ermittelt wird.

Bis vor gar nicht langer Zeit kannte man noch keine zuverlässige Kontrolle zur Feststellung des Grüngewichtes, man war nur auf das unsichere Ungefähr angewiesen, welches aber bei einer Kalkulation nur wenig Wert hat. Die unangenehmen Erfahrungen, welche die Gerber beim Einkaufe vom Händler gemacht hatten, waren die Veranlassung zu direktem Verkehr zwischen Metzgern und Gerbern, also zu einer Umgehung des Händlers bei den Auktionen. Seit der Zeit ist nun manches besser geworden, und zwar sowohl in bezug auf Gewichtsrendement als Schlachtung etc. Der Findigkeit des Gerbers ist es aber auch gelungen, zwei Methoden ausfindig zu machen, mit deren Hilfe jeder Fabrikant die Grüngewichts-Angaben des Lieferanten kontrollieren kann. Und wenn wir auch noch nicht in der Lage sind, dafür allgemein gültige Regeln aufzustellen, so ist die Prüfung doch damit einwandfrei auszuführen. Es sind dies: die Weichgewichtskontrolle und die Blößengewichtskontrolle.

### I. Die Weichgewichtskontrolle.

Die Ausführung der Weichgewichtskontrolle ist äußerst einfach. Die gesalzenen Häute werden in demselben Zustande, wie solche geliefert worden sind, in frisches Wasser gebracht, am besten eingehängt, und zwar so, daß das Wasser alle Teile gut berühren kann.

Alle Anhängsel und jeglicher Schmutz bleiben an der Haut, nichts darf davon entfernt werden. Beim Einhängen verbleiben die Häute ca. 12 Stunden im Bassin, beim Einlegen in den Wasserkasten ca. 14 Stunden unter zwei- bis dreimaligem Aufschlagen, nach welcher Zeit sie wieder in den frischen Zustand zurückversetzt worden sind, wie sie vom Fleischer geliefert wurden.

Nach diesem Wässern werden die Häute aufgenommen, auf Böcke gehängt, dort 12 Stunden zum Abtropfen hängen gelassen und dann einzeln gewogen. Nach Durchwiegen der ganzen Partie wird das soeben festgestellte Gewicht mit dem fakturierten Einkaufsgewicht verglichen.

Das vom Gerber auf diese Art festgestellte Weichgewicht soll 3—5 % höher sein, als das notierte Grüngewicht, eine etwaige Differenz von 1 %, auch vielleicht etwas mehr, kann man noch akzeptieren, sobald sich aber ein größeres Untergewicht ergibt, liegt eine Unregelmäßigkeit vor, welche vom Gerber sofort beanstandet werden muß, und man stellt solche Häute am besten dem Lieferanten zur Verfügung. Dieses Verfahren hat außer der Einfachheit noch den großen Vorteil, daß man die Rohware im ursprünglichen Zustande zurückliefern kann. In dem Wasser haben die Häute in keiner Weise gelitten, resp. eine Veränderung in ihrer Beschaffenheit erfahren, sie haben vielmehr nur das ihnen beim Salzen entzogene Wasser wieder aufgenommen. Soll die Partie zurückgeliefert werden oder als Streitobjekt dienen, so werden die Häute auf den Boden flach ausgebreitet und tüchtig mit trocknem, körnigem Salz aufs neue eingesalzen, wodurch die Häute in den Zustand zurückversetzt sind, in dem sie geliefert wurden.

### II. Die Blößengewichtskontrolle.

Die Ermittelung des Blößenrendements wird schon seit Jahren als Grundlage der Kalkulation benutzt, sie kann aber nur unter ganz gleichen Betriebsverhältnissen benutzt werden, sie bleibt auf den Einzelbetrieb beschränkt und ist als allgemeines Fundament nicht zu verwerten, denn in jeder Gerberei wird etwas anders gearbeitet, so daß sich die Resultate zu Vergleichen unter den verschiedenen Betrieben nicht eignen. Der eine Gerber wiegt die Haut nach dem Scheren, der andere nach dem Streichen, der dritte wiegt die Blöße nach dem Reinmachen und Wässern; der eine läßt die Blößen zum Abtrocknen auf dem Bock 3—6 Stunden, der andere 12 Stunden u. s. f., und es wird einem jeden einleuchten, daß bei verschiedenen Fabriken auch ebenso verschiedenartige Rendementsergebnisse herauskommen müssen.

Dort, wo die Feststellung des Blößengewichtes schon seit längerer Zeit nach einem und demselben Schema durchgeführt worden ist, können die dabei gefundenen Prozente sehr gut als Grundlage für die weitere Kalkulation dienen, und diese Feststellung wird für den Gerber um so wertvoller, wenn im Buche, etwa nach nachstehender Tabelle das Eingangsgewicht eingetragen und die Prozentsätze am Weich-, wie am Blößengewicht berechnet werden. Auf Grund so geführter Tabellen läßt sich eine Kalkulation sehr leicht aufstellen, und es dürfte in einem Streitfalle für den Sachverständigen ein leichtes sein, das Richtige zu treffen.

Aber dennoch ist die Feststellung des Blößengewichts — ohne gleichzeitige Weichgewichtsermittelung — sehr wohl zur Kontrolle des reellen Eingangs- bezw. Fakturengewichtes geeignet. Da die Fabriken, welche danach arbeiten, die Ausführung immer in ein und derselben Weise besorgen, stellen sich bei all den Partien sofort auffallende Unregelmäßigkeiten ein, die in unreeller oder fahrlässiger Weise mit zu hohem Gewicht fakturiert worden waren. Wenn z. B. eine Gerberei gewohnt ist, bei nachweisbar reell gelieferter Ware ein Blößenrendement von 80 % zu erzielen, aber plötzlich eine nach genau denselben Prinzipien gearbeitete Partie nur 70 % ergibt, so ist eben unreell geliefert worden, und wenn die Weichgewichtszahlen auch unter verschiedenen Betrieben nicht vergleichsfähig sind, so sind sie es mit um so größerer Zuverlässigkeit in ein und demselben Betriebe, und der Sachverständige vermag in einem event. Prozesse sein Gutachten auf Grund der Aufzeichnungen des betreffenden Betriebes mit unbedingter Sicherheit einwandfrei abzugeben.

Ein Buch für die Wasserwerkstatt könnte nach folgendem Schema angelegt werden.

**Weich- resp. Blößengewichts-Tabelle.**

Nr. der Partie — Anzahl und Gattung der Häute

| Lieferant-No. | Laufende No. der Häute | Eingangs-Gewicht kg | Wasser-temperatur | Weichgewicht | Weichgewicht in % | Äscherungs-methode | Wasser-temperatur | Blößen-Gewicht kg | Blößen-Gewicht in % |
|---|---|---|---|---|---|---|---|---|---|
| 47 | 1 | 32 | 10° C | 33,28 | + 4% | ........ | 12° C | 25,60 | 80% |
| 61 | 2 | 30 | 10° C | 31,50 | + 5% | ........ | 12° C | 24,60 | 82% |
| 128 | 3 | 40 | 10° C | 42,40 | + 6% | ........ | 12° C | 34,00 | 85% |

Bei der Feststellung des Blößenrendements ist die Methode der Haarlockerung von großem Einfluß. Es ist ein sehr großer Unterschied, ob die Häute durch Schwitzen, Schwefelnatrium oder durch Kalk zur Haarlockerung gebracht wurden, auch übt die Verschiedenheit der Temperatur und die Beschaffenheit des Wassers einen weit größeren Einfluß aus, als man für gewöhnlich annimmt. Bei kalter Witterung erzielt man stets ein höheres Rendement, als bei warmer Temperatur. Die höchsten Rendements aber werden in denjenigen Gerbereien erzielt, wo sämtliche Wasser- und Äscherarbeiten in kürzester Zeit und in rationellster Weise durchgeführt werden. Infolge größerer Wasseraufnahme geschwollener Häute erzielt man beim Äschern stets höhere Zahlen als beim Schwitzen oder Anschwöden.

Von ein und derselben Provenienz liefern ferner Ochsen- ein besseres Rendement als Kuhhäute, und diese wieder mehr als Bullenhäute.

Jahrelange Versuche und Feststellungen, um die sich besonders der leider viel zu früh verstorbene frühere Direktor der deutschen Gerberschule, Herr J. P. Courtier, große Verdienste erworben hat, haben nun ergeben, daß reell gelieferte Ware bei regelmäßiger Schlachtung mit Horn, mäßiger Hirnschale, leichtem Schweifbein,

Ochsenhäute ein Rendement von 84—92 %, je nach Provenienz, und

Kuh- und Bullenhäute 77—85 %, je nach Provenienz ergeben.

Schlachtungen ohne Horn und Knochen, ohne Schweifbein und sonstige Fleischteile geben ein um 5—7 % höheres Rendement.

Häute, die mit großer Schädeldecke geliefert und natürlich auch dementsprechend billiger berechnet werden, ergeben ca. 5 % weniger.

Courtier hat für die einzelnen Provenienzen mittlere Ziffern ermittelt, doch dürften diese heute nicht mehr zutreffend sein, da in den letzten Jahren die in fast allen Teilen des Reichs entstandenen Häuteverwertungsgenossenschaften eine weit besser geschlachtete und sachgemäß behandelte Haut liefern, die auch ein dementsprechend höheres Rendement ergibt.

---

## Das Anfärben.

Das Anfärben resp. Angerben der Häute soll in nicht zu starker Sauerbrühe geschehen, also nicht in derartig sauren Brühen, wie beim Sohlleder. Da das Vacheleder bereits durch das Äschern eine gewisse Lockerung erfahren hat, so geht das Aufquellen der Blößen leichter vonstatten als beim Sohlleder; hierzu kommt noch, daß bei Vacheleder die starre Festigkeit, welche den mit Säuren stark geschwellten Ledern eigen, nicht gewünscht wird. Es muß also beim Schwellen des Vacheleders eine mäßige Grenze innegehalten werden; denn wird das Leder überschwellt, so ist es kein Vacheleder mehr, da es nicht mehr milde, sondern hart und brüchig ist; aber auch kein Sohlleder, da es dafür zu schwach und zu flach fällt.

Wollte man die kalkreinen Blößen stark schwellen und sie recht prall in die eigentlichen Farben bringen — um etwa ein vollwichtiges Leder zu erzielen — so würde man nicht das erreichen, was man gewollt; die säureprallen Blößen fallen in gerbstoffreicheren Schwellfarben leicht zusammen, erhalten spröden Narben und liefern schließlich ein hartes, blechiges Fabrikat. Man müßte, um dergleichen zu vermeiden, solche Blößen in gerbstoffarme Farben eintreiben, wodurch aber wieder andere Übelstände entstehen. Bringt man dagegen die Blößen in gerbstoffreichere Schwellfarben, so findet weder ein Verfallen noch ein Zusammenziehen des Narbens statt. Das Prallsein der Blößen ist vor dem Eintreiben in die Schwellfarben also durchaus nicht nötig, sondern bei Vache von entschiedenem Nachteil.

Will man auf rationellem Wege ein qualitätsreiches helles Vacheleder herstellen, so sorgt man für Kalkreinheit der Blößen, treibt sie in Farben ein, wo dieselben bei weniger hohem Säuregehalt doch hinreichend schwellen, da die Säure nicht durch noch anhaftenden Kalk neutralisiert wird, sondern ungeschwächt auf die Blöße ihren Einfluß ausüben kann. Auch gerbstoffhaltiger dürfen, ja müssen sogar die Farben bei kalkreinen Blößen sein, denn bei leichterer Schwellung findet der Gerbstoff auch leichteren Eingang, und Schwellung ohne gleichzeitige Angerbung ist vom Übel. Es sollen bei kalkreinen Blößen nur gesunde, frische Farben benutzt werden. Werden noch Kalk enthaltende Blößen in die Schwellfarben gebracht, so füllen diese sich allmählich mit Zersetzungsprodukten aus den Blößen, diese wirken der schwellenden Kraft direkt entgegen, und die aus diesen Farben kommenden Blößen tragen Fermente mit in die folgenden Farben hinüber und verderben diese.

Früher glaubte man ohne matte Farben nicht fertig werden zu können, weil stärkere, saure Farben ein starkes Zusammenziehen des Narbens mit sich brachten. Man schrieb dies meist dem Gerbstoff zu. Dies war jedoch falsch; nicht der Gerbstoff allein darf dafür verantwortlich gemacht werden, sondern nur in Verbindung mit der in der Farbe vorhandenen Säure konnte er ein scharfes Zusammenziehen verursachen. In einer reinen süßen Farbe ist dies nämlich lange nicht so der Fall. Wir ersehen aus dem Gesagten, daß ein zu langes Benutzen derselben Farbe vermieden werden soll, damit diese nicht zu viele Fremdkörper in sich aufnimmt und auch nicht zu schwach an Gerbstoff wird; ebenso wenig dürfen die Anfangsfarben zu stark an Säure und Gerbstoff sein, damit ein Zusammenziehen des Narbens vermieden wird.

Zur Herstellung eines guten Vacheleders ist aber dennoch eine gewisse Schwellung neben der Angerbung nötig, und es muß auch diese Schwellung während der ganzen Durchgerbung beibehalten werden. Geschicht dies nicht, läßt man vielmehr die geschwellten Leder zurückfallen, was stets der Fall sein wird, wenn nicht für genügend Nahrung an Gerbstoff gesorgt ist, oder wenn die gut geschwellte, aber noch nicht genügend angegerbte Blöße in zu gerbstoffreiche, dabei säurearme Brühe gelangt, dann erzielt man nicht allein ein dünnes, leichtes Leder mit gerunzeltem Narben, sondern auch ein blechiges, plattes Leder, welches im Innern überhaupt nicht mehr durchzugerben ist. Ferner kann bei zu gerbstoffarmen Brühen leicht der Fall eintreten, daß ein Umschlag in der Gärung stattfindet, wodurch die Brühen verdorben werden und die in denselben sich befindenden, erst schwach angefärbten Blößen Substanzverluste erleiden, welche nicht mehr zu ersetzen sind.

Die frisch eingetriebenen Blößen dürfen sich nicht zu lange in den Anfangsfarben aufhalten, da die Aufnahme der Säure durch die Blöße sehr rasch vor sich geht, während die Aufnahme des Gerbstoffes sich bedeutend langsamer vollzieht.

Da nun die Anfangsfarben sehr wenig Gerbstoff enthalten, dieser auch nur in verdünntem Zustande auf die schwellende Blöße einwirkt, so muß dafür gesorgt sein, daß die prall werdenden Blößen keinen Hunger zu leiden brauchen; man muß die Blößen so schnell als möglich in gerbstoffreichere Farben überführen. Eine gute Schwellung der Blößen allein genügt nicht zur Herstellung eines guten, gewichtigen Vacheleders, sondern der schwellenden Blöße muß die Nahrung zu gleicher Zeit und in richtigem Maße zugeführt werden. Bei richtig geführten Farbengängen ist an ein Zurückgehen der geschwellten Blößen nicht zu denken.

In einzelnen Betrieben werden die kalkreinen Blößen vor dem Eintreiben in die Schwellfarben erst in einer frischen, ganz süßen Brühe angefärbt, damit der Narben sich angerben kann, wodurch beim späteren Einbringen in stärkere Schwellfarben kein Zusammenziehen des Narbens mehr vor sich gehen kann, da derselbe durch die Angerbung bereits seinen festen Stand hat. Es kann dann auch die Schwellung in starker Schwellbrühe, d. h. an Säuren wie auch an Gerbstoff stärkeren sehr rasch vollzogen werden. Das Anfärben in der süßen Brühe erfolgt am besten im Haspel und kann in ca. ½ bis 1 Tag vollendet sein.

Die Herstellung der süßen Brühe geschieht am besten durch Extraktion, wozu man jeden hellfärbenden Gerbstoff benutzen kann. Früher wurde zur Herstellung von feinem, gutem Vacheleder nur feine Eichenrinde gebraucht, und man war gewöhnt, in gewissen Intervallen frische Rinde zuzubessern resp. die Farben frisch zu machen, der Lohe und der Zeit blieb das Weitere überlassen. In der gegenwärtigen Zeit muß der Gerber aber rechnen können, will er mit seinem Betriebe vorwärtskommen und auf der Höhe der Zeit bleiben. Man ist heute gezwungen, sich nach billigem Gerbmaterial umzusehen, welches aber trotzdem dem Fabrikat seine guten Eigenschaften läßt.

Eines der billigsten Gerbmittel ist das Quebrachoholz, und man kann, wenn dasselbe mit anderen Gerbstoffen passend vermischt ist, ein sehr gutes Produkt damit erzielen. Quebracho hat einen großen Gerbstoffgehalt, enthält aber wenig Säurebildner, dagegen viel Farbstoff, weshalb das Extrahieren des Quebrachoholzes zur direkten Verwendung als Brühe nur auf kaltem Wege geschehen darf, weil sonst die rote Farbe vorherrschen würde, wogegen der kalt gewonnene Extrakt eine schöne helle Farbe zeigt. Zum gänzlichen Auslaugen des Gerbstoffes kann ja später warm extrahiert werden, wonach man den Gerbstoff sich absetzen läßt und die darüber stehende Brühe zur Reinigung über gebrauchte Lohe laufen läßt.

Da Quebracho ein säurearmes Gerbmaterial ist, muß ein säurereicher Gerbstoff hinzugezogen werden, und wir finden diesen in unserer Fichtenlohe. Quebracho und Fichtenlohe werden deshalb gemischt extrahiert, und zwar nimmt man zwei Teile Fichtenlohe und einen Teil Quebracho. Aus dieser Mischung stellt man eine Brühe von 1—1½° Bé her, worin die Blößen 2—3 Stunden in einem Haspel fortwährend bewegt werden, nach welcher Zeit die Narbe widerstandsfähig genug geworden ist, um in eine stärkere Schwellbrühe gebracht zu werden. Diese aus Fichtenlohe und Quebracho angesetzten süßen Farben können bei täglicher Benutzung 2 bis 3 mal gebraucht werden, dieselben werden vorher stets auf 1½° Bé erneuert. Häufiger darf eine Benutzung aber nicht stattfinden, da die Brühen leicht sauer werden. Süße Anfärbebrühen aus reinem Quebracho können dagegen häufiger angewandt werden, weil dieselben weniger säuern. Ein zu langes Benutzen ist aber auch nicht angebracht, eine Erneuerung nach 4—5 maligem Gebrauch vielmehr zu empfehlen. Diese gebrauchten Brühen sollen nicht fort-, sondern zur Reinigung über benutzte Versatzlohe laufen gelassen werden. Findet kein regelmäßiges Eintreiben statt, so daß die Farben oft tagelang unbenutzt stehen bleiben, so stellt man die süßen Anfärbefarben besser stets frisch an.

## Der Farbengang.

Vacheleder werden in schwache Brühen eingetrieben, etwa in der Stärke von 0,7°—1° Bé und in steigenden Brühen weitergeführt entweder bis zu 2° Bé, oder, wenn kein Versenken stattfinden soll, bis 4° Bé, wobei dann aber der Farbenzyklus um so größer sein muß. Werden die Blößen in den Farben nur angegerbt und gehoben, so genügen 2° Bé, sie erhalten dann vor dem Versetzen 1 bis 2 Versenke; werden die Blößen aber in den Farben bis auf 4° Bé gebracht, wobei sie zu ca. ¾ angerben, dann können die Versenke in Wegfall kommen, und einige Sätze genügen dann.

Will man in kurzer Zeit ein gewichtiges Vacheleder herstellen, so wäre eine Brühengerbung von ca. 6 Wochen Dauer in 1° bis 3,5° Bé starker Brühe zu empfehlen. In dieser Zeit können die Blößen ¾ gar gemacht werden. Es ist hier nur zu beachten, daß die frischen, d. h. die stärkeren Brühen auch genügend starken Säuregehalt haben, weil sonst in den starken Gerbstofffarben die Blößen wieder verfallen würden, was sofort an dem sich runzelnden Narben zu erkennen ist. Tritt dieser Fall ein, dann muß mit starker Sauerbrühe oder mit käuflicher organischer Säure sofort nachgeholfen werden. Der Gerber wahrt mit der kleinen Ausgabe für die Säure nur sein eigenes Interesse, denn wenn die Blößen zurückverfallen, so ist die Möglichkeit genommen, die gehobene Haut mit Gerbstoff zu füllen, resp. Gewicht, Fülle und Stand zu erzielen, denn in einer verfallenen Blöße bleibt nur wenig Raum zur Aufnahme des Gerbstoffes, und eine solche kann infolgedessen kein gutes Gewichtsrendement liefern.

Die Art der Gerbung des Vacheleders richtet sich hauptsächlich nach den Wünschen der Kundschaft. Soll solches zu genagelten Schuhböden verarbeitet werden, so wird ein dem Sohlleder ähnliches Fabrikat verlangt, und man muß bei der Färbung und Gerbung durch weniger Äschern und stärkeres Schwellen schon auf möglichst hohe Festigkeit hineinarbeiten.

Wenn Vacheleder zu auf Rand genähten oder durchgenähten Schuhsohlen verwendet werden soll, wo dann zwar festes, aber keinesfalls sprödes Leder verlangt wird, so darf das Leder beim vollständigen Umbiegen nicht brechen, die Faser soll noch elastisch und mild sein, daß das Leder sich gut nähen läßt, aber genügende Zähigkeit besitzt, die Naht auszuhalten. Der Narben muß auf alle Fälle sich gut schaben lassen. Bei derartigen Vacheledern ist es erforderlich, daß die Häute im Äscher eine Lockerung erhalten und in den Schwellfarben weniger intensiv geschwellt werden.

Bei gewendeten Schuhwaren, wo der Schuh bis zum Absatz ganz umgekehrt gearbeitet und erst nach seiner Vollendung umgewendet wird, muß das Leder eine noch größere Milde besitzen und darf noch weniger Schwellung in den Farben erhalten. Bei dieser Herstellungsweise wird die Sohle ziemlich naß gemacht und erst nach völliger Fertigstellung des Schuhes auf dem Leisten in Façon geklopft.

Ein praktisch erfahrener Gerber muß es verstehen, durch Äschern, Schwellen und Anwendung geeigneter Gerbstoffe ein milderes oder festeres Leder zu erzielen. In einem rationellen Betriebe ist eine Serie von Schwellfarben vorhanden, aus welchen die Blößen von einem Tag zum andern oder jeden zweiten Tag übergesetzt werden. In letztem Falle genügen 24 Tage zur vollständigen guten Schwellung und Angerbung.

Zum Ansetzen der Schwellfarben werden die Brühen benutzt, welche durch Auslaugen des gebrauchten Versatzmateriales gewonnen sind, welch letzteres aus Fichtenlohe und Quebracho, Myrobalanen etc. bestanden hat. Diese Brühen sind gerbstoffreicher als reine Fichten- und Eichenlohbrühen, jedoch auch etwas ärmer an Säuren, enthalten aber, im Verhältnis von 2 : 1 gebraucht, noch immer Säure genug zu genügender Schwellung der kalkreinen Blößen.

Will oder muß man den Schwellfarben etwas mehr Säurebildner zuführen, so setzt man denselben grob geschnittene Fichtenlohe zu, welche langsam ihren schwachen Gerbstoff abgibt, dafür aber bald eine stärkere Säureentwickelung hervorruft.

Sind die Schwellfarben in guter Verfassung, so hat bei zweitägigem Aufenthalt in jeder der 5 oder 6 Farben die Schwellung ihren Höhepunkt erreicht. Es muß nun darauf geachtet werden, daß dieser beibehalten wird und kein Zurückfallen stattfindet. Um dieses Zurückfallen zu vermeiden, müssen die Farben täglich mindestens einmal nachgesehen werden und, wo zu wenig Säure oder zu wenig Gerbstoff, von dem damit Beauftragten das Fehlende zugesetzt werden. Es ist ein himmelweiter Unterschied zwischen Sauerbrühen von reiner Eichenrinde oder Fichtenrinde und einer Auslaugung von Fichte und Quebracho. In dem letzteren Falle wird der Gerbstoff stets vorherrschend sein, und dieses muß beim Ansetzen der frischen Schwellfarbe wohl berücksichtigt werden; denn würde die frischangesetzte Farbe zuviel Gerbstoff im Verhältnis zur Säure haben, so wäre ein Zusammenziehen des Narbens und ein Verfallen der Häute unausbleiblich.

Bei Schwellfarben, deren Brühen aus ausgelaugter Fichte, Myrobalane, Quebracho, Eiche und Valonea angesetzt sind, ist die Instandhaltung der richtigen Reihenfolge, d. h. der gleichmäßig steigenden Stärke, weit schwieriger als beim alten Verfahren, weil diese Brühen viel gerbstoffreicher, aber säureärmer sind, in den frischen Farben also der Gerbgehalt überwiegen wird, während in den am längsten benutzten Farben das Gegenteil der Fall sein wird. Um nun einigermaßen einen Ausgleich herzustellen, kann man neben dem Zusatz junger Fichtenrinde die zum Frischansetzen nötige Brühe 6—8 Tage früher, als solche gebraucht wird, abziehen und durch wiederholtes Aufrühren etwas mehr mit der Luft in Berührung bringen, wodurch sich die Säurebildung vermehrt.

Beim alten Verfahren war die Eichenrinde schon in der Grube während der Versatzzeit in Säuerung übergegangen und wurde, bevor man solche zum Ansetzen von Schwellfarben benutzte, noch auf lange Zeit in der Sauerlohgrube festgetreten aufbewahrt, während bei dem neueren Verfahren der Gerbstoff kaum eine Woche Zeit zum Auslaugen hat und dabei noch das auszulaugende Material meist aus viel weniger säuerndem, dafür aber um so gerbstoffreicherem Material besteht.

Alle diese angeführten Momente sind genau zu beobachten, wenn man das Bestmögliche erreichen will. Es ist dann für den Gerber auch ein Leichtes, ein gutes, vollgewichtiges Fabrikat herzustellen.

**Farbenskala.**

Die Zahl der Farben richtet sich nach den jeweiligen Betriebsverhältnissen, auf alle Fälle muß aber die Farbenarbeit systematisch durchgeführt werden. Die Führung der Farben könnte wie folgt geschehen:

| | | | | | | |
|---|---|---|---|---|---|---|
| Farbe | No. | 1: | 5° | Bark. | = 0,66° | Beaumé |
| „ | „ | 2: | 7½° | „ | = 1,0° | „ |
| „ | „ | 3: | 10° | „ | = 1,4° | „ |
| „ | „ | 4: | 13° | „ | = 1,8° | „ |
| „ | „ | 5: | 15° | „ | = 2,2° | „ |
| „ | „ | 6: | 18° | „ | = 2,6° | „ |
| „ | „ | 7: | 21° | „ | = 3,0° | „ |
| „ | „ | 8: | 24° | „ | = 3,4° | „ |

| | | | | |
|---|---|---|---|---|
| Farbe No. 9: | 27° | Bark. | = 3,8° | Beaumé |
| „ „ 10: | 30° | „ | = 4,3° | „ |
| „ „ 11: | 33° | „ | = 4,8° | „ |
| „ „ 12: | 36° | „ | = 5,3° | „ |
| „ „ 13: | 39° | „ | = 5,8° | „ |
| „ „ 14: | 42° | „ | = 6,0° | „ |

Das Einhängen der Blößen in die Farben ist dem Einlegen bedeutend vorzuziehen, da dieselben besser in der Brühe hängen, keine Falten haben, wodurch Ablagerungen, bunte Stellen etc. entstehen können. Beim Ueberführen von einer Farbe zur anderen sind die Häute jedesmal in der Farbenbrühe rein abzuspülen und ablaufen zu lassen, bevor sie umgehängt werden. Dasselbe soll auch beim Aufschlagen aus der Farbe geschehen.

Die in der vorstehenden Skala in den letzten Farben angeführten Stärkegrade sind durch Auslaugebrühen selten zu erreichen. Es müssen dazu Extrakte verwendet werden. Die Extrakte werden gelöst, bis zum Gebrauche 8—10 Tage stehen gelassen und den Farben zugesetzt. Die Auflösung geschieht in Brühe von gebrauchter Versatzlohe.

Bei dem täglichen Herausnehmen aus den Farben sind die Häute genau zu beobachten, denn dabei kann der Gerber am leichtesten bemerken, wenn etwas nicht in Ordnung ist, und in solchen Fällen muß sofort Remedur geschaffen werden.

Die nun durchgefärbten und gut angegerbten Leder gelangen zum Versenk, derselbe wird mit einer Brühe angesetzt, deren Stärke der kräftigsten Farbe entspricht, also 42—45° Bark. oder 5,6—6° Bé stark ist, und erhält als Streumaterial Eiche, Fichte und Quebracho, auch kann die Versenkbrühe durch Eichenextrakt verstärkt sein. Die Dauer des Versenkes richtet sich nach dem Betrieb, dürfte jedoch durchschnittlich auf 4 Wochen berechnet werden. Der zweite Versenk erhält eine Brühenstärke von ca. 48° bezw. 7°, besser noch mehr als weniger, und ist ebenfalls durch Eichenextrakt verstärkt, das Streumaterial besteht aus 4 Teilen Fichte, 3 Teilen Quebracho und 2 Teilen Myrobalanen. Dauer ebenfalls ca. 4 Wochen.

Jetzt sind die Leder aller Wahrscheinlichkeit nach hinreichend gegerbt; wo dieses nicht der Fall, muß ein dritter Versenk gegeben werden, welcher aus mit Eichenextrakt verstärkter, noch etwas hochgradiger Brühe besteht, mit ebendemselben Streumaterial wie beim zweiten Versenk. Zeitdauer wie bei 1 und 2. Sind die Leder nach dem zweiten Versenk gar genug, so bekommen dieselben einen kurzen Versenk mit reiner Valonea und reinem Wasser, fest aufeinanderliegend. Die Valonea wird nur so stark gestreut, daß solche die Leder trennt. Hierdurch erhalten die Leder eine hellere Farbe und festen Griff. Auch kann man die Häute in Valoneabrühe einlegen. Hierin bleiben die in Hälften getrennten Leder 14 Tage, bei einmaligem Aufschlagen und tüchtigem Durchrühren der Brühe. Ein Verstärken der Valoneabrühe ist nicht nötig, man benutzt dieselbe so lange, als sie ihre milchige Farbe zeigt und nicht sauer geworden ist. In diesen Fällen wird dieselbe warm verdünnt und zum Ansetzen der Versenkbrühen im filtrierten Zustande benutzt.

Anstatt des zweiten und dritten Versenkes oder anstatt des dritten Versenkes kann auch ein Versetzen stattfinden, und zwar mit denselben Gerbstoffen und mit gleicher Brühenstärke.

Aus der Valoneabrühe gelangen die Leder in die Zurichtung.

## Reine Brühengerbung.

Will man die Vacheleder ganz brühengar machen, ohne Versenk oder Versatz, so richtet man sich die Farbenserie etwas anders mit rascher steigenden Stärkegraden ein und benutzt auch zu den Schwellfarben aus Extraktlösungen hervorgegangene Brühen.

Bei Beginn der reinen Extraktgerbung nimmt man die im Betriebe sehr wahrscheinlich noch vorhandene Schwellbrühe zum Schwellen und Angerben, verstärkt sie durch Extrakte und geht dann langsam zur reinen Extraktgerbung über. Wo aber alte Brühen nicht zur Verfügung stehen, vielmehr eine neue Einrichtung geschaffen werden soll, müssen die Farben aus schwachen und filtrierten Extraktlösungen etwa von Fichten- und Quebracho-Extrakt hergestellt werden. Da sich nun Fichtenextrakt viel leichter löst als Quebracho-Extrakt, so muß die Lösung jede für sich und die Zusammensetzung der Brühen erst nach dem Lösen geschehen. Die Extraktbrühen werden dann auf ihren Stärkegrad geprüft und von jeder das entsprechende Quantum, und zwar 2 Teile Fichte und 1 Teil Quebracho genommen.

Bei der Zusammensetzung der Brühen ist aber nicht die Flüssigkeitsmenge dem Mischungsverhältnis zugrunde zu legen, sondern der Stärkegehalt der Lösungen. Man bringt die Extraktlösungen deshalb am besten auf gleiche Stärkegrade, indem man solange Sauerbrühe bezw. Wasser zusetzt, bis eine gewisse Verdünnung, etwa 15° Bé bei beiden erreicht ist. Dann kann man ohne weiteres im Verhältnis von 2 : 1 mischen. Bei verschiedengradigen Lösungen aber muß der Stärkegehalt zugrunde gelegt werden; zeigt z. B. die Fichtenextraktlösung 15° Bé, die Quebrachoextraktlösung aber 20°, so sind — um das Verhältnis von 2 : 1 herzustellen — von ersterer 2⅔ l auf je 2 l Quebrachoextraktlösung zu mischen etc. Dieses

Prinzip ist durch den ganzen Gang der Gerbung hindurch zu beobachten.

Der beim Lösen der Extrakte zurückbleibende Satz wird mit gebrauchter Brühe verdünnt, bis zum Sieden erwärmt, tüchtig durchgerührt, erkalten gelassen, die klare Brühe zur Sammelgrube überführt und der Satz mit heißem Wasser nochmals ausgelaugt. Die letzte klare Brühe kann zum Lösen frischen Extraktes verwendet und der Satz nun fortgeworfen werden. Will man die Gerbstoffbrühen durch Extraktion der Gerbmaterialien selbst herstellen, so hat man nur für richtige Mischung der verschiedenen Gerbstoffe Sorge zu tragen, da bei der Brühengerbung die Selbstgewinnung der Brühen aus frischem Gerbstoffe nicht nur möglich, sondern sehr erwünscht ist.

Wenn oben bei der Anwendung von gekauften Extrakten nur Fichte und Quebracho angeführt sind, so soll damit nicht gesagt sein, daß dazu keine anderen Extrakte gebraucht werden könnten. Die Anführung diente nur zur Erklärung der differierenden Stärkegrade. Auch hier ist die Benutzung anderer Extrakte, wie Eichenholz, Kastanie etc. möglich, und die Mischung der verschiedenen Gerbstoffe für die betreffenden Ledersorten, welche man damit herstellen will, spielt eine große Rolle, sowohl bezüglich der Eigenschaften der einzelnen Gerbstoffe, als auch des Preises derselben. Für Vache eignen sich außerdem noch ebenso gut Eichen- und Kastanienholzextrakt, ferner Mimosarinde, Myrobalanen, Valonea, vor allem aber Eichenrinde.

Beim Brühengerben sind die Farben in zwei Abteilungen eingeteilt. Die erste Abteilung zum Anfärben und Angerben, die zweite Abteilung zum Ausgerben. Es ist ferner darauf zu achten, daß die Stärke der Brühen stets annähernd auf derselben Höhe gehalten wird, zu welchem Zwecke ein häufiges Gradieren in den Anfangsfarben stattzufinden hat; wenn die Minimalgrenze heranrückt, wird zugebessert.

Es erhalten die Farben

Zum Anfärben:

| | | | | | | | |
|---|---|---|---|---|---|---|---|
| Farbe | No. | 1: | 5—7½° | Bark. | = ca. | 0,7—1,0° | Beaumé |
| „ | „ | 2: | 7½—10° | „ | = „ | 1,0—1,4° | „ |
| „ | „ | 3: | 10—12½° | „ | = „ | 1,4—1,8° | „ |
| „ | „ | 4: | 12½—15° | „ | = „ | 1,8—2,2° | „ |
| „ | „ | 5: | 15—18° | „ | = „ | 2,2—2,6° | „ |
| „ | „ | 6: | 18—21° | „ | = „ | 2,6—3,0° | „ |
| „ | „ | 7: | 21—25° | „ | = „ | 3,0—3,5° | „ |

Zum Angerben:

| | | | | | |
|---|---|---|---|---|---|
| Farbe No. 8: | 25—30° | Bark. | = ca. | 3,5—4,3° | Beaumé |
| „ „ 9: | 30—35° | „ | = „ | 4,3—5,0° | „ |
| „ „ 10: | 35—40° | „ | = „ | 5,0—5,7° | „ |
| „ „ 11: | 40—45° | „ | = „ | 5,7—6,4° | „ |
| „ „ 12: | 45—50° | „ | = „ | 6,4—7,1° | „ |
| „ „ 13: | 50—55° | „ | = „ | 7,1—7,9° | „ |
| „ „ 14: | 55—60° | „ | = „ | 7,9—8,5° | „ |

Die Grade sind mit einem Brühenmesser gradiert, wo 7½° Bark. auf 1° Bé gehen, wo also eine Brühe von 60° Barkometer gleich 8° Bé ist, eine Stärke, welche vorhanden sein muß, will man sicher und rasch durchgerben.

Das Gradieren der Farben von der vierten Farbe an, kann in immer größeren Zwischenpausen geschehen und zwar um so größeren, je näher man der letzten Farbe kommt. Nimmt in der letzten Farbe der Stärkegrad der Brühe nicht mehr ab, so ist dies ein Beweis dafür, daß die Leder sattgegerbt sind. Das Verbleiben in den einzelnen Farben muß sich nach den Betriebsverhältnissen richten, wobei in den beiden Anfangsfarben eine tägliche Übersetzung stattfindet, in der dritten und vierten eine zweitägige Dauer vorgesehen ist und später die Häute mindestens 4—6 Tage in den stärkeren Brühen verweilen. Wenn möglich, läßt man die Leder in der letzten Brühe, selbst wenn sie nichts mehr aufnehmen, etwas länger.

Die sattgegerbten Leder werden der Brühe entnommen und in eine leichtere Brühe eingehängt, damit der in den äußeren Partien sich befindende überflüssige Gerbstoff in die schwache Brühe übergeht. Nach ein oder zwei Tagen werden die Leder auf einem besonders dazu hergerichteten Aufschlag aufgeschlagen, welcher sich nach der Grube zuneigt und die Brühe ablaufen läßt. Die Häute werden darauf einzeln von beiden Seiten mit Haarbesen und Brühe aus der Grube abgewaschen, welche immer wieder in die Grube zurückläuft, und dann zum Abträufeln aufgehängt. Sind alle Leder mit Brühe behandelt, so findet noch ein Abwaschen mit weichem Wasser statt, damit die von den schweren Brühen hinterlassenen dunklen Stellen verschwinden.

Die gereinigten Leder gelangen nun, nachdem sie halbiert worden sind wie die mit gemischter Gerbung, in die milchige Valoneabrühe und bleiben dort 14 Tage bei einmaligem Aufschlagen. Nach Ablauf dieser Zeit werden die Leder aus der Valoneabrühe unter Abspülen aufgeschlagen, abträufeln gelassen, glatt aufeinander gelegt und ein oder zwei Tage zugedeckt liegen gelassen. Hiermit ist der Gerbprozeß beendigt, und es folgt nun die Zurichtung.

## Kalkulation.

Ehe wir jedoch die Zurichtung beginnen, sei der bisherige Gang der Arbeiten in kurzen Zügen wiederholt und dabei eine Kalkulation angestellt:

Wässern: 2 Tage, bei 3 maligem Wasserwechsel,

Äschern: 5 Tage mit 3,5 kg gebranntem Kalk und 300 g Schwefelnatrium auf 100 kg grüne Haut.

Aus warmem Wasser enthaaren, wässern, scheren, entkälken, wieder wässern, Blößengewicht feststellen und in die Farben eintreiben.

Alle Wasserarbeiten sind ohne jeden Aufenthalt in schnellster Folge auszuführen.

Die Blößen haben in ca. 6 Wochen 12—14 Farben passiert, und zwar können dabei entweder die Blößen in derselben Farbe hängen bleiben, wobei nur die Brühe weitergeführt wird, oder die Blößen von Farbe zu Farbe weitergebracht werden.

Nachdem dieselben durch den Farbengang von 1—3° Bé durchgeführt worden sind, hat je nach der Stärke bereits eine gute Angerbung stattgefunden. Diese Leder erhalten nun entweder noch 1 Versenk und 2 bis 3 Sätze oder 2 Versenke und 1 oder 2 Sätze von 6 bis 10 Wochen Dauer.

Durchschnittspartien von 25 Haut mit ca. 800 kg Grüngewicht benötigen an Gerbmaterial in den Farben resp. zu deren Brühen aus den Extraktionsgruben pro 100 kg Grüngewicht:

| | | | | |
|---|---|---|---|---|
| | 100 kg | Fichtenrinde | mit ca. 8 kg | reinem Gerbstoff |
| | 25 „ | Quebracho | „ „ 4 „ | „ „ |
| | 25 „ | Myrobalanen | „ „ 7 „ | „ „ |
| zus. | 150 kg | Gerbmaterial | mit 19 kg | reinem Gerbstoff |

| | | | |
|---|---|---|---|
| Im 1. Satz: | 18 kg | Fichtenrinde | Brühe von 3½° Bé |
| | 18 „ | Eichenrinde | |
| | 8 „ | Valonea | |
| Im 2. Satz: | 20 kg | Eichenrinde | Brühe von 4° Bé |
| | 8 „ | Fichtenrinde | |
| | 10 „ | Valonea | |

Zusammen in den Sätzen:

| | | | |
|---|---|---|---|
| 38 kg | Eichenrinde | mit 2,6 kg | Gerbstoff |
| 26 „ | Fichtenrinde | „ 2,1 „ | „ |
| 18 „ | Valonea | „ 4,3 „ | „ |
| 82 kg | Material | mit 9 kg | Gerbstoff |
| Hierzu aus den Farben | | 19 „ | „ |
| | | 28 kg | Gerbstoff |

Sollten die Blößen aus irgend einem Grunde nur 2 bis 3 Wochen in den Farben verbleiben können, so bringen wir dieselben nur zu entsprechender Schwellung und Angerbung, damit der Narben in den folgenden Versenken den starken Brühen und den Eindrücken des Streumateriales widerstehen kann, und in diesem Falle würden die Blößen zum Gerben pro 100 kg grüne Haut usw. gebrauchen:

In den Farben:

| | | | |
|---|---|---|---|
| 60 kg | Fichtenrinde | mit 4,8 kg | Gerbstoff |
| 20 „ | Quebrachoholz | „ 3,2 „ | „ |
| 80 kg | Material | mit 8 kg | Gerbstoff. |

(Die Farbbrühen sind 1 bis 2° Bé stark, bei 3 wöchentlicher Dauer.)

Im 1. Versenk:

25 kg Fichtenrinde, Brühe von 2.5 Bé, Dauer 2 Wochen

Im 2. Versenk:

| | | | | |
|---|---|---|---|---|
| 10 kg | Fichtenrinde, | Brühe von 3° Bé, | Dauer | 3 Wochen |
| 10 „ | Quebrachoholz, | „ „ 3° „ | „ | 3 „ |
| 5 „ | Mimosarinde, | „ „ 3° „ | „ | 3 „ |

Im 3. Versenk:

| | | | | |
|---|---|---|---|---|
| 10 kg | Fichtenrinde, | Brühe von 3,5 Bé, | Dauer | 5 Wochen |
| 5 „ | Mimosarinde, | „ „ 3,5 „ | „ | 5 „ |
| 10 „ | Quebrachoholz, | „ „ 3,5 „ | „ | 5 „ |
| 10 „ | Myrobalanen, | „ „ 3,5 „ | „ | 5 „ |

Im 4. Versenk oder 1. Satz:

| | | | | |
|---|---|---|---|---|
| 30 kg | Eichenrinde, | Brühe von 4° Bé, | Dauer | 8 Wochen |
| 10 „ | Valonea | „ „ 4° „ | „ | 8 „ |

Zusammen in Versenken und Sätzen:

| | | | | |
|---|---|---|---|---|
| | 45 kg | Fichtenrinde | mit 3,6 kg | Gerbstoff, |
| | 30 „ | Eichenrinde | „ 2,1 „ | „ |
| | 10 „ | Mimosarinde | „ 3,1 „ | „ |
| | 20 „ | Quebrachoholz | „ 3,2 „ | „ |
| | 10 „ | Myrobalanen | „ 2,8 „ | „ |
| | 10 „ | Valonea | „ 2,4 „ | „ |
| | 125 kg | Material | mit 17,2 kg | Gerbstoff |
| In den Farben | 80 „ | „ | „ 8 „ | „ |
| | Sa. 205 kg | Material | mit 25,2 kg | Gerbstoff. |

Die Angaben des den Gerbmaterialmengen entsprechenden reinen Gerbstoffquantums beziehen sich auf den von der Haut erfahrungsgemäß aufgenommenen Teil des Gesamtgerbstoffes.

Da bei Vacheleder nun durchschnittlich 100 kg grüne Haut ca. 80 kg nasse Blöße und 27 kg lufttrockene Blöße liefern, so ergeben 100 kg grüne Haut ein Lederrendement von 52—55 %, denn lufttrockene Blöße — 27 kg — plus aufgenommenen Gerbstoff — 25,2 bezw. 28 kg — ergeben an fertigem Leder 52,2 bezw. 55 kg.

Will man mit reiner Eichenrinde gerben, so braucht man nur den benötigten Gerbstoff von ca. 25 kg auf 100 kg Grüngewicht = 860 kg Eichenrinde sachgemäß für die An- und Ausgerbung zu verteilen. —

Ein anderes Verfahren stellt sich wie folgt dar:

Zur Herstellung der Brühen für die Farben werden genommen für: „120 Haut à 29 kg Durchschnittsgewicht = 3480 kg Grüngewicht“:

| | |
|---|---|
| 325 kg Mimosarinde (zu 35 %, weniger 4 % Rückstand) = 31 % = | 100,75 kg rein. Gerbstoff |
| 950 kg Fichtenrinde (zu 11 %, weniger 3 % Rückstand) = 8 % = | 76 „ „ „ |
| 300 kg Myrobalanen (zu 32 %, weniger 4 % Rückstand) = 28 % = | 84 „ „ „ |
| 1575 kg Material | 260,75 kg Gerbstoff. |

Also pro 100 kg Grüngewicht: 45 kg Material mit 7,50 kg reinem Gerbstoff.

**Farbenskala.**

| | | | | | | |
|---|---|---|---|---|---|---|
| 1. | Farbe | 1° | Bé | = | 7,50° | Barkometer. |
| 2. | „ | 1,1° | „ | = | 8,25° | „ |
| 3. | „ | 1,2° | „ | = | 9° | „ |
| 4. | „ | 1,3° | „ | = | 9,75° | „ |
| 5. | „ | 1,4° | „ | = | 10,50° | „ |
| 6. | „ | 1,5° | „ | = | 11,25° | „ |
| 7. | „ | 1,6° | „ | = | 12° | „ |
| 8. | „ | 1,7° | „ | = | 12,75° | „ |
| 9. | „ | 1,8° | „ | = | 13,50° | „ |
| 10. | „ | 1,9° | „ | = | 14,25° | „ |
| 11. | „ | 2° | „ | = | 15° | „ |
| 12. | „ | 2,1° | „ | = | 15,75° | „ |

Die Farbbrühen werden von dem gebrauchten Material der Versenke und Sätze gewonnen und von Zeit zu Zeit mit dem oben ausgeführten frischen Brühenmaterial zugebessert.

**Versenk.**

Pro 100 kg grüne Haut:

| | | | | | | |
|---|---|---|---|---|---|---|
| 35 kg | Fichtenrinde | zu | 8 % | = | 2,80 kg | reiner Gerbstoff |
| 5 „ | Myrobalanen | „ | 28 % | = | 1,40 „ | „ „ |
| 10 „ | Eichenrinde | „ | 7 % | = | 0,70 „ | „ „ |
| 50 kg | Material mit | | | | 4,90 kg | reinem Gerbstoff |

Abtränkbrühe: 2,5—3° Bé = 18,75—22,50° Barkometer.
Dauer 14 bis 21 Tage.

**I. Satz.**

| | | | | | | |
|---|---|---|---|---|---|---|
| 30 kg | Fichtenrinde | zu | 8 % | = | 2,40 kg | Gerbstoff |
| 10 „ | Eichenrinde | „ | 7 % | = | 0,70 „ | „ |
| 20 „ | Quebrachoholz | „ | 16 % | = | 3,20 „ | „ |
| 10 „ | Myrobalanen | „ | 28 % | = | 2,80 „ | „ |
| 70 kg | Material mit | | | | 9,10 kg | reinem Gerbstoff. |

Abtränkbrühe: 3° Bé = 22,50° Bark. Dauer: 6 Wochen.

Anstatt Quebrachoholz kann Mimosarinde im passenden Verhältnis verwendet werden, für 20 kg Quebrachoholz à 20 % nimmt man 11,50 kg Mimosarinde à 35 %.

**II. Satz.**

| | | | | | | |
|---|---|---|---|---|---|---|
| 20 kg | Fichtenrinde | zu | 8 % | = | 1,60 kg | Gerbstoff |
| 20 „ | Eichenrinde | „ | 7 % | = | 1,40 „ | „ |
| 20 „ | Quebrachoholz | „ | 16 % | = | 3,20 „ | „ |
| 10 „ | Myrobalanen | „ | 28 % | = | 2,80 „ | „ |
| 70 kg | Material mit | | | | 9,00 kg | reinem Gerbstoff. |

Abtränkbrühe: 3,5° Bé = 26,25° Bark. Dauer: 8 Wochen.

**III. Satz.**

| | | | | | | |
|---|---|---|---|---|---|---|
| 25 kg | Eichenrinde | zu | 7 % | = | 1,75 kg | Gerbstoff |
| 35 „ | Valonea | „ | 24 % | = | 8,40 „ | „ |
| 60 kg | Material mit | | | | 10,15 kg | reinem Gerbstoff. |

Abtränkbrühe: 4° Bé = 30° Bark. Dauer: 10 Wochen.

Verbrauch im ganzen pro 100 kg grüne Haut:

| | | | | | | |
|---|---|---|---|---|---|---|
| In den Farben | 45 kg | Material | mit | 7,50 kg | Gerbstoff |
| Im Versenk | 50 „ | „ | „ | 4,90 „ | „ |
| Auf dem I. Satz | 70 „ | „ | „ | 9,10 „ | „ |
| „ „ II. „ | 70 „ | „ | „ | 9 „ | „ |
| „ „ III. „ | 60 „ | „ | „ | 10,15 „ | „ |

Zusammen: 295 kg Material mit 40,65 kg Gerbstoff.

Bei diesem zweiten praktischen Beispiele haben 100 kg Grüngewicht einen Mehrverbrauch von 90 kg Material mit 15,45 kg Gerbstoff.

Dieses ist aber nur scheinbar, da von dem benutzten Gerbmaterial ein größeres Quantum an Gerbstoff mit in die Extraktionsgruben gelangt als dieses bisher der Fall war, und demgemäß kann die Extraktion des frischen Gerbmateriales zur Verstärkung der Farbbrühen für die Zukunft fortfallen, so daß bereits hier ein Minus von 45 kg Material = 7,50 kg Gerbstoff in Anschlag zu bringen ist, dann also nur noch ein Mehrverbrauch von 45 kg Material = 7,95 kg Gerbstoff vorhanden wäre, welcher sich aber durch das bessere Rendement des mit diesem größeren Quantum Gerbmateriales hergestellten Leders zum Vorteile des Gerbers ausgleicht.

Anstatt der angegebenen 52—55 % Rendement sind hier mit Leichtigkeit 56 %, auch 57 % erzielt worden.

## Zurichtung des Vacheleders.

Die fertig gegerbten Vacheleder werden, wenn solche in den letzten Sätzen nicht mit hellmachenden Gerbmaterialien versetzt waren, in eine leichte, kalt ausgelaugte Brühe aus Myrobalanen und

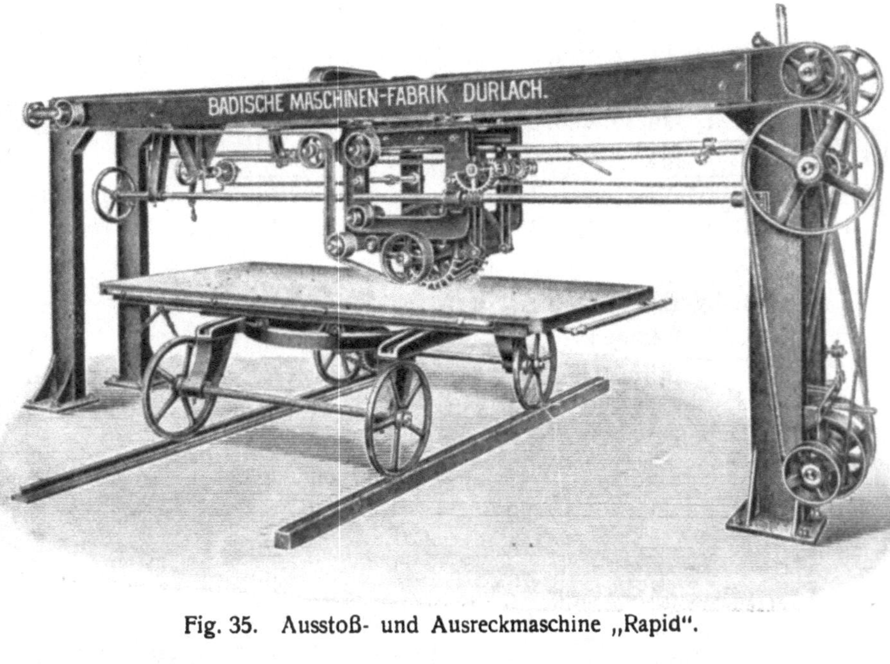


Fig. 35. Ausstoß- und Ausreckmaschine „Rapid“.

Valonea eingelegt und innerhalb einiger Tage häufiger aufgeschlagen, damit die Brühe überall und gleichmäßig aufhellend wirken kann; oder man unterwirft die Häute einem Bleichprozeß, wie vorn beschrieben. Dann werden die Leder abgespült, mit Leinöl auf dem Narben leicht abgeölt und zum Abwalken aufgehängt. Vacheleder, welche mit hellmachenden Gerbmaterialien, wie Eiche, Myrobalanen, Valonea usw. in den Gruben behandelt worden sind, benötigen keines aufhellenden Bades mehr.

Nachdem die Leder genügend abgewelkt sind, werden sie von der Aasseite mit einer Aasschmiere ausgerieben, dann vorgestoßen, nochmals leicht abgeölt und wieder zum Antrocknen aufgehängt. Das Aussetzen, Stoßen und Ventieren ist eine sehr wichtige Arbeit und soll nur von einem geübten Arbeiter oder von einer guten Maschine ausgeführt werden.

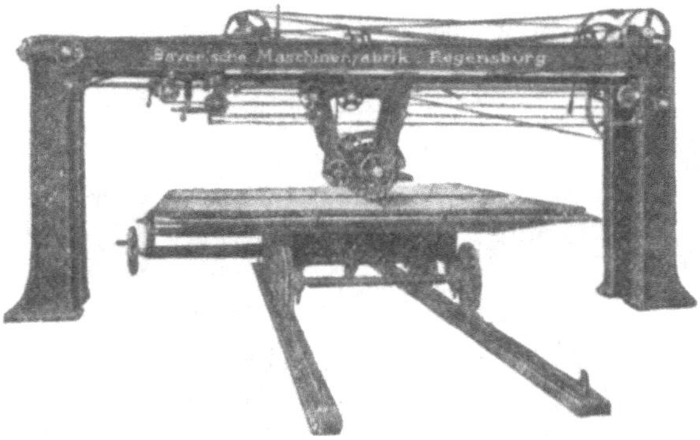

Fig. 36. Tafel-Ausreck- und Ausstoßmaschine „Ideal" der Bayerischen Maschinenfabrik, Regensburg.

Es existieren hierzu nun die verschiedensten Systeme; eine bewährte Stoßmaschine ist z. B. die Ausstoß- und Ausreckmaschine „Rapid" der Badischen Maschinenfabrik zu Durlach (vgl. Fig. 35). Eine ähnliche Maschine ist die vorstehend abgebildete der Bayerischen Maschinenfabrik (Fig. 36).

Bei der mit Schlickertrommel arbeitenden Maschine „Rapid" ist die Werkzeugwalze in einem Karren gelagert, der sich in horizontaler Richtung in den Führungen des Maschinengestells hin- und herbewegt. Der zur Auflage des Leders dienende Holztisch erhält einen starken Zinkbelag. Dadurch, daß sein Laufkranz auf Rollen ruht, ist er leicht beweglich, so daß die Tischplatte während des Arbeitens leicht gedreht werden kann. Ebenso läßt sich der ganze untere Wagen im rechten Winkel zur Wegrichtung der Werkzeugwalze auf zwei Laufschienen hin- und herfahren. Die Schlickertrommel dieser Maschine erhält ihren Antrieb durch einen endlosen Riemen, der über Rollen geleitet wird. Sie ist nachgiebig federnd im Karren gelagert, und ihre Druckeinstellung läßt sich vom Arbeiterstand aus durch ein Handrad regulieren.

Die selbsttätige Vor- und Rückwärtsbewegung des Karrens mit der Werkzeugwalze erfolgt mittels einer Treibkette, während seine Umsteuerung automatisch durch die Maschine oder von Hand des Arbeiters bewirkt wird.

Figur 37. Ausstoßmaschine der Maschinenfabrik H. R. Gläser, Wien

Zum Ausstoßen und gleichzeitig auch zum Auswaschen dient auch die vorstehend abgebildete Maschine der Maschinenfabrik Gläser.

Diese neue Konstruktion dient als Ausstoßmaschine für Vachelederhälften, Sohllederbäuche, Köpfe etc. und auch als Rollmaschine für Riemenkroupons, Blankleder etc. Die Einstellung und Druckregulierung erfolgt an der verstellbaren Arbeitsbahn. Ein Fußtritthebel gestattet im Bedarfsfalle ein sofortiges Senken des Tisches. Besonders hervorzuheben ist bei dieser neuen Maschine die Anordnung eines selbsttätig wirkenden Festhalters für das Leder, welcher den die Maschine bedienenden Arbeiter wesentlich unterstützt. Ungefähre Leistung pro Tag à 10 Stunden 200—250 Hälften, Kraftbedarf ca. 1—1½ PS, Bedienung 1 Mann.

Die ziemlich angetrockneten Leder werden dann nochmals von der Aasseite appretiert, nachgestoßen, bis solche vollständig flach liegen bleiben, der Narben sauber abgerieben, mit dem feuchten Öllappen überstrichen und zum Trocknen aufgehängt. Das Ausreiben der Aasseite hat den Zweck, daß dieselbe glatt und gleichmäßig in Farbe wird sowie beim Stoßen besser auf der Tafel haftet. Mitunter kommt es vor, daß einzelne Leder, namentlich bei Häuten von jungen Tieren, sich nicht beim Verstoßen flach auf den Tisch ausbreiten lassen. In solchen Fällen ist es ratsam, nicht gleich zum Messer zu greifen und einzuschneiden, sondern sie mit der Narbenseite nach außen fest aufzurollen und einige Zeit aufgerollt liegen zu lassen; sind die Leder nicht zu üppig, dann geben sie beim nächsten Bearbeiten meistens nach.

Sobald dann die gestoßenen Leder beinahe trocken sind, werden dieselben abgenommen und gepreßt, damit sie eine schöne glatte Lage erhalten, sie werden dann zum vollständigen Austrocknen wieder aufgehängt, von beiden Seiten vorsichtig angefeuchtet und schließlich von beiden Seiten gewalzt, zuerst von der Aasseite mit der großen Walze, dann auf dem Narben mit der Pendelwalze.

Es hat sich hierzu neben den schon weiter vorn erwähnten Walzen auch die nachstehend abgebildete Walzmaschine der Firma R. H. Gläser in Wien gut bewährt, bei der der Tisch unter dem Zylinder so angeordnet ist, daß er federt.

Dieses Lederwalzwerk eignet sich zum Walzen der größten schwersten Häute, für Sohl-, Vache-, Riemenleder etc., gleichviel welcher Gerbung und ist, mit den neuesten Verbesserungen versehen, vermöge seiner eigenen, zweckmäßigen, äußerst kräftigen Bauart ohne komplizierten Mechanismus.

Durch diese Einrichtung wird bewirkt, daß das Aufsteigen und Ablaufen des Walzzylinders auf das Leder, bezw. von demselben nicht unter Druck stattfindet, ebenso daß beim Leergang der Tisch von dem Walzzylinder nicht berührt, sondern demselben nur eng genähert wird. Erst beim Aufsteigen auf das Leder kommt der Walzzylinder unter vollen Druck.

Weitere wesentiiche Neuerungen an dem Wagen der Maschine bestehen in der Verwendung von hohen Spiralfedern sowie in der Anordnung leicht beweglicher Walzenlager. Hieraus resultiert ein

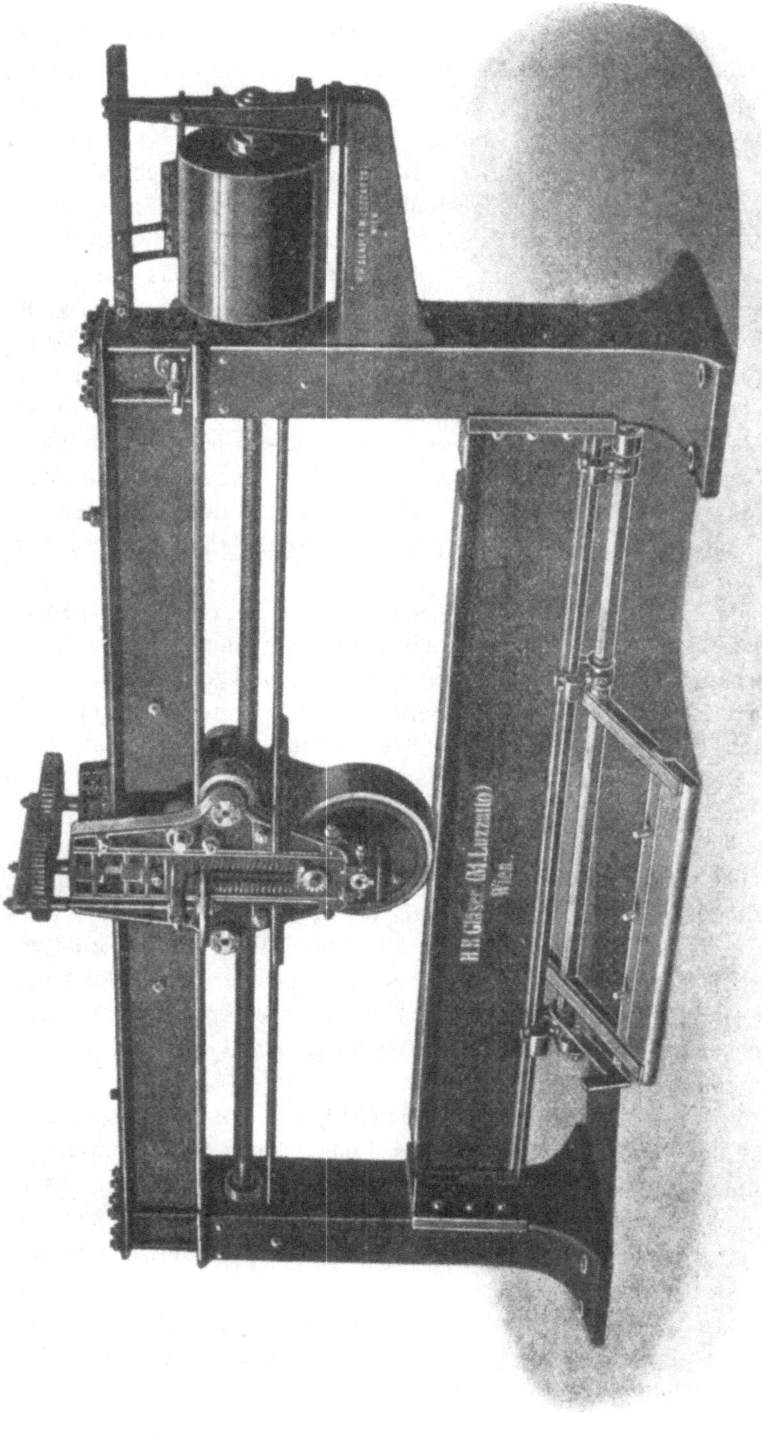


Figur 38. Walzmaschine „Vindobona“.

überaus gleichmäßiger Druck, ebenso ein leichtes und schnelles Anpassen der Walze an die ungleiche Stärke des Leders, welche durch die Stellung der Haut bedingt wird.

Die Steuerung der Maschine erfolgt durch Fußtritt, was den großen Vorzug bietet, daß der Arbeiter seine beiden Hände zur Bewegung des Leders immer frei hat.

Nach dem Walzen, wo die Leder neben dem Glanz auch eine gleichmäßig helle Farbe zeigen sollen, was vom Treffen des richtigen Feuchtigkeitsgrades abhängt, werden dieselben zum vollständigen Austrocknen aufgehängt und dann auf einige Tage in die Presse gelegt, womit die Zurichtung beendigt ist.

Die Häute werden dann sortiert und auf das Lager gebracht. Ein Hauptgesichtspunkt bei der Sortierung ist die Stärke der Häute.

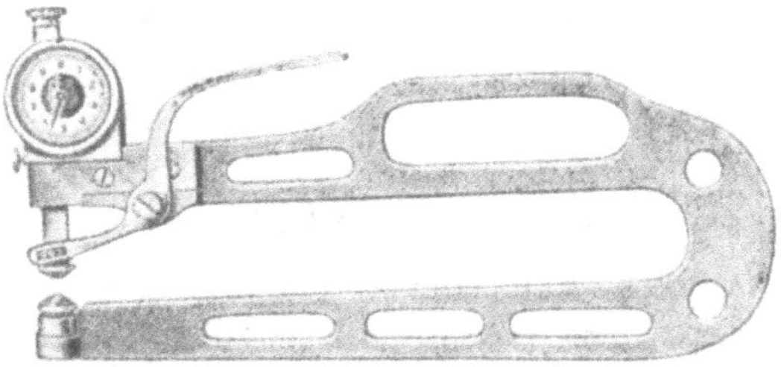

Fig. 39. Lederdickenmesser der Maschinenfabrik Turner A.-G., Frankfurt a. M.

Es ist von Wichtigkeit, die genaue Stärke resp. Dicke des Leders möglichst schnell ermitteln zu können. Mit dem bloßen Auge ist dies aber nicht möglich, auch der Griff läßt uns oft im Stiche. Ein wichtiges Hilfsmittel zur genauesten Ermittelung der Lederdicke ist deshalb der vorstehend abgebildete Leder-Dickenmesser, welcher von der Maschinenfabrik Turner A.-G. hergestellt wird. Das Messen geschieht in der Weise, daß man den Apparat einfach auf das Leder aufschiebt, d. h. das Leder zwischen die beiden Taster des Apparates legt. Der eine Taster ist fest, der andere dagegen beweglich und durch den Druck auf den Hebel verstellbar. Infolge Federdruckes schließt sich der Taster von selbst und bewirkt dadurch ein gleichmäßiges Aufsitzen auf dem Leder. Jede Bewegung des verstellbaren Tasters wird durch den Zeiger auf dem Zifferblatt der Uhr angegeben.

Das Zifferblatt ist in 0,1 = $^1/_{10}$ mm geteilt und umfaßt 1 cm, so daß man bis zu 1 cm starkes Leder nach $^1/_{10}$ mm messen kann.

Um zu prüfen, ob das Leder überall gleichmäßig stark ist, zieht man den Dickenmesser einfach über das Leder hinweg und kann man an der Bewegung des Zeigers sehen, ob und wieviel das Leder teilweise stärker oder schwächer ist.

Die Messer werden in einer Bügeltiefe bis zu 100 cm hergestellt, so daß man in der Lage ist, bei den größten Häuten noch die Mitte zu messen.

Aasschmiere für Vacheleder.

Man macht sich hierzu einen Brei aus Mehl, Talkum und Wasser, oder man kocht isländisches Moos, bis eine gallertartige Masse entsteht und setzt derselben etwas Gummitraganth, Mehl und Talkum zu. Je mehr Mehl und Talkum genommen werden, desto heller wird die Fleischseite; um aber keine zu unnatürlich helle Aasseite zu erhalten, setzt man der Gesamtmischung irgend eine gelbliche Farblösung zu.

Der Brei darf nicht zu dick aufgetragen werden, und zwar geschieht das Auftragen im halbtrockenen Zustande des Leders vor dem ersten Stoßen.

# Nebensorten.

Nachdem wir die hauptsächlichsten Unterledersorten in ihrer verschiedenen Herstellungsweise kennen gelernt haben, sind nur noch einige Ledergattungen zu erwähnen, die wohl ebenfalls zur Hauptgruppe der Unterleder gehören, die in ihrer Gerbung und Zurichtung aber dem Vacheleder außerordentlich ähnlich sind. Hierher gehört zunächst:

## Das China-Vache.

Dasselbe wird nach den dazu verwendeten Chinahäuten so benannt, während es im übrigen ein leichtes Wildvache darstellt, seitens der mechanischen Schuhfabrikation aber sehr gern gekauft wird. Es ist hier ein geschätztes Leder zur Besohlung von Damenschuhen aller Art und wird vor allem gern zu gewendeter Naht verarbeitet. Die Chinahaut kommt sowohl gesalzen als auch, und zwar zum größten Teil, getrocknet in den Handel, sie zeichnet sich durch gute Stellung, vor allem aber durch einen schönen, gleichmäßig zarten Narben aus und ist somit auch ein geschätztes Rohmaterial für die Oberlederfabrikation. Die leichteren Gewichte arbeitet man dann auch zu Ober-, die schwereren zu Unterleder.

Die Häute werden zunächst vollkommen erweicht. Man bringt sie in frisches Wasser, läßt sie 1—2 Tage — je nach der Jahreszeit — im Gefäß unter Zufluß neuen Wassers aufweichen und schlägt sie nach 1—2 Tagen wieder auf. Ein Einlegen in fließendes Wasser ist auch bei trockenen Häuten nicht zu empfehlen; weit zweckmäßiger ist die Zuhilfenahme mechanischer Hilfsmittel zum Weichmachen, falls sich das bloße Wasser als nicht ausreichend erweist. Man bringt die schon vorgeweichten Häute einfach ins Walkfaß, läßt sie unter Zufluß von höchstens lauwarmem, im Sommer von naturwarmem Wasser ca. 20 Minuten laufen, wonach sie genügend erweicht sind, in frischem Wasser nur noch gespült werden und nun sofort zur Haarlockerung gebracht werden können. Diese geschieht im Schwefelnatriumäscher. Die Häute verbleiben darin nur solange, bis sie das Haar gut lassen, sie werden unter Zufluß von lauwarmem Wasser im Walkfasse enthaart und bekommen nun noch auf ca. 2—3 Tage — je nach der Jahreszeit — einen frischen Weißkalkäscher.

In vielen Gerbereien weicht man die Häute zunächst in reinem Wasser ca. 12 Stunden vor, dann schärft man die Weiche an, indem man ihr Schwefelnatrium zusetzt. Auf 100 Pfd. trockene Haut nimmt man etwa 5 Pfd. Schwefelnatrium, löst es in warmem Wasser auf und mischt die Lösung unter das Weichwasser. In der so angeschärften Weiche verbleiben die Häute — welche am besten vorher ca. 12 Stunden in einer schon einmal benutzten Brühe gelegen haben — zunächst 12 Stunden, werden dann aufgeschlagen, wieder eingelassen, nach 12 Stunden nochmals aufgeschlagen und nach Verlauf von abermals 12 Stunden herausgenommen. Sie sind jetzt genügend erweicht, um dem Äscher übergeben zu werden. Die benutzte angeschärfte Weichbrühe läßt man nicht fortlaufen, sondern weicht darin die nächste Partie vor.

Die Ä s c h e r u n g geschieht nun statt in Schwefelnatrium in reinem Weißkalk; die Häute werden zunächst in einen schon einmal gebrauchten Äscher gebracht, am 2.—3. Tage schon in frischen Weißkalk überführt und daraus nach täglichem Aufschlagen nach ca. 3 bis 4 Tagen enthaart. Das Enthaaren kann sowohl auf dem Baume als auch im Fasse geschehen. Einhängäscher sind den gewöhnlichen Äschern natürlich vorzuziehen. Das erstere Verfahren liefert mildere, das zweite festere Fabrikate.

Die Häute werden nun entfleischt, und zwar wird die Fleischseite nur ganz leicht abgedeckt, es soll eben nur anhängendes wirkliches Fleisch fortgenommen werden, während von der bloßgelegten Ader ab alles der Haut erhalten bleiben soll. Im Sommer ist ein Streichen nicht notwendig, wohl aber empfiehlt es sich, die Häute im Winter leicht zu streichen; überflüssig ist das Streichen ferner in Gerbereien, die stark mit Fichte arbeiten und wenn die Blößen in Farben eingezogen werden, die Fichtenbrühe enthalten, eventuell durch ein leichtes Salzsäurebad gezogen und sofort in die Farben gebracht werden.

Die Gerbung gleicht der bei Vacheleder beschriebenen. Sie kann entweder nur in Farben, die man in den letzten Stadien mit käuflichen oder selbsthergestellten Extrakten verstärkt, durchgeführt werden, oder man gibt den Häuten nach dem Farbengange noch einen Versenk, bei kurzem Farbengange, aber schwereren Häuten eventuell sogar noch einen leichten Satz. Die Einrichtung des Ganges der Gerbung sowohl, als auch die Art der zu benutzenden Gerbmaterialien hängen von den örtlichen Verhältnissen, der zu erzielenden Qualität und den Marktverhältnissen ab.

Empfehlenswerte Gerbmaterialien für ein billiges China-Vache sind: Fichte, Quebracho, Myrobalanen.

In den Farben gibt man Fichtenlohe, versetzt mit einem Gemisch von Fichte und Myrobalanen, dem man schließlich auch etwas Eichenlohe zusetzen kann, und tränkt mit durch Quebrachoextrakt verstärkter Brühe ab. Auch ein Gemisch von ca. ⅔ Fichte und ⅓ Quebrachoholz als Streumaterial und eine Verstärkung der Abtränkbrühe durch Quebracho-Extrakt geben gute Resultate.

Eine weitere bewährte Kombination ist: Fichte, Eiche, Myrobalanen und Quebracho-Extrakt als Verstärkungsmittel der Abtränkbrühen.

Um möglichst hohe Festigkeit zu erzielen, empfiehlt es sich, besonders bei schweren Häuten, den Satz mit Eiche-Valonea zu geben, während die Häute im Versenk ein Gemisch von Eiche, Fichte und Myrobalanen bei Verstärkung der Brühe durch Quebracho-Extrakt und in den Farben ebenfalls Eiche und Fichte erhalten. Auch Mimosa ist mit gutem Erfolg zu verwenden, sie muß aber so in die Kombinationen eingesetzt sein, daß ihre färbenden Eigenschaften nicht stark zum Ausdruck gelangen können. Denn auf möglichst gleichmäßig helle Farbe ist stets hinzuarbeiten, diese ist ein Haupterfordernis eines guten Fabrikates.

Die Zurichtung weicht von der des eigentlichen Vache ebenfalls nicht ab. Nur bei überwiegender Verwendung von starken Extraktbrühen oder stark färbenden Gerbmaterialien ist ein Aufhellen notwendig. Auf die Ausführung der verschiedenen Bleichmethoden kommen wir noch bei der Faßgerbung zurück. Aus der Gerbung werden die Häute mit frischem Wasser, dem man zur Verbesserung der Farbe etwas Schwefelsäure oder Salzsäure zugesetzt hat, aber nur soviel, daß das Wasser nur eben ganz leicht säuerlich schmeckt, ausgewaschen, mit klarem Wasser nachgebürstet und auf der Narbe mit Leinöl gut abgeölt. Man hängt die Häute dann in Hälften auf, trocknet sie leicht an, nimmt sie auf die Tafel, und stößt sie erst von der Fleischseite. Dann bürstet man diese mit einer Aasschmiere tüchtig auf, wendet die Haut, stößt von der Narbenseite und hängt sie wieder zum Trocknen auf, nachdem man die Narbe sauber geputzt und nochmals leicht abgeölt hat.

Fig. 40. Lederabwelkpresse,, Matador".

Anstatt die Häute in nassem Zustande aufzuhängen und abzulüften, bedient man sich heute vielfach der Lederabwelkpresse, wie wir eine solche vorstehend im Bilde vorführen.

Diese Presse hat den Zweck, das Wasser aus dem nassen Leder herauszupressen, so daß zur weiteren Verarbeitung eine nochmalige Ablüftung überflüssig wird.

Die Leder bekommen durch diese Auspressung eine gleichmäßige Trockenheit, und dadurch wird das unbequeme Ablüften erspart.

Bei der hydraulischen Abwelkpresse mit Oberdruck ist der Preßzylinder zwischen den oberen Querbalken des Maschinengestelles eingebaut, das ganz aus Schmiedeeisen und Stahl hergestellt ist. Der bewegliche Preßkolben ist als Plunger ausgebildet, welcher die hölzerne Druckplatte trägt. Die Pressung erfolgt mittels der für Riemenbetrieb eingerichteten Druckpumpe, wobei ein Manometer den auf den Pumpenkolben wirkenden Flüssigkeitsdruck anzeigt. Dieser Gesamtdruck wird im Verhältnis der Querschnitte beider Kolben vergrößert auf den Plunger im Preßzylinder der Abwelkpresse übertragen.

Diese Maschinen werden mit festen und ausfahrbaren Preßplatten geliefert. Letztere sind jedoch nicht zwangsläufig auf einem Schienengeleise geführt, sondern derart ausgebildet, daß dem Wagen beim Herumfahren in dem Arbeitslokale jede beliebige Richtung erteilt werden kann. Die Preßplatten der Wagen sind mit zweckentsprechenden Ablaufrinnen versehen.

Bei Verwendung von zwei fahrbaren Preßplatten kann man die eine derselben mit Ledern beladen, bezw. diesen Stapel abnehmen, während mittels der zweiten Platte unter der Maschine gepreßt wird.

Die gepreßten Häute werden dann sofort auf die Tafel genommen, zum ersten Male gestoßen, nachdem auf die Fleischseite die Appretur und auf der Narbenseite ein leichter Leinölanstrich gegeben sind, und dann aufgehängt.

Im halbtrockenen Zustande nimmt man die Hälften wieder ab, stößt sie auf der Narbe mit der Stoßmaschine, nachdem man die Fleischseite vorher erforderlichenfalls nochmals aufgebürstet und mit einem zweiten leichten Auftrag von Appretur versehen hatte. Dann trocknet man die Hälften ziemlich ganz auf, legt sie einige Zeit unter die Presse, spritzt sie dann vorsichtig mit einer langfaserigen Bürste oder einem Strohwedel leicht mit klarem Wasser an, läßt sie über Nacht zum Durchziehen auf Haufen fest zusammengeschichtet liegen und walzt sie am Morgen auf einer guten Walze, wie wir solche weiter vorn kennen gelernt haben. Es empfiehlt sich, die Häute erst auf der Fleischseite und dann nochmals von der Narbenseite zu walzen. Durch das leichte Anfeuchten kommt der Glanz besonders schön hervor, natürlich muß dabei Maß gehalten werden, da zu feuchte Stellen sich beim Walzen dann als dunkle, streifige Stellen abheben.

---

## Kipsvache

ist ein weiterer Nebenartikel der Unterlederfabrikation. Dieser Artikel ist in der Herstellung dem China-Vache vollständig gleich und unterscheidet sich eigentlich von diesem nur durch sein geringeres Gewicht. Man verwendet dazu in der Hauptsache ostindische Kipse und zwar die schweren, die aber dennoch meist noch etwas leichter sind als die Chinahäute. Der Gerbung geschieht bei den besseren Sorten in Farben, einem Versenk und einem leichten Satz, weniger feine Marken werden in reiner Brühengerbung oder in solcher mit einem Versenk ausgegerbt, während man in neuerer Zeit sich wohl meist der Faßgerbung bedient, die sich gerade für diesen Artikel gut bewährt.

### Kipsbrandsohlleder.

Wie Brandsohlleder gewissermaßen das Surrogat der Sohllederfabrikate darstellt, so ist Kipsbrandsohlleder das Surrogat für alle leichteren Wildvachesorten. Man bezeichnet nicht nur aus wirklichen Kipsen hergestelltes Brandsohlleder als Kipsbrandsohlleder, sondern auch aus überseeischen Häuten, ostindischen Kipsen, China- und Javahäuten, sogar aus afrikanischen und australischen Häuten hergestelltes, das sich infolge geringerer Qualität hierfür besonders eignet. Die Erweichung und Äscherung geschieht genau nach den Prinzipien der Vachelederherstellung. Um möglichst hohes Gewicht zu erzielen, wird Kipsbrandsohlleder nur leicht geschabt. Nach dem Schaben werden die Häute eingezogen, in den Farben angefärbt und entweder auch brühegar gemacht oder im Faß gegerbt. Ein Versetzen findet seltener statt. Man läßt die Häute oft nur leicht durchbeißen, so daß der Schnitt durchgefärbt ist. Bei der Zurichtung gibt man den Häuten dann eine kräftige Appretur, die sowohl etwa noch anhaftendes Fleisch etwas deckt, als auch den Häuten einen besseren Stand gibt, der aber noch durch das Walzen zum Schluß der Zurichtung erhöht wird.

## Die Faßgerbung.

Wir kommen zum Schluß noch zur Besprechung eines Gerbsystems, welches — als seine Vorzüge von seinen geistvollen Erfindern in die Welt hinausposaunt wurden — auf den ersten Blick berufen schien, eine förmliche Umwälzung in der Ledererzeugung herbeizuführen. Sollte es doch nach diesem neuen Schnellgerbverfahren möglich sein, ein gleich gutes Leder wie nach dem alten Verfahren in ebenso viel Stunden herzustellen, wie man früher Monate gebraucht hatte. Das neue System besteht darin, daß man die Häute mit starken Brühen in ein bewegbares Gefäß, die Gerbtrommel oder das Gerbfaß, brachte und beides solange einer rotierenden Bewegung aussetzte, bis eine volle, satte Durchgerbung erreicht war. Es wurden von verschiedenen Seiten auf bestimmte Ausführungsarten der Faßgerbung Patente genommen, während die Grundidee der Schnellgerbung in beweglichen Fässern oder Behältern keineswegs neu war.

Lietzmann erwähnt nämlich bereits in seinem 1870 (Georgi, Bonn) erschienenen Werk: „Die Herstellung der Leder in ihren chemischen und physikalischen Vorgängen" die Faßgerbung. Er macht darin Angaben über Gerbung in geschlossenen Gefäßen mit stark konzentrierten Lösungen, die mit den später gestellten Patentansprüchen fast vollständig übereinstimmten. Nachdem auf Seite 141 und 142 des genannten Buches die Schnellgerbmethode im geschlossenen Gefäß mit fortgesetzter Bewegung unter Zusatz von Baumöl, Terpentin, Petroleum oder anderen Kohlenwasserstoffen beschrieben ist, sagt er auf Seite 143 wörtlich:

„Nimmt man die stark konzentrierte Lösung tannin- und proteïnhaltiger Vegetabilien, füllt damit ein verschließbares Gefäß, setzt Baumöl, Terpentin oder Petroleum hinzu, sowie die zu gerbende Haut und bringt das alles zusammen in heftige Bewegung, so beginnt sofort der Gerbeprozeß. Es schrumpft bei noch so starker Tannin-Lösung das zu gerbende Fell nicht zusammen, sein innerer Kern wird durch eine von außen nach innen sich bildende, gegerbte Schicht nicht schroff begrenzt. Der Ruhe überlassen, setzt sich über der Gerbbrühe eine gallertartige Schicht ab, welche zum größten Teil aus Fett, aus Pflanzeneiweiß und Farbstoffen besteht und hierdurch bekundet, daß auch in dieser Hinsicht, durch das Auswaschen dieser Stoffe aus der Gerbbrühe, die letztere liquider geworden ist. Ferneres, heftiges Schütteln bringt alles von neuem in Bewegung und hilft den begonnenen Gerbeprozeß beschleunigen. Wird anstatt der ätherischen Öle Baumöl genommen, so vermehren kleine Dosen Essigsäure diese Erscheinung, und nach wenigen Tagen ist die so bearbeitete Haut durchgegerbt. Gibt man dieser Mischung eine Dosis in Schwefelkohlenstoff gelöster Phenyloxyhydrate, so vollzieht sich der Gerbeprozeß in wenigen Stunden. Die Praxis hat sich dies Gerbverfahren in neuerer Zeit auch zu eigen gemacht. Dasselbe ist zu empfehlen — wenn eben mit den zu verwendenden Stoffen, wie in der Zeitdauer des Gerbprozesses das richtige Maß gehalten wird — für Fabrikate, bei deren Herstellung überhaupt eine Einwirkung auf die leimgebende Substanz nicht verlangt wird. Die Erfahrung, welche die Praxis gemacht hat, daß auf diese Weise hergestellte Fabrikate nicht nur eine überaus satte Gare zeigen, sondern auch eine verhältnismäßig höhere Gewichtszunahme, sind begründet in dem ungehinderten Austausch der Flüssigkeiten bis zum Schluß des Gerbeverfahrens, wodurch ein Einlagern der die Gewichtszunahme bewirkenden Stoffe ermöglicht wird."

Das Gerben in rotierenden Gefäßen ist also eine keineswegs neue Methode; Ende der 60er Jahre kamen schon mehrfach in einer rheinischen Gerberei nach Faßgerbung hergestellte Posten Sohlleder auf den Markt, doch konnten sich dieselben gegenüber den nach der alten soliden langsamen Grubengerbung hergestellten Fabrikaten auf die Dauer nicht behaupten. Man hat nun in neuerer Zeit, um die Gestehungskosten zu verbilligen, auch die Faßgerbung so verändert und vervollkommnet, daß die Qualität der jetzt danach hergestellten Leder doch eine wesentlich bessere als damals ist. Freilich sind ganz beträchtliche Summen von den Mißerfolgen verschlungen worden, und zwar von Mißerfolgen, die teils auf rein technischem, teils aber auch auf wirtschaftlichem Gebiete liegen. Das Experimentieren ist in der Gerberei ein kostspieliges Vergnügen; die ersten Versuche lieferten meist nach irgend einer Richtung hin verdorbene Ware, deren Realisierung für die betr. Fabrikanten mit empfindlichen Verlusten verknüpft war. Auf der anderen Seite ließ man sich, als man technisch Erfolg hatte, infolge der enormen Verkürzung der Gerbdauer verleiten, die Produktion in einem Umfange zu steigern, der weder im Verhältnisse zu den finanziellen Mitteln der betr. Betriebe, noch zu der Aufnahmefähigkeit des Marktes stand. Die dadurch hervorgerufene Überproduktion führte zu einer erheblichen Entwertung des Artikels Leder und damit zum Ruine zahlreicher großer Betriebe. Die anfangs so viel gerühmte Faßgerbung, die infolge der dabei eintretenden Vorteile an Zeitersparnis etc. der Retter in der Not werden sollte, hatte der gesamten Gerberei daher mehr geschadet als genützt.

Wie bei neuen Erscheinungen vielfach beobachtet, schießt man bei der Nutzbarmachung solcher zunächst meist über das vernünftige Maß hinaus. Schien es nämlich anfangs sehr leicht, bei sachgemäßer Anwendung dieser Gerbmethode in gewissen Fällen ganz gute Resultate zu erzielen, d. h. die Gerbung auf wenige Tage abzukürzen, so ruhte man nicht eher, als bis man es in wenigen Stunden erreicht hatte. Dieses Forçieren war aber nur auf Kosten der Qualität möglich; man ist deshalb auch wieder davon abgekommen. Dagegen ist nicht zu bestreiten, daß man bei sachgemäßer Handhabung für gewisse Ledergattungen gute Resultate erzielt.

Es werden heute große Mengen Deutsch- und Wildvaches, Kipsvaches, Brandsohlleder, besonders aber Abfälle im Fasse gegerbt. Bei solchen Ledersorten, die als Innensohle dienen, also äußerer Abnutzung nicht ausgesetzt sind, oder solchen, die zu Lederwaren und allen ähnlichen Zwecken Verwendung finden, wo es auf große Zerreißfestigkeit und Haltbarkeit nicht so sehr ankommt, wo man aber infolge des niedrigen Preises ein möglichst hohes Gewicht erzielen muß, bedient man sich mit Erfolg der Faßgerbung, während es erst in allerletzter Zeit gelang, damit ein wirklich gutes Sohlleder, welches sich den nach alter, langsamer Grubengerbung hergestellten Fabrikaten ebenbürtig zur Seite stellen kann, hervorzubringen.

## Faßgerbung für Vacheleder.

Die Vorbereitung der Häute ist genau dieselbe wie bei den zu einer anderen Gerbart bestimmten Blößen. Sind dieselben rein gemacht und für die Gerbung bereit, so kann man dieselben entweder sofort ins Gerbfaß bringen, nachdem sie in einem gewöhnlichen Farbengange angegerbt worden sind und im Fasse ganz ausgerben; oder aber man gerbt sie erst im Fasse und gibt ihnen eine kräftige Nachgerbung. Eine weitere Modifikation ist die, daß man die Häute in einem gewöhnlichen Farbengange angerbt, ihnen je nach Stärke einen oder gar zwei Versenke gibt und dann in Fässer füllt.

**a) Die reine Faßgerbung.** Erforderlich ist zur Faßgerbung zunächst ein gut funktionierendes Gerbfaß. Ein solches bringen wir in nachstehender Abbildung.

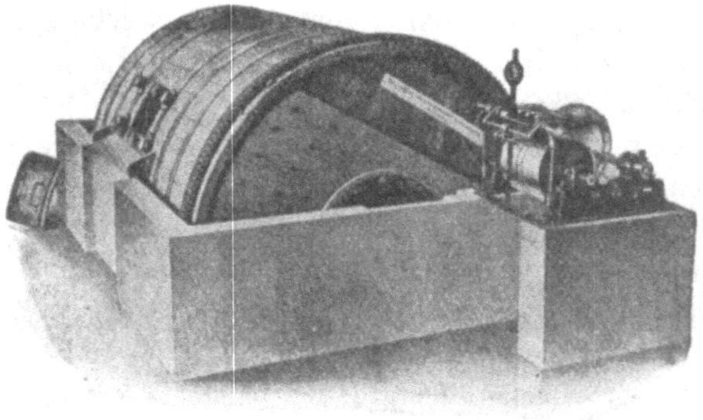

Fig. 41. Gerbfaß „Columbus" der Bayerischen Maschinenfabrik, (F. J. Schlageter), Regensburg.

Bei dieser der Bayerischen Maschinenfabrik Regensburg F. J. Schlageter, Regensburg, patentierten Konstruktion ist das Faß so weit (d. h. ca. Zweidrittel seines Durchmessers) in einem mit Wasser gefüllten Bassin versenkt, daß sein Eigengewicht, sowie das Gewicht der Füllung vom Wasser getragen wird.

Auf diese Weise werden die Faßböden und die Drehzapfen fast vollständig entlastet, so daß zum Antrieb eine sehr geringe Kraft genügt.

Die Entlastung beschränkt sich aber nicht auf die Faßböden allein. Vielmehr werden auch die bei freigelagerten Fässern infolge des Gewichtes der Fässer selbst und der Füllung unvermeidlich auf-

Fig. 42. Freistehendes Gerbfaß mit automatischer Umsteuerung.

tretenden wechselnden Biegungsbeanspruchungen der Dauben vermieden, wodurch die Lebensdauer bedeutend erhöht wird.

Weiter wird durch die beiderseitige Benetzung des Fasses das Schwinden und Stocken des Faßholzes verhindert, wodurch eine dauernde Dichtheit und lange Lebensdauer des Fasses gesichert ist.

Die Vorderwand der Grubenmauer ist aus dünnem Eisenbeton und der Deckelverschluß sehr nieder gehalten, so daß die Faßöffnung ganz dicht an die Bassinwand und den Arbeiterstand heranreicht. Auf diese Weise ist die Entleerung des „Columbus"-Fasses genau so einfach wie die gewöhnlicher Fässer in versenkter Anordnung. Eine Ablaufgosse überbrückt den nur einige Zentimeter breiten Spalt zwischen Faß und Grubenwand, so daß keine Brühenverluste entstehen.

Ein sicher wirkendes Ventil dient zur Entlüftung und Beseitigung des Gasdruckes im Faßinnern.

Da die Betongrube selbst nicht tiefer zu sein braucht als bei den gewöhnlichen Fässern mit Tiefgang, so bestehen für dieses „Columbus"-Faß hinsichtlich der Grundwasserverhältnisse keine größeren Schwierigkeiten als bei den gewöhnlichen Fässern.

Die obenstehende Abbildung zeigt eine andere Gerbfaßkonstruktion. Der Antrieb des Fasses erfolgt vermittelst Stirnrad-Übersetzung und Riemen, entweder für kontinuierliche oder für wechselnde Drehrichtung.

Die Häute werden in einem regulären Farbengange von fünf bis sechs Farben gut gefärbt. Als Gerbmaterial verwendet man dazu in den ersten drei Farben Eiche und Fichte gemischt und in den drei letzten Fichtenlohe und Quebrachobrühe, die man sich durch Extrahieren von Holz selbst herstellt. Oft nimmt man auch mit ebenfalls gutem Erfolge etwas Myrobalane unter die Fichtenlohe. Die Häute verbleiben in der ersten schwächsten Farbe ca. zwei Tage, in jeder weiteren drei und in der letzten stärkeren ev. auch vier. Im allgemeinen ist die Führung des Farbenganges genau wie auf Seite 252 angegeben. Die Häute müssen aus der letzten Farbe nicht nur gut angegerbt, sondern auch hinreichend gehoben herauskommen, damit das fertige Leder dann genügende Festigkeit besitzt. Auch bei der Faßgerbung ist die Führung der Farben zum großen Teil bestimmend für die mehr oder weniger große Festigkeit bezw. Milde des fertigen Fabrikates. Man hat es nämlich auch hier in der Hand, durch die Verwendung von stark schwellenden Gerbmaterialien, wie Fichte, Eiche, Myrobalanen oder gar künstlichen Säuren (Milch-, Essig- oder Schwefelsäure) in den Farben auf große Festigkeit, bezw. durch mehr Quebracho- oder Faßbrühe von einer vorhergegangenen Partie auf weniger hohe Festigkeit, sondern eher auf Milde und Gefügigkeit hinzuarbeiten.

Haben die Häute einen Farbengang passiert, so hängt man sie auf den Bock zum Ablaufen, reibt sie auf der Narbenseite gut mit Leinöl ein und gibt sie ins Faß. Anstatt die Häute einzuölen, wodurch ihre Farbe heller bleiben, auch ein Zusammenkleben bei der Bewegung im Fasse vermieden werden soll, kann man das Öl auch direkt ins Gerbfaß bringen. Der Effekt ist in beiden Fällen fast derselbe. Zunächst stellt man das Gerbfaß mit neuer bezw. verstärkter

Brühe nicht an, sondern läßt die Häute erst ca. drei bis vier Stunden mit der Brühe laufen, in der die Häute der letzten Partie ausgegerbt worden sind. Diese Brühe wird bei regelrechtem Betriebe eine Stärke von 48—50° Bark. = 6½—7° Bé haben. Haben die Häute drei Stunden rotiert, so verstärkt man die Brühe auf 52° Bark. = 7½° Bé, läßt wieder drei Stunden laufen, mißt die Brühe, bessert auf 56° Bark. = 8° Bé zu und läßt das Faß ca. sechs Stunden ununterbrochen laufen. Dann mißt man die Brühe abermals, stellt deren Stärke wiederum auf 56° Bark. = 8° Bé und setzt das Faß wieder in Bewegung. An der Schnelligkeit und dem Umfange der Abnahme der Brühenstärke während der Gerbung erkennt man, daß die Häute ihrer Durchgerbung entgegen gehen. Man schneidet die Häute auch wiederholt an, um die Farbe und Bildung des Schnittes und damit die Durchgerbung festzustellen.

In der Regel dürfte Vacheleder mittleren Gewichtes nach obiger Behandlung durchgegerbt sein; schwere Häute erfordern meist noch eine längere Gerbungsdauer. Auch gibt man solchen noch konzentriertere Brühen; ein Zusammenziehen oder eine sonstige Mißbildung der Narbe ist ausgeschlossen. Auch die Farbe der Häute ist bei guter Angerbung in Fichten- oder Eichenfarben jetzt ganz gut. Zur Verstärkung bezw. Ansetzung der Brühen für's Gerbfaß kann man die verschiedensten Extrakte verwenden, je nach der Qualität des Leders, das man herzustellen beabsichtigt. Am meisten zu empfehlen sind für Vache aber Kastanien- und Eichenholzextrakte, ferner Mischungen aus Kastanien- und Quebracholiolzextrakt. Eine wesentliche Verbesserung der Farbe erzielt man, wenn man der Faßbrühe stets eine gewisse Menge Myrobalanenextrakt beigibt.

Die durchgegerbten Häute werden dann herausgenommen, in einer schwachen Brühe oder in klarem Wasser abgespült, auf der Narbe leicht mit Wasser ausgebürstet, das durch Zusatz von Schwefelsäure leicht angesäuert worden ist, mit klarem Wasser nachgespült, kräftig abgeölt und abgewelkt, und zwar entweder mit Hilfe der Presse oder durch Aufhängen im Trockenraume. Die Zurichtung ist genau wie bei anderen Gerbarten beschrieben.

**b) Die kombinierte Faßgerbung.** Eine Ausführungsart dieser besteht darin, daß man den Häuten außer dem Farbengange noch einen oder zwei Versenke gibt und sie dann im Fasse satt gerbt. Man verwendet hierbei am besten einen Farbengang von sechs oder acht Farben, sorgt in der ersten Hälfte derselben durch Zubesserung von Fichtenlohe für genügende Schwellung, während man die zweite Hälfte mit Versenkbrühe verstärkt und bereits geringe Mengen selbst hergestellter stärkerer Myrobalanen- oder Quebrachobrühen zubessert. Die erste Farbe gibt man auf zwei Tage, die folgenden auf drei bis vier. Dann werden die Häute zunächst auf vier Wochen versenkt. Als Streumaterial dient ein Gemisch von Fichte, Quebrachoholz, Myrobalanen oder Eiche, Fichte, Myrobalanen etc. etc. Abgetränkt wird mit der schon einmal gebrauchten Faßbrühe. Nach vier Wochen wird der Versenk gezogen und die Häute entweder im Fasse sofort ausgegerbt oder erst ein zweiter Versenk mit gleichen Streumaterialien und einer durch käufliche Extrakte verstärkten Abtränkbrühe gegeben und dann erst die Sattgerbung im Fasse vorgenommen. Man gibt in beiden Fällen im Fasse gleich eine 60° Bark. = 8° Bé starke Brühe und kann in 2—3 Touren à 6 Stunden eine üppige volle Gerbung konstatieren.

Bei der zweiten Art der kombinierten Faßgerbung werden die Häute in derselben Weise behandelt wie bei der reinen Faßgerbung, anstatt sie nach der Ausgerbung im Fasse gleich zuzurichten, kürzt man die letzte Faßtour etwas ab oder läßt sie ganz fallen und gibt den Häuten eine Nachgerbung in recht kräftigen Myrobalanen- oder Valoneabrühen. Dies hat nicht nur den Zweck, der Haut die nötige Fülle und das Gewicht zu geben, sondern sie auch aufzuhellen bezw. ihre Farbe zu verbessern. Häufig gibt man den Häuten einen vollständigen Satz von reinem Valonea- oder Myrobalanenpulver. Besonders für bessere Häute ist dieses Verfahren zu empfehlen, denn die fertige Ware ist als Faßgerbung kaum zu erkennen, da auch der Griff meist ein außerordentlich fester ist.

Bei der Zurichtung aller Art faßgegerbter Leder ist auf die Zuhilfenahme einer guten Walze Wert zu legen, es ist nämlich oft ein Fehler der faßgegerbten Leder, daß sie zu weich sind und nicht genug Stand haben. Man kann das Übel wesentlich mildern durch eine gute Walze und durch die Beobachtung des richtigen Feuchtigkeitsgrades beim Walzen selbst.

---

## Faßgerbung für Kipsvache, Kipsbrandsohlleder etc.

Für billigere Unterledergattungen, also alle Sorten Kipsvache, Kipsbrandsohlleder etc. hat man in der reinen oder besser noch der kombinierten Faßgerbung, sofern sie in mäßigem Grade, d. h. bei nicht übertriebener Forçierung angewendet wird, eine geeignete Schnellgerbemethode gefunden. Die Anwendung derselben erfolgt hier in derselben Weise wie bei dem eigentlichen Vacheleder. Alle Arten

Wildhäute haben jedoch eine dickere Narbe als unsere einheimischen Häute, die — da diese Gattungen meist in trockenem Zustande in den Handel kommen — sehr leicht spröde und brüchig wird. Man muß deshalb bei diesen Ledersorten eine intensivere Angerbung vornehmen, ehe man die Ausgerbung im Fasse bewerkstelligt. Im übrigen kann man auch diese Sorten ebenso wie Vache lediglich im Fasse oder nach einem kombinierten Faßgerbverfahren ausgerben.

## Faßgerbung für Abfälle.

Wir betonten bereits, daß infolge der schwierigen Verhältnisse in der Gerberei der Fabrikant jeden Vorteil auszunutzen bestrebt sein müsse. Auf der Suche nach Verbilligung ist man auch bald dazu gelangt, den einzelnen Teilen der Haut eine ihrem Werte angemessene verschiedene Gerbung zu geben: man krouponiert die Häute schon aus dem Äscher bezw. aus den Farben, gibt dem wertvollen Kroupon eine gediegene Gerbung mit edleren Gerbstoffen, während man die weniger wertvollen Abfälle auf billigerem Wege mit Hilfe preiswerterer Gerbmaterialien gerbt. Hierzu eignet sich die Faßgerbung nun sehr gut, und zwar ist die Handhabung nach genau denselben Gesichtspunkten durchzuführen, die wir oben angaben.

# Das Bleichen bezw. Aufhellen des Leders.

Bei der Verwendung gewisser exotischer Gerbmaterialien, die meist als Extrakte Verwendung finden, zeigen die fertigen Leder oft einen unangenehmen dunklen Farbenton; vor allem bei faßgegerbten Ledern wirkt die dunkle Farbe oft recht störend. Man hellt die Häute deshalb nach vollendeter Gerbung wieder auf. Die Schwierigkeit dabei ist nun meist, diese Behandlung so einzurichten, daß dem Leder

Fig. 43. Walk-, Auswasch- und Färb Faß der Bayerischen Maschinenfabrik.

dabei nicht Bestandteile — und damit Gewicht — verloren geht. Man ist deshalb von dem einfachen Verfahren des Walkens der Häute mit dem Bleichmittel mehr oder weniger abgekommen und entschließt sich dazu nur in besonders schwierigen Fällen, oder man benutzt dazu ein Walkfaß, bei dem die Häute nicht so stark geworfen werden. Ein geeignetes Faß ist das vorstehend abgebildete.

Die Böden des Fasses sind mit breiten Verdopplungen versehen, welche eine kräftige Bodenversteifung bilden.

Im Innern kann das Faß mit Zapfen oder Schaufeln ausgerüstet werden.

Die Einwurfsöffnung kann entweder im Mantel, also in den Dauben, oder aber in einem Seitenboden angebracht und sowohl mit dichtschließendem, als auch mit einem Gitterdeckel versehen werden. Für die Zuleitung von Wasser während des Laufes des Fasses können die Böden auch in der Mitte durchbohrt werden. Die großen Achs-Rosetten, an welchen sich auf der gegen die Faßböden zugekehrten Seite des Randes Ansätze befinden, welche in die Bodenverdopplungen eingelassen werden und die so die Rosetten vor Verdrehung schützen, laufen mit ihren Drehzapfen in kräftigen Hauptlagern mit Dauerschmierung und kugelbeweglichen Lagerschalen, welche den Lauf zwanglos gestalten. Die Hauptlager ruhen auf schweren Bogenständern. Die Antriebsverhältnisse des Fasses sind sehr günstig gehalten: Zahnkranz und Getriebe gewährleisten einen leichten und ruhigen Gang. — Der Zahnkranz besteht aus 6 Segmenten, so daß darin keine gefährlichen Gußspannungen auftreten können, welche einen vorzeitigen Bruch verursachen könnten. Falls durch irgendeine äußere Einwirkung einmal an einem Segment Zahn- oder sonstige Brüche vorkommen sollten, kann dieses Segment ohne weiteres gegen ein neues ausgetauscht werden.

Im allgemeinen wird das Faß nur für einfache Drehrichtung mit je 1 Voll- und Leer-Lauf-Scheibe und Riemenausrücker ausgestattet.

Die einfachste, aber nicht in allen Fällen ausreichende Methode zum Aufhellen ist das Auswaschen in frischem klaren Wasser: man läßt hierbei die Häute einfach ca. 5—10 Minuten im Auswaschfaß laufen. Ferner kann man eine wesentliche Aufhellung durch Zusatz von Schwefel- oder Salzsäure zum Auswaschwasser erzielen. Man säuert dasselbe aber nur so weit an, daß es ganz wenig säuerlich schmeckt und walkt damit die Häute eine kurze Zeit oder wäscht bezw. bürstet dieselben auf der Narbenseite damit aus, worauf mit frischem Wasser nachzuspülen ist. Ein weiteres Aufhellungsmittel ist Zinnchlorür. Dasselbe wird in Wasser zu 3—5 % aufgelöst und mit der Lösung die Narbenseite gebürstet. Ferner erzielt man gute Resultate mit getrennten Bädern von Schwefelsäure und Bleizucker. Von beiden stellt man sich ca. 3 % ige Lösungen her und zwar in so großen Gefäßen, daß man die Haut bequem darin bewegen kann. Man zieht nun die Häute der Reihe nach einzeln zunächst durch die Bleizucker-, dann durch die Schwefelsäurelösung und wiederholt dies, bis man eine genügende Aufhellung konstatiert. Es gibt noch eine Anzahl weiterer Bleich- bezw. Aufhellungsverfahren, z. B. mit Hilfe von Wasserstoffsuperoxyd, Javellwasser etc. Die vorstehend angeführten sind aber vollkommen ausreichend und am einfachsten in der Ausführung. Die Schnelligkeit und Einfachheit in der Ausführung ist nämlich die Hauptsache, damit den Häuten bei längerem Verweilen oder Hin- und Herwerfen aus einem Bade ins andere kein Gewicht verloren gehen kann. Nach der Behandlung der Häute mit diesem oder jenem Bleichmittel sind dieselben in jedem Falle mit reinem Wasser nachzuwaschen und stets mit Leinöl abzuölen, damit die Narbe elastisch und milde bleibt.

---

## Vergleichende Tabelle für die gebräuchlichsten Brühmessergrade und die spezifischen Gewichte.

| Beaumé-Grade | Eitnersche Grade | Barkometer-Grade | Twaddle-Grade | Spezifische Gewichte | Beaumé-Grade | Eitnersche Grade | Barkometer-Grade | Twaddle-Grade | Spezifische Gewichte |
|---|---|---|---|---|---|---|---|---|---|
| 0,10 | 0,7 | 0,75 | 0,14 | 1,0007 | **6,50** | 46,3 | 48,8 | 9,6 | 1,0463 |
| 0,20 | 1,4 | 1,5 | 0,28 | 1,0014 | **7,00** | 50,1 | 52,5 | 10,4 | 1,0501 |
| 0,30 | 2,0 | 2,25 | 0,40 | 1,0020 | **7,50** | 53,9 | 53,3 | 11,2 | 1,0539 |
| 0,40 | 2,7 | 3,0 | 0,54 | 1,0027 | **8,00** | 57,6 | 60,0 | 12,0 | 1,0576 |
| **0,50** | 3,4 | 3,75 | 0,69 | 1,0034 | **8,50** | 61,5 | 63,8 | 12,7 | 1,0615 |
| 0,60 | 4,1 | 4,5 | 0,82 | 1,0041 | **9,00** | 65,3 | 67,5 | 13,4 | 1,0653 |
| 0,70 | 4,8 | 5,25 | 0,96 | 1,0048 | **9,50** | 69,2 | 71,3 | 14,2 | 1,0692 |
| 0,80 | 5,5 | 6,0 | 1,10 | 1,0055 | **10,00** | 73,1 | 75,0 | 15,0 | 1,0731 |
| 0,90 | 6,2 | 6,75 | 1,24 | 1,0062 | **11,00** | 81,0 | 82,5 | 16,6 | 1,0810 |
| **1,00** | 6,9 | 7,5 | 1,38 | 1,0069 | **12,00** | 89,0 | 90,0 | 18,2 | 1,0890 |
| 1,10 | 7,6 | 8,25 | 1,52 | 1,0076 | **13,00** | 97,1 | 97,5 | 20,0 | 1,0971 |
| 1,20 | 8,2 | 9,0 | 1,64 | 1,0082 | **14,00** | 105,4 | 105,0 | 21,6 | 1,1054 |
| 1,30 | 8,9 | 9,75 | 1,78 | 1,0089 | **15,00** | 113,8 | 112,5 | 23,2 | 1,1138 |
| 1,40 | 9,6 | 10,5 | 1,92 | 1,0096 | **16,00** | 122,3 | 120,0 | 25,0 | 1,1223 |
| **1,50** | 10,3 | 11,25 | 2,06 | 1,0103 | **17,00** | 131,0 | 127,5 | 26,8 | 1,1310 |
| 1,60 | 11,0 | 12,0 | 2,20 | 1,0110 | **18,00** | 139,8 | 135,0 | 28,6 | 1,1398 |
| 1,70 | 11,7 | 12,75 | 2,34 | 1,0117 | **19,00** | 148,7 | 142,5 | 30,4 | 1,1487 |
| 1,80 | 12,4 | 13,5 | 2,48 | 1,0124 | **20,00** | 157,8 | 150,0 | 32,2 | 1,1578 |
| 1,90 | 13,1 | 14,25 | 2,62 | 1,0131 | **21,00** | 167,0 | 157,5 | 34,2 | 1,1670 |
| **2,00** | 13,8 | 15,0 | 2,76 | 1,0138 | **22,00** | 176,3 | 165,0 | 36,0 | 1,1763 |
| **2,50** | 17,3 | 18,8 | 3,6 | 1,0173 | **23,00** | 185,8 | 172,5 | 38,0 | 1,1858 |
| **3,00** | 20,9 | 22,5 | 4,4 | 1,0209 | **24,00** | 195,5 | 180,0 | 39,9 | 1,1955 |
| **3,50** | 24,4 | 26,3 | 5,1 | 1,0244 | **25,00** | 205,3 | 187,0 | 42,0 | 1,2053 |
| **4,00** | 28,0 | 30,0 | 5,8 | 1,0280 | **26,00** | 215,3 | 215,3 | 44,2 | 1,2153 |
| **4,50** | 31,6 | 33,8 | 6,5 | 1,0316 | **27,00** | 225,4 | 225,4 | 46,2 | 1,2254 |
| **5,00** | 35,3 | 37,5 | 7,2 | 1,0353 | **28,00** | 235,7 | 235,8 | 48,4 | 1,2357 |
| **5,50** | 38,9 | 41,35 | 8,0 | 1,0389 | **29,00** | 246,2 | 246,2 | 50,4 | 1,2462 |
| **6,00** | 42,6 | 45,0 | 8,8 | 1,0426 | **30,00** | 256,9 | 256,9 | 52,5 | 1,2569 |

---

## Moderne Methoden der Unterlederfabrikation.

Während noch vor ganz kurzer Zeit es beinahe als unumstößliches Axiom in Gerberkreisen galt, daß es unmöglich sei, gute Qualitäten des alten in Monate langer mühevoller Arbeit hergestellten Grubenleders mit rasch arbeitenden modernen Methoden zu erreichen, hat die Praxis gezeigt, daß es dem Eindringen der Wissenschaft in die Gerbereimethoden zu danken ist, daß heute Unterleder hergestellt werden kann, von einer Qualität, welche noch vor 15 Jahren unerreichbar war. Es muß allerdings zugegeben werden, daß im Handel wegen jenes eben erwähnten Vorurteils das Grubenleder allen andern Unterlederarten bedeutend vorgezogen wird. Allerdings nicht immer mit Recht. Für den Verkauf von Unterleder kommt als erschwerend für die Einführung von Neuerungen noch in Betracht, daß die alte unpraktische Methode des Handelns nach Gewicht sich nicht hat verdrängen lassen, so daß gewissermaßen eine Prämie auf zwecklose und sinnwidrige Füllung und Beschwerung gesetzt ist. Auch bei dem Unterleder wird man in der nahen Zukunft einsehen, daß es vorteilhafter ist, auf die tatsächlichen Eigenschaften Wert zu legen an Stelle der Wertschätzung nach Gewicht. Gerade die Damen legen den größten Wert darauf, daß der gesamte Schuh ein möglichst geringes Gewicht besitzt, so daß Schuhe mit leichten Sohlen beliebter sind, als solche mit möglichst schwerem Sohlenleder. Nur der Aberglaube, daß recht dickes und schweres Unterleder haltbarer sei als dünnes Sohlenleder, ermöglicht noch heute die Beibehaltung des Verkaufes des Sohlenleders nach Gewicht. Hierzu kam noch, daß allein mit Chrom gegerbtes Unterleder trotz seiner absoluten Wasserbeständigkeit die unangenehme Eigenschaft zeigte, in Wasser etwas anzuquellen, ohne allerdings an Festigkeit einzubüßen. Durch die Anquellung werden aber die chromgegerbten Sohlen so schlüpfrig, daß ein Ausgleiten zu befürchten ist. Freilich gelingt es, durch ganz einfache Methoden dieses Schlüpfrigwerden der Chromledersohlen zu beseitigen und absolut wasserbeständiges mineralgegerbtes Unterleder herzustellen.

Die modernen Methoden der Unterlederfabrikation können zweckmäßig in drei Kapiteln besprochen werden. Es handelt sich um die Herstellung von Unterleder

1. durch Chromgerbung,
2. durch Eisengerbung,
3. durch Kombinationsgerbung.

## Die Herstellung von Unterleder durch Chromgerbung.

Chromleder werden in Deutschland wie in andern Ländern heute noch sowohl nach dem Zweibadverfahren als auch nach dem Einbadverfahren hergestellt, obwohl das letztere Verfahren, weil einfacher, aber ebenso sicher, sich immer mehr Boden erobern wird. Die Chromgerbung beruht auf der Vereinigung der Fibrillensubstanz mit basischen Chrombestandteilen. Man erkennt Chromleder ohne weiteres, einerlei wie es hergestellt worden ist, an einer schwach blaugrünen Färbung, die nicht immer in der Praxis angenehm, aber sich schwer zur Farblosigkeit zurückführen läßt. Die Haltbarkeit des Chromleders ist eine derartig große, daß nur noch die modernen Eisengerbeverfahren und natürlich auch die Kombinationsgerbung ebenso haltbares Leder herzustellen vermögen. Die Haltbarkeit des so sehr in allen Lehrbüchern gerühmten grubengaren Kernleders ist eine ganz bedeutend geringere, was immer wieder hervorgehoben werden muß gegenüber der durch Tradition fortgeleiteten Behauptung von der Unerreichbarkeit der Qualität des früheren Grubenleders. Ein ganz besonderer Vorzug des Chromleders nach beiden Verfahren ist seine Beständigkeit gegen kaltes und sogar gegen kochendes Wasser, durch welches richtig fabriziertes Chromleder nicht merklich geschädigt werden darf.

Die ausführliche Beschreibung des Chromgerbeverfahrens wird in diesem Handbuch in einem besonderen Bande „Die Chromledergerbung" beschrieben. Hier sei nur ganz kurz darauf hingewiesen, in welcher Weise Unterleder nach dem Chromverfahren hergestellt werden kann.

Bei dem Zweibadverfahren benutzt man Kaliumbichromat als Ausgangsmaterial, obwohl dieses Salz selber keine Gerbwirkung ausübt und man daher zwei Bäder braucht, nämlich das Chromierungsbad, in welchem die Hydroxylverbindungen des Chroms sich bilden und mit den Hautfibrillen sich vereinigen. Im Chromierungsbade säuert man die Lösung zunächst an, weil die Haut freie Chromsäure adsorbiert, nicht aber Chromkali, die sauren Chrombäder also bei weitem besser ausgenutzt werden und die Verluste durch Auswaschen geringer werden. In wissenschaftlich noch nicht ganz aufgeklärter Weise hat sich ein Zusatz von Kochsalz zu dem Chromierungsbade als sehr vorteilhaft erwiesen, indem die Haut aus schwacher saurer Lösung Chromsäure besser absorbiert bei der Gegenwart von Kochsalz. Das Kochsalz wirkt schwellungswidrig und verhindert die so gefürchtete Zusammenziehung des Narbens beim Trocknen des

Chromleders. Für 100 kg grüne Blöße rechnet man bei Faßgerbung 200 Liter 2 prozentige Kaliumbichromatlösung, zu der noch 3 kg Salzsäure von 20° Beaumé und etwa 3 kg Kochsalz zugesetzt werden, in einer Lösung, welche auf 10 Teile Salz 3 Teile Salzsäure enthält. Wird gepickelt, so muß die Säuremenge im Chromierungsbade herabgesetzt werden. Das Durchdringen der Blöße mit Chromsäure geht in kurzer Zeit vor sich.

Im zweiten Bade, dem Reduzierbade, wird die Chromsäure in Chromoxyd umgewandelt. Man verwendet für diese Reduktion das Fixiersalz des Photographen, auch Antichlor oder unterschwefligsaures Natron oder Natriumthriulfat genannt. Das Fixiersalz geht bei Berührung mit der Chromsäure durch den Sauerstoff, den es dieser entzieht, in schwefelsaures Salz über, während das Chromoxyd, das auf diese Weise entstanden ist, jetzt als Base wirkt und sich mit der Schwefelsäure zu schwefelsaurem Chrom vereinigt. Während die Chromsäurelösung orange gefärbt war, sind die schwefelsauren Chromsalze intensiv blaugrün. Durch Schwefelabscheidung wird das Reduzierungsbad getrübt, indem aus dem Fixiersalz wieder ein Teil, wie oben geschildert, zu Schwefel reduziert wurde. Für die praktische Gerberei genügt es, die Farben der zu verwendenden Lösung genau zu beobachten und innezuhalten, während die genauere Kenntnis des chemischen Prozesses unwesentlich ist.

Für die Praxis rechnet man auf 8 kg Chromkali 24 kg Fixiersalz, wozu noch 10 kg Salzsäure von 21° Beaumé kommen. Gibt man die Säure ganz allmählich zu, so vermeidet man die Verluste an schwefliger Säure sowohl wie eine reichliche Ablagerung von Schwefel in den Häuten, welche nicht in allen Fällen erwünscht ist. Größere Mengen Schwefel im Leder können zur Entstehung von Schwefelsäure in späterer Zeit Veranlassung geben und damit zum Verderben des Leders. Ebenso kann bei Anwendung oxydierender Fette wie Tran oder Degras ein sehr unangenehmer Geruch auftreten. Es sind daher die Leder mit geringem Schwefelgehalt vorzuziehen.

Wie das Verfahren zeigt, ist das Zweibadverfahren nicht so ganz einfach und erfordert große Aufmerksamkeit von Seiten des Gerbers, während das Einbadverfahren, wenn genau nach den Vorschriften gearbeitet wird, so gut wie gar nicht mißglücken kann.

Als Beispiel einer Einbadbrühe diene folgendes Rezept. Man nehme 300 Teile Natriumbichromat, löse sie in 1000 Teilen kalkfreien Wassers und füge dann vorsichtig in kleinen Portionen 150 Teile Schwefelsäure zu, nach Zusatz von 24 Teilen von Rohglyzerin. Es tritt ein starker Geruch nach Ameisensäure auf. Diese Lösung wird erhitzt und ist alsdann gebrauchsfähig. Man beginne beim Einbad mit verdünnten Brühen und verstärke diese nach und nach, bis das Leder durchgebissen ist, was man an der blaugrünen Färbung an der dicksten Stelle des Leders kontrolliert. Das Einbadverfahren kann ebenfalls auf gepickelte Blößen angewendet werden. Setzt man sehr viel Salz zum Pickeln zu, so erhält man sehr narbenglatte und narbenfeste Leder, die sich durch Stand und Festigkeit auszeichnen, wie es für Unterleder erwünscht ist. Das Wesentlichste für das Gelingen des an sich so sicheren Einbadverfahrens der Chromgerbung ist das sorgfältige Kalkfreimachen der Blößen, da durch zurückgebliebene Kalkmengen sich fast alle Fehler erklären, welche bei Chromleder vorkommen. Das Schlüpfrigwerden der Sohlen, die mit Chrom gegerbt sind, kommt nicht mehr vor, seit die Gerber gelernt haben, durch Imprägnierung mit Harzen und Wachsen das Eindringen von Wasser in die Chromledersohlen zu verhindern. Man kann eigentlich verlangen, daß, nachdem es der Industrie gelungen ist, die anfänglichen Schwierigkeiten bei der Herstellung von mineralgarem Unterleder zu überwinden, nicht immer dieselben Vorwürfe und Ablehnungen von Seiten der Praktiker eingewandt werden.

---

## Unterlederfabrikation durch Eisengerbung.

Die Beschreibung der Herstellung von Unterledern mit Hilfe der Eisengerbung leidet an der Schwierigkeit, daß die Veröffentlicher dieses Verfahrens in ihren Patentansprüchen nicht immer dem Wortlaut des Patentgesetzes entsprechend verfahren. Nach dem Patentgesetz sollten die Verfahren so beschrieben werden, daß dem Leser nicht nur die Einsicht in das Verfahren ermöglicht wird, sondern daß auch ein Fachmann nach den dort geschilderten Anweisungen das Verfahren sollte ausüben können; beim Gerbeprozeß kommt es aber wie beim Kochen derartig auf kleine Handgriffe häufig an, daß es leicht gelingt, Verfahren wahrheitsgemäß zu beschreiben, ohne daß ein anderer ohne weiteres im Stande wäre, nach dieser Anweisung praktisch brauchbare Resultate zu erzielen. Die Schilderungen der Patentinhaber von den Qualitäten der erzielten Leder entsprechen durchaus nicht immer den Erfahrungen der Praxis.

Trotzdem kann an dieser Stelle betont werden, daß es gelingt, mit Eisensalzen an Stelle der Chromsalze, welche aus dem Ausland bezogen werden müssen, brauchbare Unterleder zu erzielen, unter Zuhilfenahme nur in Deutschland einheimischen Materiales. Man hat Unterleder mit Eisengerbung hergestellt, welche nach 6 jähriger Lagerzeit die gleiche gute Beschaffenheit wie kurz nach der Herstellung aufgewiesen haben, ohne daß Fehler, welche der Eisengerbung vorgeworfen werden, wie Unschmierbarkeit mit den üblichen Tranen oder Zerfressen der Nähfäden durch Nachsäuerung, zu Tage getreten wären.

Von den vielfachen Verfahren der Eisengerbung zeichnet sich das Verfahren von Bystron und Vietinghoff durch besondere Einfachheit und Übersichtlichkeit aus. Die damit erzeugten Leder sollen (?) in der Praxis befriedigt haben. Die Blößen werden gut gepickelt in eine ziemlich gesättigte Lösung von Eisensulfat (Ferrosulfat) eingelegt und hier wird durch den Luftsauerstoff zugleich die Oxydation des Ferrosalzes und die Gerbung durch entstehende ausfallende Eisenoxydsalze bewirkt. Als Katalysator bei der Sauerstoffübertragung benutzen die Verfasser verschiedene Oxydantien, zuerst Eisennitrat, Eisenchromat und Eisenchlorat; zuletzt gingen sie dazu über, nur den Luftsauerstoff in Verbindung mit Stickoxyd zu benutzen. Das Verfahren soll eine restlose Ausnutzung sämtlicher Brühen gestatten, so daß die Kosten für die Gerbmittel eigentlich auf die im Leder zurückbleibenden Eisensalze sich beschränken. Auf 100 kg Blöße kann man etwa 70 kg Eisenvitriol rechnen. Die geringen Mengen von Stickoxyd kommen kaufmännisch kaum in Betracht. Die Verfasser behaupten, daß sie bei der von ihnen so genannten Ferroxgerbung Leder erzeugt hätten, die doppelt so viel gebundene Eisensalze enthielten, als Hautsubstanz, bei Erhaltung aller Eigenschaften, die von einem guten Leder verlangt werden. Bei Tragversuchen durch Postboten soll festgestellt sein, daß die nach dem Ferroxverfahren gegerbten eisengaren Sohlen sechs Monate und darüber halten, während gleichzeitig verwendete lohgare Sohlen bereits nach 6 Wochen erneuert werden mußten.

Interessant sind auch Verfahren zur Eisengerbung, wonach das Leder in Eisensulfat (Ferrosulfat) vorbehandelt und alsdann mit Eisennitrat nachbehandelt wird.

Wenn die Eisenleder in unserer Zeit, wo ein Kauf der Chromsalze aus dem Ausland unerhörte Kosten verursacht und auch die vegetabilischen Gerbstoffe unerschwinglich teuer werden, sich noch nicht alle Märkte erobert hatten, so liegt dies an dem konservativen Charakter der Lederkäufer und den zäh festgehaltenen Erinnerungen an die Fehler der Eisengerbung, welche wie bei allen Verfahren bei Beginn der Eisengerbepraxis tatsächlich aufgetreten waren und nur durch wissenschaftliches Eingehen auf den Gerbeprozeß überwunden werden konnten.

Von dem Bearbeiter dieses Buches wurde in allerletzter Zeit unter Verwendung aller Erfahrungen der Vorgänger ein neues Verfahren zur Herstellung von Unterleder mit Hilfe von Eisensalzen ausgearbeitet, welches Leder herzustellen gestattet, namentlich in Kombinationsgerbungen, wie sie der früheren Grubengerbung niemals gelungen waren.

Die Schwierigkeit, welche die Eisengerbung früher bot, erscheint überwunden, und die neuen Eisenleder zeigen nicht diejenigen Fehler, welche man den früheren Eisenledern vorwerfen konnte. Es steht zu hoffen, daß Deutschland in Zukunft durch die neuen Eisenverfahren in der Lage sein wird, ohne Bezug ausländischen Materiales die Ansprüche der Lederindustrie befriedigen zu können.

## Kombinationsgerbung.

Für die Fabrikation von Unterledern kommen als Kombinationsgerbungen eine ganze Reihe neuerer Gerbverfahren in Betracht, namentlich die Kombination der Gerbung mit Formaldehyt, Eisensalzen, ferner mit Chrom und Eisensalzen, aber auch von Mineralgerbung in Verbindung mit Lohgerbung und der Gerbung in allen Arten vegetabilischer Materialien. Als beachtenswerter Faktor ist in neuester Zeit noch die Anwendung synthetischer Gerbmittel hinzugekommen, welche sich täglich neuen Boden erobert und noch viel schneller voran kommen würde, wenn nicht der konservative Lederhandel auf seinem Mißtrauen gegen jede neue Lederherstellungsart verharren würde, ein Mißtrauen, das freilich nicht immer ohne Grund gewesen sein muß und der vorzeitigen und vorschnellen Veröffentlichung unausprobierter Verfahren seine Entstehung verdankt. Die Reihe der möglichen Kombinationen für die Unterlederfabrikation ist derartig groß, daß an dieser Stelle der obige Hinweis genügen muß, daß so ziemlich alle Kombinationen in Betracht kommen können für die Fabrikation von Unterleder, welche bei der großen Zahl von verschiedenen Gerbmaterialien möglich sind. Wie schon oben erwähnt, würde die Mannigfaltigkeit der hergestellten Unterleder (Sohlenleder) sofort erheblich steigen, wenn diese Leder nicht nach Gewicht verkauft würden, wodurch die technisch wertvollsten Lederarten von der Benutzung als Sohlenleder ausgeschlossen werden.

FSC
www.fsc.org
MIX
Papier | Fördert gute Waldnutzung
FSC® C083411

Kolibri 360 GmbH
Ferdinand-Jühlke-Straße 7
99095 Erfurt, Deutschland
produktsicherheit@kolibri360.de